中等职业学校计算机系列教材

zhongdeng zhiye xuexiao jisuanji xilie jiaocai

计算机组装与维护

（第2版）

袁云华　仲伟杨　主编

潘治国　陈华国　王锦　副主编

人民邮电出版社

北京

图书在版编目（CIP）数据

计算机组装与维护 / 袁云华，仲伟杨主编. -- 2版
. -- 北京 ：人民邮电出版社，2013.4（2021.6重印）
中等职业学校计算机系列教材
ISBN 978-7-115-30772-9

Ⅰ．①计… Ⅱ．①袁… ②仲… Ⅲ．①电子计算机－组装－中等专业学校－教材②计算机维护－中等专业学校－教材 Ⅳ．①TP30

中国版本图书馆CIP数据核字(2013)第005019号

内 容 提 要

本书以计算机的组装与维护为主线，按照项目的编排方式，介绍计算机系统的基本知识、选购计算机配件及产品、计算机的组装、设置BIOS的基本方法、安装操作系统的一般过程、系统与文件的备份和还原、计算机软件故障诊断、计算机硬件故障诊断、计算机的日常维护和账户管理以及计算机系统优化与安全防护等内容。

本书适合作为中等职业学校“计算机组装与维护”课程的教材，也可以作为广大计算机爱好者的自学参考书。

中等职业学校计算机系列教材
计算机组装与维护（第2版）

◆ 主　　编　袁云华　仲伟杨
　副 主 编　潘治国　陈华国　王　锦
　责任编辑　王　平

◆ 人民邮电出版社出版发行　　北京市丰台区成寿寺路11号
　邮编　100164　　电子邮件　315@ptpress.com.cn
　网址　http://www.ptpress.com.cn
　北京隆昌伟业印刷有限公司印刷

◆ 开本：787×1092　1/16
　印张：14　　　　2013年4月第2版
　字数：347千字　　2021年6月北京第17次印刷

ISBN 978-7-115-30772-9

定价：29.50元

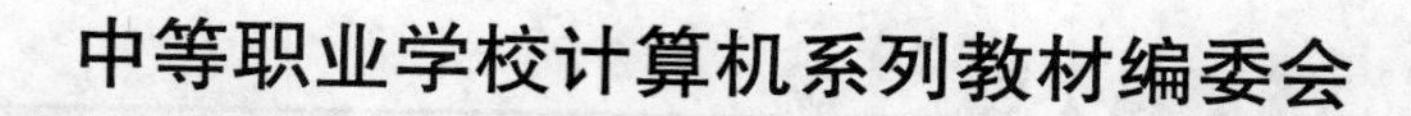

序

中等职业教育是我国职业教育的重要组成部分，中等职业教育的培养目标定位于具有综合职业能力，在生产、服务、技术和管理第一线工作的高素质的劳动者。

随着我国职业教育的发展，教育教学改革的不断深入，由国家教育部组织的中等职业教育新一轮教育教学改革已经开始。根据教育部颁布的《教育部关于进一步深化中等职业教育教学改革的若干意见》的文件精神，坚持以就业为导向、以学生为本的原则，针对中等职业学校计算机教学思路与方法的不断改革和创新，人民邮电出版社精心策划了《中等职业学校计算机系列教材》。

本套教材注重中职学校的授课情况及学生的认知特点，在内容上加大了与实际应用相结合案例的编写比例，突出基础知识、基本技能。为了满足不同学校的教学要求，本套教材中的4个系列，分别采用3种教学形式编写。

- 《中等职业学校计算机系列教材——项目教学》：采用项目任务的教学形式，目的是提高学生的学习兴趣，使学生在积极主动地解决问题的过程中掌握就业岗位技能。
- 《中等职业学校计算机系列教材——精品系列》：采用典型案例的教学形式，力求在理论知识"够用为度"的基础上，使学生学到实用的基础知识和技能。
- 《中等职业学校计算机系列教材——机房上课版》：采用机房上课的教学形式，内容体现在机房上课的教学组织特点，学生在边学边练中掌握实际技能。
- 《中等职业学校计算机系列教材——网络专业》：网络专业主干课程的教材，采用项目教学的方式，注重学生动手能力的培养。

为了方便教学，我们免费为选用本套教材的老师提供教学辅助资源，教师可以登录人民邮电出版社教学服务与资源网（http://www.ptpedu.com.cn）下载相关资源，内容包括如下。

- 教材的电子课件。
- 教材中所有案例素材及案例效果图。
- 教材的习题答案。
- 教材中案例的源代码。

在教材使用中有什么意见或建议，均可直接与我们联系，电子邮件地址是wangping@ptpress.com.cn。

中等职业学校计算机系列教材编委会

2012年11月

第 2 版前言

随着计算机硬件和软件技术的发展，个人计算机逐渐走入千家万户，成为人们日常生活和办公的好帮手。越来越多的用户需要掌握较为全面的计算机组装和维护技能，其中对计算机有着浓厚兴趣的学生占有相当大的比例。

本书依据当前主流和实用的计算机硬件配置进行编写，主要内容包括计算机硬件系统的基本知识、硬件的选配和组装、计算机软件系统的安装和使用技巧、计算机软硬件故障的诊断和排除、硬盘的维护以及数据保护的基本方法、计算机防护知识以及网络安全措施等。通过本课程学习帮助学生掌握计算机硬件和软件方面的基本知识，使学生具备计算机组装与维护的基本技能。

本书以项目为基本写作单元，以典型案例为主线，结合当前主流的硬件和软件配置，向学生介绍计算机组装与维护的基本方法。全书在内容安排上力求做到深浅适度、详略得当，从最基础的知识起步，在编写体例上采用大量的案例讲解，用具体实例阐述计算机组装与维护的基本方法和技巧，叙述上力求简明扼要、通俗易懂，既方便教师讲授，又便于学生理解掌握。

本书适合作为中等职业学校计算机专业学生的教材，也可以作为广大计算机爱好者学习计算机组装与维护知识的参考用书。

本课程的教学时数为 80 学时，各项目的参考教学课时见下表。

项　目	课 程 内 容	课　时　分　配（学时）	
		讲授	实践训练
项目一	认识计算机系统	2	2
项目二	选购计算机配件及产品	6	6
项目三	组装计算机	6	6
项目四	设置 BIOS	2	2
项目五	构建计算机软件系统	4	4
项目六	系统与文件的备份和还原	4	4
项目七	计算机软件故障的诊断	4	4
项目八	计算机硬件故障的诊断与维护	4	4
项目九	计算机的日常维护和账户管理	4	4
项目十	计算机系统优化与安全防护	4	4
课 时 总 计		40	40

本书由袁云华、仲伟杨任主编，潘治国、陈华国、王锦任副主编，参加本书编写工作的还有沈精虎、黄业清、宋一兵、谭雪松、向先波、冯辉、计晓明、滕玲、董彩霞、管振起。

由于作者水平有限，书中难免存在疏漏和不妥之处，恳请广大读者批评指正。

编　者

2012 年 11 月

目录

项目一 认识计算机系统

计算机（Computer），又称“电脑”，我们常用的计算机也叫“微机”，是一种能按照事先存储的程序，自动、高速地进行大量数值计算和各种信息处理的现代化电子智能装备。在现代工作和生活中，计算机无处不在，为我们打造了一个有趣而神奇的世界。

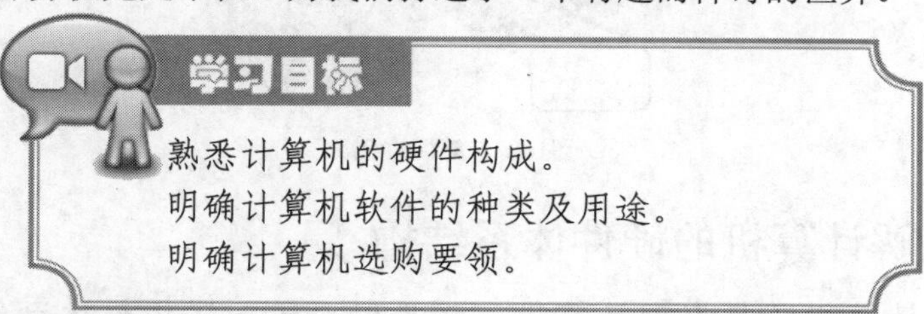

任务一 认识计算机的硬件

计算机的硬件和软件是相辅相成的，它们共同构成完整的计算机系统，两者缺一不可。没有软件的计算机，无任何功效；同样，没有硬件，软件也就无用武之地。它们只有相互配合，计算机才能正常运行。

（一） 认识计算机系统

所有计算机都是由硬件和软件两大部分构成的。硬件是构成计算机系统的物理实体，一台完整的计算机一般包括输入/输出设备、存储器、运算器、控制器等；软件是那些为了运行、管理和维护电脑而人工编写的各种程序的集合。

一般计算机系统的组成如图 1-1 所示。

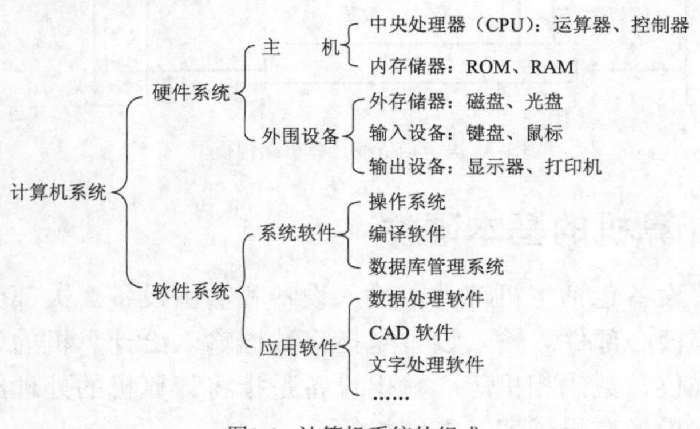

图1-1 计算机系统的组成

计算机的硬件系统，是指计算机中的电子线路和物理设备。它们是看得见、摸得着的实体，是计算机的物理基础。如由集成电路芯片、印制线路板、接口插件、电子元件、导线等装配成的中央处理器、存储器以及外部设备等。图 1-2 所示为计算机的整体结构。

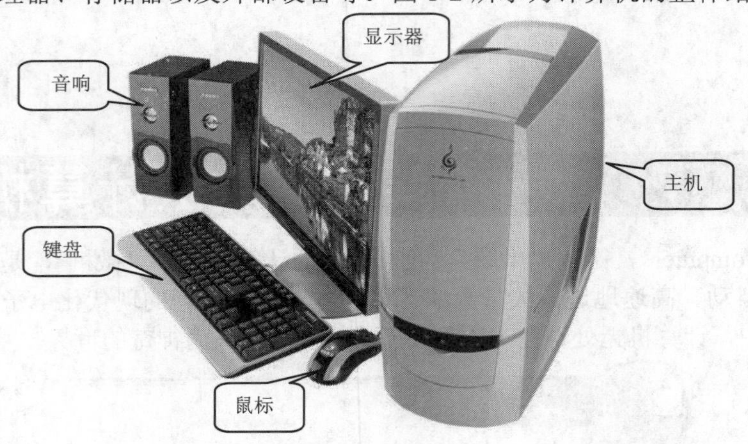

图1-2 计算机的组成

（二） 了解计算机的硬件体系结构

无论是微型计算机还是大型计算机，都是以“冯·诺依曼体系结构”为基础的。“冯·诺依曼体系结构”是被称为计算机之父的冯·诺依曼所设计的体系结构，它规定计算机系统主要由运算器、控制器、存储器、输入设备、输出设备等几部分组成。

各种各样的信息通过输入设备进入计算机的存储器，然后送到运算器，运算完毕把结果送到存储器存储，最后通过输出设备显示出来，整个过程由控制器进行控制。计算机的整个工作过程及基本硬件结构如图 1-3 所示。

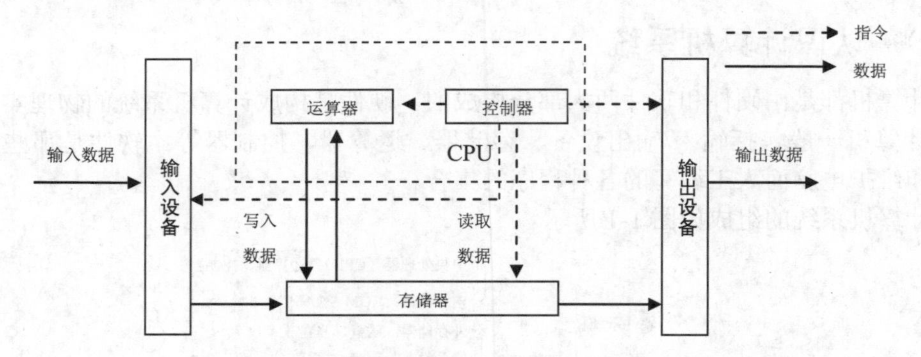

图1-3 冯·诺依曼计算机结构模型

（三） 认识计算机的基本硬件

计算机的基本硬件设备包括主机部件、输入设备和输出设备 3 大部分。主机部件又包括主板、CPU、内存条等核心部件。输入设备是指将数据输入给计算机的设备，常用的输入设备有键盘、鼠标、扫描仪、数码相机等。输出设备是指将计算机的处理结果以适当的形式输出的设备，常用的输出设备有显示器、打印机等。

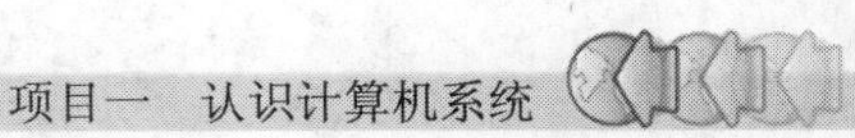

对各种部件及其功能说明如下。

1. 主机

主机的所有部件都安装在主机箱内，其中包括主板、CPU、内存条、硬盘、光驱、软驱、显卡、声卡和网卡等部件。

如图 1-4 所示，主机从外观上来看是一个方形的盒子，它在计算机的运行过程中起着重要的作用。如果没有主机箱，计算机的 CPU、内存、显卡等设备就会裸露在空气中，这样不仅不安全，而且空气中的灰尘会影响各个设备的正常工作。

图1-4　主机

2. 显示器

显示器是主要的输出设备，是组装电脑时必不可少的部件之一。当前的显示器主要有 CRT 显示器和液晶显示器（LCD）两大类，其作用是显示计算机运行各种程序的过程和结果。CRT 显示器目前已经被淘汰，图 1-5 所示为液晶显示器。

3. 键盘

键盘是主要的输入设备，用于输入控制计算机运行的各种命令或编辑文字等，如图 1-6 所示。

图1-5　液晶显示器

图1-6　键盘

4. 鼠标

在 Windows 操作系统下，鼠标已经成为不可缺少的输入设备，其作用是快速而准确地定位或通过单击、双击、右击鼠标来执行各种操作命令，如图 1-7 所示。

5. 音箱

在多媒体电脑中，必须配置声卡和音箱，用于播放音乐或发声。音箱是玩游戏、播放音乐不可缺少的输出硬件设备，如图 1-8 所示。

图1-7　鼠标

图1-8　多媒体音箱

（四） 深入认识主机箱内的部件

计算机主机的核心部件都安装在主机箱内，主要包括主机板、CPU、内存条、硬盘、光驱及各种板卡等。下面让我们来认识这些重要部件。

主机箱内的部件如图 1-9 所示。

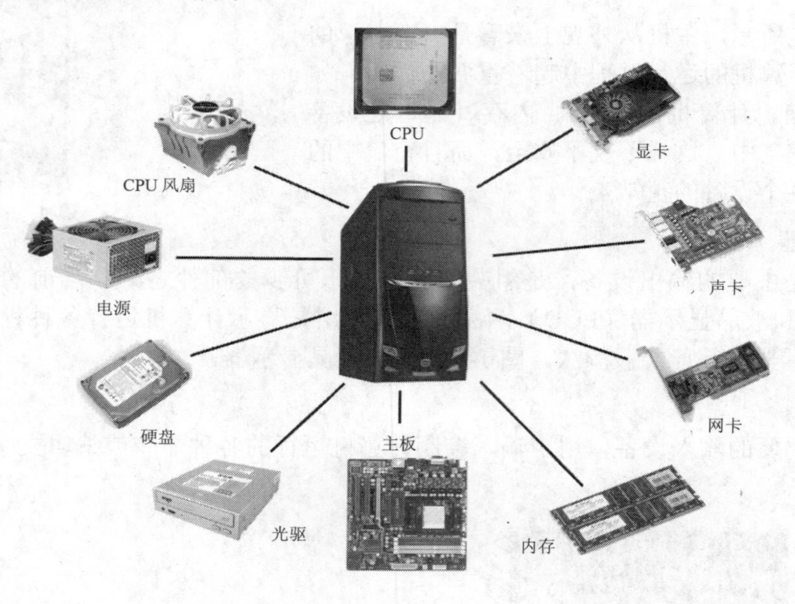

图1-9 主机内部组成

1. CPU

CPU（Central Processing Unit，中央处理单元）是计算机的核心部件，由控制器和运算器组成。CPU 是计算机的运算中心，类似于人的大脑，用于计算数据、进行逻辑判断以及控制计算机的运行，如图 1-10 所示。

2. 主板

如果把 CPU 比做计算机的“大脑”，那么主板便是计算机的“躯干”。主板将 CPU、内存条、显卡、鼠标和键盘等部件连接在一起，为计算机各部件提供数据交换的通道，如图 1-11 所示。主板对所有部件的工作起统一协调作用。

图1-10 Intel Core i 处理器

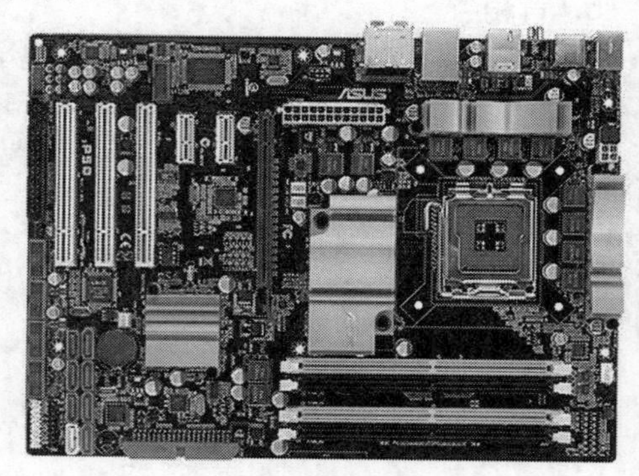

图1-11 主板

3. 内存

内存是计算机的核心部件之一，用于临时存储程序和运算所产生的数据，其存取速度和容量的大小对计算机的运行速度影响较大。计算机关机后，内存中的数据会丢失，如图 1-12 所示。

4. 显卡

显卡用于把主板传来的数据做进一步的处理，生成能供显示器输出的图形图像、文字等信息。有的主板集成了显卡，但在对图形图像质量要求较高的情况下（例如 3D 游戏、工程设计），建议配置独立显卡，如图 1-13 所示。

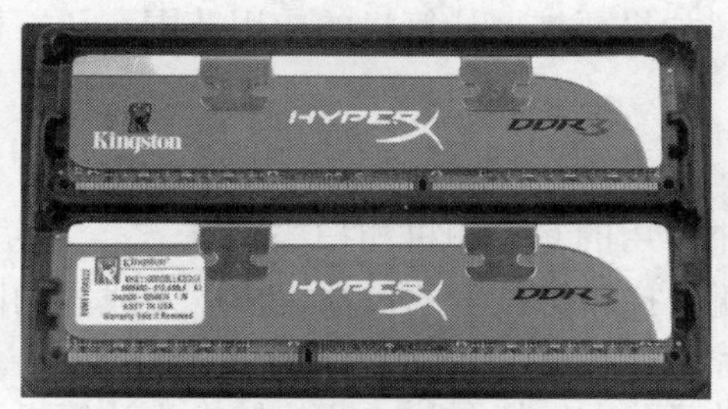

图1-12　内存条

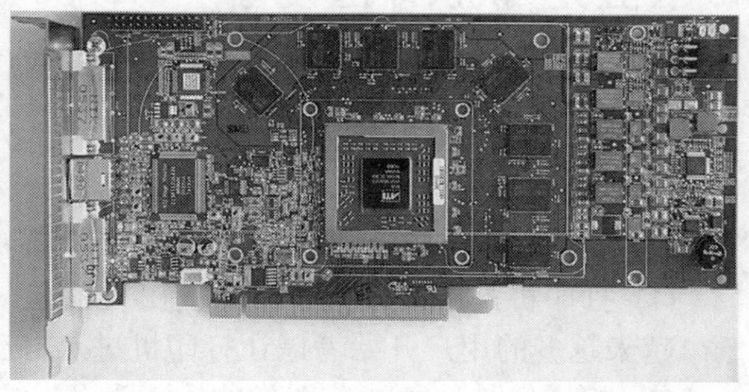
图1-13　显卡

5. 声卡

声卡用于处理计算机中的声音信号，并将处理结果传输到音箱中播放。现在的主板几乎都集成了声卡，只是在对声音效果要求极高的情况下才需要配置独立的声卡，如图 1-14 所示。

6. 硬盘

硬盘是重要的外部存储器，其存储信息量大，安全系数也比较高。计算机关机后，硬盘中的数据不会丢失，是长期存储数据的首选设备，如图 1-15 所示。

图1-14　声卡

图1-15　硬盘

7. 光驱

光驱是安装操作系统、应用程序、驱动程序和电脑游戏软件等必不可少的外部存储设备，如图 1-16 所示。

8. 电源

电源是为计算机提供电力的设备。电源有多个不同电压的输出接口，分别接到主板、硬盘和光驱等部件上为其提供电能，如图 1-17 所示。

图1-16 光驱

图1-17 电源

（五） 认识外围设备

前面介绍的部件已经可以组装成一台计算机了，如果要扩展计算机的应用范围，还需要为计算机安装一些外围设备。

1. 办公设备

使用电脑办公时，需要用到各类办公设备，其中常用的有打印机和扫描仪等。

(1) 打印机是应用最为普及的输出设备之一，随着打印机技术的日益进步以及成本的降低，越来越多的用户开始考虑让打印机进入自己的家庭。图 1-18 所示为打印机的外观。

(2) 扫描仪是一种捕获图像的输入设备，它可以帮助人们把图片、照片转换为计算机可以显示、编辑、存储和输出的数字格式。图 1-19 所示为扫描仪的外观。

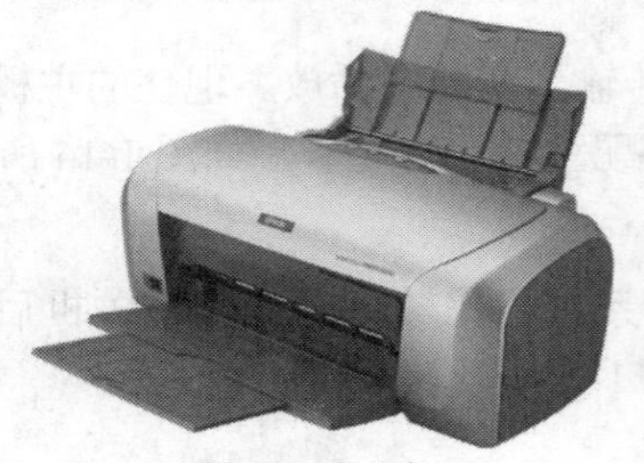

图1-18 打印机

图1-19 扫描仪

2. 网络设备

网卡、交换机、集线器和路由器等组成了计算机的网络系统，使世界各地的计算机通过 Internet 连接起来。对各个网络设备及其主要用途说明如下。

(1) 网络系统中的一种关键硬件是适配器，俗称“网卡”。在局域网中，网卡起着重要的作用，它用于计算机之间信号的输入与输出，如图 1-20 所示。

(2) 集线器的功能是分配带宽，将局域网内各自独立的计算机连接在一起并能互相通信，如图 1-21 所示。

图1-20 无线网卡

图1-21 集线器

(3) 交换机用来完成过滤和转发过程的任务，其速度比集线器更快，如图 1-22 所示。

(4) 路由器是一种连接多个网络或网段的网络设备，它能对不同网络或网段之间的数据信息进行“翻译”，从而构成一个更大的网络，如图 1-23 所示。

图1-22　交换机

图1-23　无线路由器

3. 可移动存储设备

可移动存储设备包括 USB 闪存盘（俗称 U 盘）和移动硬盘，这类设备使用方便，即插即用，存储容量也能满足人们的需求，已成为计算机中必不可少的附属配件。图 1-24 所示为 U 盘，图 1-25 所示为移动硬盘。

图1-24　U 盘

图1-25　移动硬盘

4. 数码设备

数码设备包括数码相机、摄影机等设备。尽管在配置计算机时它们属于可选设备，但是在信息化时代却有着广泛的应用。图 1-26 所示为数码相机，图 1-27 所示为摄影机。

图1-26　数码相机

图1-27　摄影机

任务二 认识计算机软件

计算机之所以能够发挥其强大的功能，除了硬件系统外，还与软件系统密切相关。按照功能的不同，软件系统又分为系统软件和应用软件两大类。

（一） 认识系统软件

系统软件是指与计算机的硬件紧密地结合在一起，使计算机系统的各个部件、相关的程序和数据协调高效地工作的软件，如操作系统软件、数据库管理系统软件、高级语言编译程序以及多种工具软件等。图 1-28 所示为 Windows 7 操作系统启动时的界面。

（二） 认识应用软件

应用软件是指为特定的应用目的开发的软件，如文字处理软件、游戏软件和教学软件等。使用计算机的最终目的就是要提高工作效率，增加经济效益，这就需要开发大量适合单位使用的应用软件。图 1-29 所示为著名的处理照片软件 Photoshop（PS）。

图1-28 Windows XP

图1-29 Photoshop

思考

（1）计算机软件分为哪几类？各有什么作用？

（2）列举你所熟悉的计算机软件，它们都有什么用途？

任务三 了解计算机选购要领

品牌机和兼容机是当今计算机销售市场的两大主力。用户在选购计算机前首先要做的选择就是买兼容机还是买品牌机。本节将介绍两者各自的特点，用户可以根据自己的需求选择合理的购机方案。

（一） 了解兼容机

简单点说，兼容机就是非厂家原装，而改由个体装配而成的机器，其中的元件可以是同一厂家出品，但更多的是整合各家之长的计算机。

1. 兼容机的优势

(1) 自己做主，按需选购。兼容机以 DIY（DO IT YOURSELF）精神为指导，它最大的特点就是硬件选择和整机组装的自由度很高，没有固定的模式，用户可以根据自己的需求选购各种硬件，组装完全符合自己需要的计算机，如音响效果最佳的计算机、显示效果最好的计算机……

(2) 开支较小，费用低。相对于品牌机而言，一台同样配置的兼容机可以比品牌机节省数百元乃至上千元，对大部分用户而言，相当于节约了一笔不小的开支。

(3) 升级空间大。用户在选购兼容机配件时，可以预先留下一定的升级空间，有利于日后对计算机性能进行升级。

2. 兼容机的劣势

对用户的专业知识要求较高。由于兼容机的配件选购完全由个人做主，这就要求购买者要熟悉各种计算机配件的相关性能、技术参数和市场行情，这样才能避免上当受骗，也不会因为配件搭配不当而造成系统的瓶颈，无法达到相对最优效果。如果用户想亲自动手组装计算机，那更需要掌握相应的计算机装配与调试技术，而这恰好是很多计算机初学者所欠缺的。

3. 兼容机的售后服务

与品牌机三年的质保期和完善的售后服务相比，兼容机的质保期一般只有短短的一年，而各个配件的质保和售后服务也不尽相同，一旦某个配件出现故障，维修起来相对麻烦。

（二）　了解品牌机

顾名思义，品牌机就是有一个明确品牌标识的电脑，是由公司性质组装起来的，并且经过兼容性测试正式对外出售的整套的电脑。品牌机有质量保证以及完整的售后服务。

1. 品牌机的优势

(1) 购买过程简单方便。兼容机选择过程比较繁琐，需要综合考虑配置、价格、质量和售后等诸多因素，那些缺乏专业知识的用户可能根本就摸不着头脑，而选择品牌机通过一站式服务就省去了这些麻烦。

(2) 稳定性较高。每一台品牌机在出厂前都经过严格的测试，相对于兼容机而言，稳定性和可靠性都较高。

(3) 可以得到高附加值的产品。每一台品牌机都会随机赠送正版的操作系统和各类应用软件，方便用户的使用。

(4) 售后服务较好。一般而言，品牌机都有三年的质保期，而在技术咨询方面更非兼容机可比，可以省去很多后顾之忧。

2. 品牌机的劣势

(1) 价格偏高。如果按照品牌机的配置组装一台兼容机，那么至少能省下 10%的费用。原因是品牌机本身的附加值较高，而且品牌宣传带来的各种费用如广告宣传费用、推广费用以及后期的今后服务费用等都要均摊到产品上，这样就造成相同配置的品牌机比兼容机价格要高，对于那些对价格比较敏感的用户来说这是一个很大的劣势。

(2) 可升级性差。品牌机往往在机箱上贴了封条，如果擅自拆卸机器，就失去了保修资格。这就使得用户不敢随便对计算机进行升级。

(3) 瓶颈效应突出。品牌计算机为了降低成本，突出卖点，一般是 CPU 配置较高而其他配置较低，这样就影响了计算机的整机性能。

最后通过表 1-1 给出兼容机与品牌机的详细对比。

表 1-1　　　兼容机与品牌机的对比

项目	兼容机	品牌机
外观与人性化设计	虽然目前电脑配件种类多，但是组合起来却很异类 评分：★★☆☆☆	品牌机有专业的造型设计，能设计出美观新颖的机型 不少品牌机为了方便用户设计了内置电视卡、不开机播放音乐等功能，使产品极具个性 评分：★★★★☆
兼容性与稳定性	组装兼容机时，如果选用知名企业生产的配机，质量保障能满足 由于要从为数众多的产品中选取配件，且没有正规测试，兼容性则不能保证 评分：★★★★☆	品牌机的兼容性和稳定性都经过严格抽检和测试，稳定性较高 品牌机大多批量生产，也较少出现硬件不兼容现象 评分：★★★★★
产品搭配灵活性	不少用户装机时都需要根据专业要求突出计算机某一方面的特性，完全可以根据自己的要求灵活搭配硬件 评分：★★★★★	品牌机往往满足大多数用户的共同需求，不可能专门为几个用户生产一台电脑 评分：★★★☆☆
价格	同配置兼容机的价值都要比品牌机低 评分：★★★★★	由于包含正版软件捆绑费用、广告费用、售后服务费用等。品牌机的价格要比同配置的兼容机高 评分：★★★★☆
售后服务	兼容机的配件只有一年的质保，对于键盘鼠标等易损部件，保质期只有 3 个月 评分：★★★☆☆	品牌机一般提供一年上门三年质保的售后服务，还有 800 免费技术支持电话 评分：★★★★☆
选择建议	专业用户或具有一定专业 DIY 知识的用户可以购买兼容机，通过自己配置计算机，不但能体验攒机的乐趣，更是一种学习的过程	家庭用户、电脑初级用户可以考虑购买品牌机，以保证质量并便于维护

（三）计算机配置的原则和标准

品牌机与兼容机都有各自的优缺点。但无论是选择兼容机还是品牌机，最重要的是符合自身应用的需要，并应该遵循 3 个原则：合理的配置、实用的功能、最少的开支。下面以兼容机为例来介绍如何合理配置自己的计算机。

1. 五“用”

五“用”原则主要包括以下 5 个方面。

(1) 适用。所谓“适用”，就是所配置的计算机要能够满足用户的特定要求。用户因使用目的的不同而对计算机性能的要求也不同，所以说用户在购买时一定要清楚自己的需求（是学习、娱乐、设计还是工作），才能在配置计算机时得心应手。

(2) 够用。“够用”是指所配置的计算机能够达到自己的基本需求而不必超出太多。如果只是以家用为目的，不需要运行大型的 3D 游戏或设计软件，则不必选择比较高端的配

件；而对于有特定要求的用户则应该按需选用高配置的配件。这样就可以避免因配置过高而造成浪费，或配置不足而不能满足需求。

(3) 好用。“好用”是指计算机的易用性，用通俗的话说就是容易上手，能够很好地完成用户给予的指令。

(4) 耐用。“耐用”一方面指计算机的健康与环保性，如符合 TCO 认证标准的 CRT 或 LCD 显示器可以更好的保证使用者的健康。另一方面也强调计算机的可扩展性，因为计算机的升级能力也是评价计算机耐用程度的一项指标。

(5) 受用。“受用”是包括品牌、服务和价格等在内的一个感性概念。用户在配置计算机时应该把几项内容加以综合比较和考虑，不要一味地强调价格。目前市场中的一些低价配件，尽管价格很低但几乎没有配套服务，用户千万不要图一时的利益而导致长久的隐患。

2. 3个“避免”

组装兼容机的用户一定要有正确的购机思路，避免陷入购机误区。

(1) 避免“一步到位”的思想。现在计算机配件几乎每半年就要更新一次，技术标准和价格行情也会随之变化，因此在选购配件时，用户应该选择当前的主流产品，只要能够实现所要求的功能就可以了，没有必要预留太多的升级空间。

(2) 避免“CPU 决定一切”的思想。很多用户以为 CPU 的性能决定一切，认为只要有了好的 CPU，机器的性能就一定不会差。其实不然，根据木桶理论，一台计算机的整体性能很大程度上是由整体配置中性能最低的配件所决定的，因此每一个计算机配件都很重要，即使是毫不起眼的电源也会对计算机的整体性能产生影响。如果没有好的硬件与之配套，再好的 CPU 也无法提升系统功能，所以说配置计算机时一定要注意计算机配件间的合理搭配。

(3) 避免“最新的就是最好”的思想。有的用户以为最新的计算机配件就是最好的。的确，最新的计算机配件有着更为先进的技术和更好的功能，但是它也有不足之处，一方面是计算机配件在刚上市时，价格最为昂贵；另一方面是按照木桶理论，如果没有足够的软件及其他配件与之配合，它所发挥的功能也会大打折扣。

3. 选购技巧

在选择计算机配件时，还有一些小的技巧需要了解。

(1) 要根据自己的用途选择配置。

(2) 合理分配资金。

(3) 注意分辨配件的真假。

(4) 熟悉计算机配件及市场行情。

(5) 切忌粗心大意。

(6) 带一个内行朋友做参谋。

项目实训　识别计算机硬件

【实训目的】

在学习完本项目后，能熟练识别计算机硬件。

【实训内容】

(1) 找到一台计算机，分别指出主机、显示器、键盘和鼠标。

(2) 打开主机箱盖，分别指出主板、CPU、CPU 风扇、显卡（如果有）、声卡（如果有）、网卡（如果有）、内存条、硬盘、电源和光驱。

【操作步骤】

1. 断开电源。
2. 拆下主机与外设连接的各类电线。
3. 打开主机箱盖。
4. 逐个识别计算机配件。
5. 盖上主机箱盖。
6. 接好主机与外设的连接电缆。
7. 开机检测是否连接正确。

项目小结

本项目主要介绍了计算机系统的组成，计算机硬件与软件的相关知识以及计算机硬件与软件之间的关系，其中重点是计算机的硬件知识。在学完本项目后，要求读者能理解硬件和软件的概念，明确计算机的中各个配件的作用。项目最后介绍了品牌机与兼容机的区别，并阐明了计算机的选购要领，为后续项目的学习打下基础。

思考与练习

1. 计算机的主机箱内部有哪些部件（至少说出5件）？
2. 冯·诺依曼模型中，计算机由哪些主要部分组成？
3. 内存和硬盘都属于存储设备，它们的作用相同吗？请比较两者。
4. 简要说明品牌机与兼容机的区别。
5. 简要说明配置计算机的基本原则。
6. 判断：内存中的数据在关机以后不会丢失。（ ）
7. 判断：硬盘中的数据在关机以后不会丢失。（ ）

项目二 选购计算机配件及产品

计算机是由一系列标准部件和设备通过一定的方式组装而成的。熟悉组件的工件原理、种类、型号、技术指标、购买方式及使用注意事项，对计算机的维护至关重要。

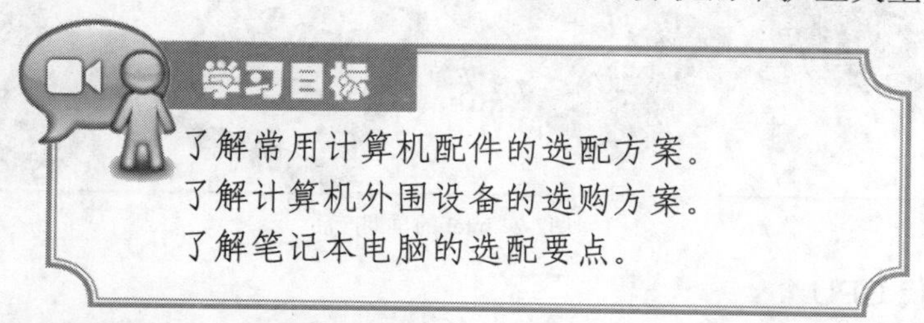

任务一 掌握 CPU 的选购要领

CPU 是计算机系统的核心，它负责整个系统指令的执行、运算与逻辑运算、数据的存取与传送及对内、对外的输入/输出控制，所以 CPU 是决定一台计算机性能高低最关键和最具有代表性的部件。目前市场上的 CPU 有着品牌、性能、技术等方面的差异，选择什么样的产品要依据用户的使用情况而定，并非只看重某一个参数而去选择 CPU 产品。

（一） 明确 CPU 的发展历程

目前，CPU 的生产厂商主要有 Intel（英特尔）和 AMD 两家。下面以 Intel 系列 CPU 为例说明 CPU 的发展历程。

Intel 公司是全球最大的半导体芯片制造商，其产品标识如图 2-1 所示。Intel 公司为全球日益发展的计算机工业提供功能模块，包括微处理器、芯片组、板卡、系统以及软件等。

图2-1 Intel 的产品标识

1. Intel 早期 CPU

Intel 早期的 CPU 主要经历了以下发展历程。

- 1971 年 Intel 推出了世界上第一款微处理器 Intel 4004。

- 随后先后推出了 8088、8086、80286、80386 和 80486 处理器，其性能不断提高，制作工艺也越来越精细。
- 1993 年 Intel 推出了划时代的 586，并将其命名为 Pentium（奔腾）处理器。
- 随后相继推出了 Pentium Pro、Pentium MMX、Pentium Ⅱ、Pentium Ⅲ 和 Pentium 4 处理器。
- 期间为占领低端市场，还推出了低成本的 Celeron（赛扬）系列 CPU。

> 说明：Celeron（赛扬）系列 CPU 典型的做法是减少二级缓存和前端总线频率。例如：Celeron 420 的主频 1.6G，二级缓存 512kB，前端总线 800MHz。

图 2-2 所示为部分 Intel 早期的产品外观。

图2-2　Intel 的早期产品

2. Intel 现代 CPU

- 2006 年，Intel 结束使用“奔腾”处理器转而推出“酷睿”（英文名：Core）处理器，首先推出的“酷睿一代”主要用于智能手机和掌上电脑等移动计算机。
- “酷睿一代”推出不久就被“酷睿 2”（酷睿二代）取代，酷睿 2 是一个跨平台的构架体系，包括服务器版、桌面版、移动版三大领域。
- 2008 年推出的酷睿 i 是接替酷睿 2 的全新处理器系列，可以理解为酷睿 i 相当于“酷睿 3”，只是酷睿 3 并不存在。酷睿 i 采用了全新的制作工艺和架构，相比于同级的酷睿 2 处理器更强，效率更高。

> 说明：酷睿 i 又分为 i7、i5、i3 等 3 个系列。其中 2008 年推出的 i7 属于 Intel 高端产品，具有 4 核 8 线程；i5 是 i7 的精简版，属于中高端产品，4 核 4 线程；而 i3 又是 i5 的精简版，采用双核心设计，通过超线程技术可支持 4 个线程。

图 2-3 所示为部分 Intel 的现代产品。

图2-3　Intel 的现代产品

【知识拓展】——AMD 系列 CPU

AMD（Advanced Micro Devices，超微半导体）是美国一家业务遍及全球，专为电子计算机、通信及电子消费类市场供应各种芯片产品的公司。

AMD 系列 CPU 的特点是以较低的核心时脉频率产生相对较高的运算效率，其主频通常会比同效能的 Intel CPU 低 1GHz 左右。AMD 早期的产品策略主要是以较低廉的产品价格取胜，虽然最高性能不如同期的 Intel 产品，但却拥有较佳的价格性能比。

2003 年 AMD 先于 Intel 推出 64 位 CPU，使得 AMD 在 64 位元 CPU 的领域有比较早发展的优势，此阶段的 AMD 产品仍采取了一贯的低主频高性能策略。

AMD 产品标识如图 2-4 所示，目前典型的 ADM CPU 产品主要有速龙（Athlon）和羿龙（Phenom）两个系列，如图 2-5 所示。

图2-4　AMD 产品标识

图2-5　ADM CPU 产品

如果从外观上区分 Intel 与 AMD 的 CPU，可以看到 AMD 的 CPU 有针脚，如图 2-6 所示，而 Intel 的 CPU 没有针脚，只有电极触点，如图 2-7 所示。

图2-6　AMD CPU 外观

图2-7　Intel CPU 外观

（二）　了解 CPU 的结构

从外部看，CPU 主要由三部分组成：核心、基板和针脚（触点）。下面以 Intel Core 2 Duo E7200 为例来介绍 CPU 的外部结构，如图 2-8 所示。

图2-8　Intel Core 2 Duo E7200

1. 核心

CPU 中间凸起部分是 CPU 核心，是 CPU 集成电路所在的地方。核心内部包含各种为实现特定功能而设计的硬件单元，而每个硬件单元通常由大量的晶体管构成。

2. 基板

基板一般为印刷版电路，是核心和针脚的载体。核心和针脚都是通过基板来固定的，基板将核心和针脚连成一个整体。基板负责内核芯片和外界的数据传输。早期的基板采用陶瓷制成，而现在的 CPU 已改成用有机物制造，能提供更好的电气和散热性能。

3. 针脚（触点）

针脚或触点就是 CPU 的电极，CPU 进行运算后产生的电信号以及接受指令的电信号全部都从这里输出或输入。同时，针脚在安装时还能起到定位作用。

> 说明：有的 CPU 顶面还会印有 CPU 编号，其中会注明 CPU 的名称、时钟频率、二级缓存、前端总线频率、产地和生产日期等信息，但 AMD 公司与 Intel 公司标记的形式和含义有所不同。CPU 上的安装标志用于在安装芯片时确定正确的安放位置。

（三） 认识 CPU 的接口

CPU 通过接口与主板连接后才能进行工作。目前 CPU 的接口大多为针脚式，对应到主板上就有相应的插槽类型，如图 2-9 所示。CPU 接口类型不同，在插孔数、体积以及形状等方面都有所差异，不能互相接插。

图2-9 CPU 接口

Socket 插座是一个方形多针脚孔的插座，插座上有一根拉杆，在安装和更换 CPU 时，只要将拉杆向上拉出，就可以轻易地插进或取出 CPU 芯片。

1. LGA 775

LGA（LAND GRID ARRAY）是 Intel 64 位平台的封装形式，称为触点阵列封装，也叫做 Socket T。LGA 775 采用 775 针的 CPU，而 Socket 775 则对应在主板上采用 775 针的接口。目前采用此种接口的有 LGA 775 封装的单核心的 Celeron D 以及双核心的 Core 2 等 CPU。Socket 775 插座与其对应的 CPU 外观如图 2-10 所示。

2. LGA 1156

LGA 1156 又叫做 Socket H，是 Intel 在 LGA775 之后的 CPU 插槽。也是 Intel Core i3/i5/i7 处理器（Nehalem 系列）的插槽，读取速度比 LGA 775 高。LGA 1156 的外观如图 2-11 所示。

图2-10　Socket 775

图2-11　LGA 1156

3. Socket AM2

Socket AM2 是支持双通道 DDR2 800 内存的 AMD 64 位桌面 CPU 的标准接口，具有 940 根 CPU 针脚。目前采用 Socket AM2 接口的有低端的 Sempron、中端的 Athlon 64、高端的 Athlon 64 X2 等 AMD 桌面 CPU。Socket AM2 插座外观如图 2-12 所示。

4. Socket AM3

Socket AM3 为全新的 CPU 接口规格。所有 AMD 桌面级 45nm 处理器均采用了新的 Socket-AM3 插座，具有 938 针的物理引脚，并支持 DDR3 内存。其外观如图 2-13 所示。

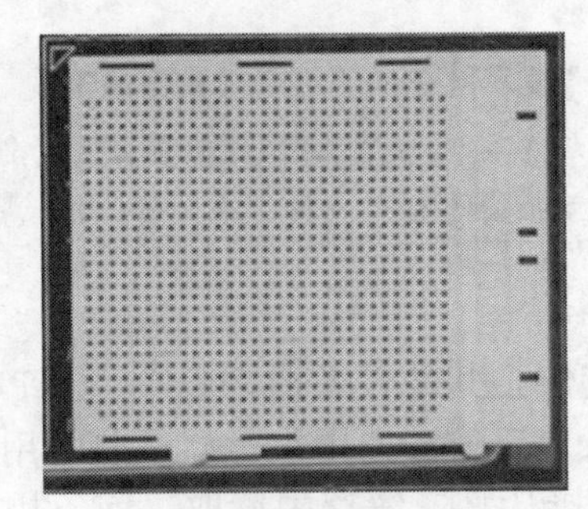

图2-12　Socket AM2

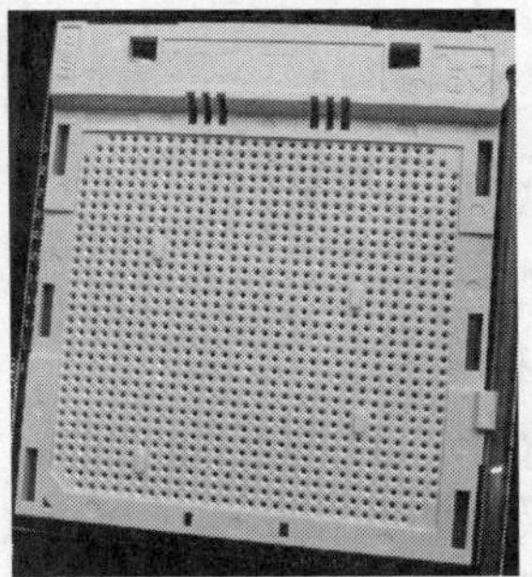

图2-13　Socket AM3

说明：组装一台计算机，要充分发挥 CPU 的性能，必须有相应的主板支持，这取决于主板上采用的芯片组，它决定于 CPU 的接口（插座）类型和前端总线频率。确定一款 CPU 后，同时也决定了它所使用的主板类型。例如选择 Intel 的 CPU 就不能插在 AMD 支持的主板上。

（四）　明确 CPU 的性能指标

近年来，CPU 产品在外观和技术等许多方面都发生了飞跃性的变革，诞生了“超线程技术”、“虚拟化技术”、“64 位技术”、“多核技术”等新名词。各生产商都有各自的技术优势和产品针对群体，而 CPU 的具体参数也因厂商不同而有所差异。

1. 双核和多核技术

目前主流的双核（或多核）技术由 Intel 公司最早研发出，但却是 AMD 公司首先将其应用于个人计算机上。该技术主要针对大量纯数据处理的用户，其性能在同主频单核 CPU 的基础上可提升 15%～20%，但对于大量娱乐需求的用户来说并没有明显的性能优势。

2. 主频、外频和倍频

(1) 主频。主频也叫做时钟频率，是 CPU 内部的时钟工作频率，用来表示 CPU 的运算速度。一般来说，主频越高，CPU 的运算速度就越快。但是，计算机的运算速度并不完全由 CPU 决定，还受主板、内存和硬盘等因素的影响。

(2) 外频。外频是 CPU 的基准频率。CPU 的外频越高，CPU 与系统内存交换数据的速度越快，有利于提高系统的整体运行速度。CPU 的外频与它的生产工艺及核心技术有关。

(3) 倍频。倍频是 CPU 主频和外频之间的相对比例关系，主频等于外频乘以倍频。若 CPU 的倍频为 10，外频为 200MHz，则 CPU 的主频就是 2.0GHz。倍频的数值一般为 0.5 的整数倍。

说明

如果把外频看作 CPU 这台“机器”内部的一条生产线，那么倍频就可以看成生产线的条数。一台机器生产速度的快慢（主频）自然就是生产线的速度（外频）乘以生产线的条数（倍频）。

3. 前端总线频率

前端总线（FSB）是 CPU 和外界交换数据的最主要的通道，前端总线的数据传输能力对计算机整体性能的提升作用很大。如果没有足够快的前端总线频率，再强的 CPU 也不能明显提高计算机整体速度。

说明

前端总线是 CPU 与主板之间连接的通道，前端总线频率就是该通道运输数据的速度。如果把 CPU 看作一台安装在房间中的机器，前端总线就是这个房间的“大门”。机器的生产能力再强，如果“大门”很窄或者物流速度比较慢的话，CPU 就不得不处于一种“吃不饱”的状态。

4. 缓存

随着 CPU 主频的不断提高，其处理速度也越来越快，其他设备通常赶不上 CPU 的速度，无法及时将数据传给 CPU。CPU 高速缓存（Cache Memory）用来存储一些常用的或即将用到的数据和指令，CPU 需要数据或指令的时候直接从高速缓存中读取，而不用再到内存甚至硬盘中去读取，这样大大提升了 CPU 的处理速度。

(1) L1 Cache。指 CPU 的一级缓存，它内置于 CPU 内部并与 CPU 同速运行，可以有效地提高 CPU 的运行效率。一级缓存越大，CPU 的运行效率越高，但受到 CPU 内部结构的限制，一级缓存的容量通常较小。

(2) L2 Cache。指 CPU 的二级缓存，二级缓存是比一级缓存速度更慢、容量更大的内存，主要作为一级缓存和内存之间数据的临时交换地点，以提高 CPU 的运行效率。同时，它也是区分 CPU 档次高低的一个重要标志，是影响计算机速度的一个重要因素。

(3) L3 Cache。指 CPU 的三级缓存，是为读取二级缓存后未命中的数据设计的一种缓存，在拥有三级缓存的 CPU 中，只有约 5%的数据需要从内存中调用，这进一步提高了 CPU 的效率。

说明

CPU 缓存位于 CPU 与内存之间，其容量比内存小，但交换速度比内存快。在 CPU 中加入缓存是一种高效的解决方案，这样整个内存储器（缓存+内存）就变成了既有高速度缓存、又有大容量内存的存储系统了。

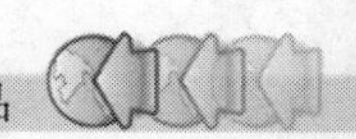

5. 制造工艺

是指在生产 CPU 过程中，加工各种电路和电子元件以及制造导线连接各个元器件时的制造精度，以 μm（千分之一毫米）或 nm（百万分之一毫米）来表示；自 1995 年以后，制造精度从 0.5μm、0.35μm、0.25μm、0.18μm、0.15μm、0.13μm、90nm、65nm，45nm 以及 32nm，一直发展到目前最新的 22nm。

6. 工作电压

工作电压（Supply Voltage）是指 CPU 正常工作所需的电压。CPU 的制造工艺越先进，工作电压越低，发热量和功耗也就越小。

7. 超线程

超线程技术（Hyper-Threading，简称“HT”）就是利用特殊的硬件指令，把两个逻辑内核模拟成两个物理芯片，让单个处理器都能使用线程级并行计算，进而兼容多线程操作系统和软件，减少了 CPU 的闲置时间，提高的 CPU 的运行效率。

8. 总线速度

与 CPU 进行数据交换的总线速度可以分为内存总线速度和扩展总线速度。

(1) 内存总线速度。内存总线速度也称为系统总线速度，一般等同于 CPU 的外频。由于内存的发展滞后于 CPU 的发展，为了缓解内存带来的瓶颈，所以出现了二级缓存来协调两者之间的差异，而内存总线速度就是指 CPU 与二级高速缓存和内存之间的工作频率。

(2) 扩展总线速度。扩展总线速度（Expansion Bus Speed）是指安装在计算机系统上的局部总线（如 VESA 或 PCI 总线），当打开主机箱时会看见一些插槽，这些就是扩展槽，而扩展总线就是 CPU 联系这些外围设备的桥梁。

9. 多媒体指令集

CPU 依靠指令来计算和控制系统，指令的强弱是 CPU 性能的重要指标，每款 CPU 在设计时就规定了一系列与其硬件电路相配合的指令系统。

(1) MMX 指令集。MMX（Multi Media eXtension，多媒体扩展指令集）中包括 57 条多媒体指令，通过这些指令可以一次处理多个数据，在软件的配合下，就可以得到更高的性能。

(2) SSE 指令集。SSE（Streaming SIMD Extensions，单指令多数据流扩展）指令集又称为互联网 SSE 指令集，包括 70 条指令。这些指令对目前流行的图像处理、浮点运算、3D 运算、视频处理和音频处理等多媒体应用起到了全面强化的作用。

(3) 3DNow!指令集。3D Now!是一种由 AMD 公司开发的 3D 加速指令集，在一个时钟周期内可以同时处理 4 个浮点运算指令或两条 MMX 指令。

(4) 扩展指令集。上面所介绍的指令集对于 CPU 来说，在基本功能方面的差别并不太大，包含的指令也差不多，但许多厂家为了提升计算机某一方面的性能，又开发了扩展指令集。扩展指令集定义了新的数据和指令，能够大大提高某方面的数据处理能力，但必须有软件支持。

（五）　掌握 CPU 的选购技巧

CPU 是计算机的核心部件，也是决定计算机性能的主要因素。用户选择什么样的 CPU 将直接影响其所选主板及内存的类型。目前市场上的 CPU 有着品牌、性能和技术等方面的差异，具体选择什么样的产品要依据用户的使用情况而定。

1. CPU 的品牌

在目前的个人计算机市场上，主流的 CPU 品牌依然是 Intel 和 AMD。在质量和性能上，两个品牌不相上下。

(1) Intel 系列。目前，Intel CPU 分为以下多个系列。

- T 系列：Intel 双核产品，主要用于笔记本，包括奔腾双核和酷睿双核，2 以下是奔腾双核，如 T2140；2 以上是酷睿双核，数字越大功能越强，如 T5800、T9600，酷睿双核比奔腾双核的质量好。
- P 系列：是 Intel 酷睿双核的升级版，目标在减小功耗，同数字的 P 要好于同数字的 T，例如 P8600 要好于 T8600。
- Q 系列：Intel 桌面平台（台式机）最早推出的 4 核产品，将两个酷睿双核封装在一起。
- E 系列：同 T 一样是 Intel 双核，也包括奔腾双核和酷睿双核，主要应用于台式机。
- 酷睿 i 系列：酷睿 i7 是最高端最高性能产品，支持 Turbo 加速模式；酷睿 i5 是酷睿 i7 的精简版；酷睿 i3 又是酷睿 i5 的精简版，酷睿 i3 整合了 GPU（图形处理器），也就是说由 CPU+GPU 封装而成。但是由于 GPU 性能有限，如果需要获得更好的 3D 性能，可以外加显卡。

> 说明：酷睿 i7、i5 和 i3 通常不再区分笔记本或台式机。总体性能而言，酷睿 i7>酷睿 i5>酷睿 i3>(P 系列>T 系列)；对于笔记本而言：酷睿 i7>酷睿 i3>P 系列>T 系列；对于台式机而言：酷睿 i7>酷睿 i5>酷睿 i3>Q 系列>E 系列。

(2) AMD 系列。目前市场上的主流 AMD 系列 CPU 产品主要有速龙（Athlon）和羿龙（Phenom）两个系列，按照产品性能由低到高排列如下。

AMD 速龙 X2（Athlon）→AMD 速龙Ⅱ X2（AthlonⅡ）→AMD 羿龙Ⅱ X2（PhenomⅡ）→AMD 速龙Ⅱ X3（AthlonⅡ X3）→AMD 羿龙Ⅱ X3（PhenomⅡ X3）→AMD 速龙Ⅱ X4（AthlonⅡ X4）→AMD 羿龙 X4（Phenom X4）。

【知识拓展】——选 Intel 还是 AMD

总的来讲，Intel 的 CPU 相对于 AMD 的 CPU 在兼容性、发热量及超频等性能方面表现更出色；而 AMD 的 CPU 则在价格上有一定的优势。

AMD 的 CPU 在处理图形图像、三维制作、游戏应用等方面略有优势；Intel 的 CPU 主频较高，处理数值计算的能力较强，在科学计算、办公应用、多媒体应用（如看电影、听音乐）方面更强一些。

由于 Intel 的 CPU 在总体性能上要强于 AMD 的 CPU，而 AMD 的 CPU 性价比更高。因此，现在市场上购买 AMD 的 CPU 的消费者比较多。而对于初学计算机组装的用户来说，选用 Intel CPU 更有利于组装并减少出故障的可能性。

> 说明：需要强调的是随着游戏对 3D 处理能力的要求不断提高，很用人对画面的流畅和画质的细腻要求也越来越高，这时选择一块好的显卡比好的 CPU 更重要。随着 CPU 核心技术的不断提高，普通 CPU 的性能已经足够满足个人大多数应用的需要，所以人们在买 PC 的时候，CPU 已经不再是唯一的衡量标准。

2. CPU 的选购技巧

CPU 无疑是衡量一台计算机档次的标志。在购买或组装一台计算机之前，首先要确定的就是选择什么样的 CPU。

CPU 产品的频率提高幅度已经远远大于其他设备的运行速度提高幅度，因此现在选购 CPU 已经不能仅凭频率高低来选择，而应该根据 CPU 的性能以及用途等方面来综合考虑，选择一款性价比高的产品。

(1) 注重性价比。在选购 CPU 时，性价比是一个比较重要的因素。Intel 的 CPU 市场占有率大、兼容性好，但是价格普遍比 AMD 的 CPU 高。建议用户尽量选择一些价格适中、性能相对出色的产品，而不要盲目追求品牌。

(2) 根据需要选择。在选购 CPU 时，还应该根据用户的需求进行选择。为了适应不同用户的需求，Intel 的 CPU 有高端的 Core i7、Core i5，中端的 Core 2、 Pentium 以及低端的 Celeron。AMD 的 CPU 有高端的 Phenom X4，中端的 PhenomII X3、 Athlon II X4、Athlon IIX2 以及低端的 SempronX2。

(3) 根据用途选择。此外，选择 CPU 时应该首先考虑计算机的用途。如果仅是简单的上网、看电影、听音乐，玩玩小游戏这些普通应用，低端的 CPU 就足够了。如果是用来玩大型游戏、视频编辑及 3D 图形设计，或者是资金非常充裕，应该选择性能较强，因为将来的软件要求越来越高，性能较强的 CPU 有利于将来的升级。

3. 辨别 CPU 的真伪

CPU 与其他配件不同，没有其他厂家生产的仿冒产品，但有一些不法商贩将相同厂家低主频的 CPU 经过超频处理后，当作高主频的 CPU 销售，从而非法获得两者之间的差价。另外，还有一种做假方法是用散装 CPU 加上一个便宜的风扇做成盒装。

(1) 通过厂商配合识别。市场上出售的 CPU 分为盒装和散装两种，一般面向零售市场的产品大部分为盒装产品。盒装 CPU 享受 3 年质保， 3 年内非人为损坏或烧毁时，厂商负责免费更换相同频率的 CPU。用户可以拨打厂商售后服务部门提供的免费咨询电话来验证产品的真伪。

- Intel: Intel 公司的免费服务热线是 8008201100，可以电话咨询 Intel 的产品信息、真伪和质保方法等。电话接通后，可根据语音提示信息按下分类号，将 CPU 的型号和金属帽上第 4 行的 S-Spec 编号以及散热风扇上的编号告诉对方工程师，可以查询 CPU 是否为盒装产品。
- AMD: AMD 公司的免费服务热线是 8008101118，只要在购买产品后，把标签上的银色涂层乱开，就会有一组数字显现出来。用户可以拨打这个热线电话咨询此产品是否为正规产品。

(2) 通过包装识别。除了通过厂商的服务电话来验证产品真伪外，还可以通过包装直接识别产品的真伪。真品的 Intel 包装采用了特殊工艺，用户可尝试用指甲去刮擦其上的文字，即使把封装的纸刮破也不会把字擦掉，而假冒产品只要用指甲轻刮就能将文字刮掉。

产品标签的激光防伪标志和产品标签应该是一体的，如图 2-14 所示。

- 激光防伪标志采用了 Intel 公司的新标志，上面的图形会随着观察角度不同而变换形状和颜色。
- 中文包装的 Intel 盒装台式机 CPU 的产品编码以“BXC” 3 位大写英文字母开

头，其中字母“C”代表中国。

- 标签上的 8 位由英文字母和数字组成的序列号应与 CPU 散热帽上第 5 行激光印制的序列号一致（散热帽上的序列号无须打开包装即可辨识）。
- 包装上有醒目的“盒装正品”标识。

真品封口标签是 Intel 公司出厂时贴好的，封口标签底色为亮银色，字体颜色深且清晰，有立体感。封口标签有两个，分别位于图 2-15 所示的左上角和右上角位置。

图2-14 产品标签

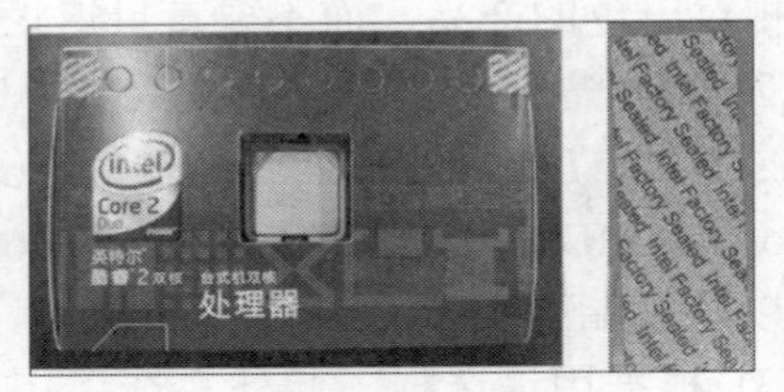

图2-15 封口标签

(3) 通过 CPU 编号识别。

Intel 公司的 CPU 编号比较直观，容易辨别。图 2-16 所示是 Intel CORE i5-750 CPU 标识实物放大图，上面标有 CPU 的基本信息、产地信息、生产日期以及性能参数。

图2-16 CPU 编号

- 前两行显示了“CPU 基本信息”：Intel 公司的 CORE i5-750 4 核处理器。
- 第 3 行显示：步进号为 SLBLC，制造地为 MALAY（马来西亚）。
- 第 4 行在“性能参数”中显示了 CPU 的频率以及二级缓存率等信息：CPU 的频率是 2.66GHz，二级缓存为 8MB。
- 最后一行的 L925B615 为产品序列号。每个处理器的序列号应该都不相同，该序列号应与正品 Intel 盒装处理器外包装的序列号一致的，还应与散热风扇的序列号一致。

(1) 当前的 PC 市场上的两大 CPU 品牌是什么？

(2) CPU 有哪些主要的性能参数？请列举 5 个。

(3) 请找一台计算机，仿照前面“用超级兔子查看 CPU 型号”的方法，用超级兔子查看并回答这台计算机所使用的 CPU 的型号、核心、制造工艺、主频、外频、一级缓存、二级缓存、插座/插槽和 CPU 电压。

思考

（六） 掌握 CPU 风扇的选购技巧

随着现代技术的日益成熟和制造技术的提高，CPU 的主频已经达到 3.2GHz，工作速度越来越快，同时 CPU 的集成度也在不断增大，从单核、双核、4 核到 8 核处理器，这两方

面的原因使得 CPU 工作时发热很厉害。在这种情况下，如果不能将 CPU 产生的大量热量带走，其内部就会出现电子迁移现象，导致 CPU 老化甚至烧毁。所以为 CPU 选购一款合适的散热器就显得非常重要。散热器包括风扇、散热片和导热介质。

1. CPU 风扇的品牌

目前市场上主流的 CPU 风扇品牌有酷冷至尊、九州风神、冷静星和散热博士等。常见的 CPU 风扇外观如图 2-17 和图 2-18 所示。

图2-17　CPU 风扇 1

图2-18　CPU 风扇 2

2. CPU 风扇的性能参数

用户在选购 CPU 风扇时如何辨别哪些风扇的性能更好，哪些风扇更适合自己的主机呢？要解决这些问题，首先要了解 CPU 风扇的性能参数。

(1) 散热片类型。图 2-17 所示的涡轮状碗形结构就是散热片。散热片根据材料的不同可分为纯铜、镶铜和纯铝散热片，其散热效果依次降低。

- 纯铜散热片比较重，对主板的要求较高，但是散热效果最好，如图 2-19 所示。
- 镶铜散热片是在铝质散热片的底部与 CPU 接触的部位镶入了一块纯铜，以增强导热功能，这种散热片物美价廉，能满足绝大部分人的需要，如图 2-20 所示。
- 纯铝散热片是最常见的，其价位低、质量轻、散热效果稍差，如图 2-21 所示。

图2-19　纯铜散热片

图2-20　镶铜散热片

图2-21　纯铝散热片

(2) 风量。风量指单位时间内通过风扇的空气体积，它是衡量风扇能力的一个最直观的重要指标，单位为 CFM（立方英尺/分）。在其他条件一样的情况下，风量越大，散热效果越好。

(3) 转速。转速指单位时间内转动的圈数，单位是 r/min（转/分）。在风扇叶片一定的情况下，转速越高，风量越大，但噪声也越大。转速不是固定不变的，很多主板可以根据测量出的 CPU 温度来改变风扇的转速。当温度升高时，转速会加快。

(4) 适用范围。适用范围标注了风扇适用于哪些 CPU。不同的 CPU 因为卡口和发热量

的不同，需要配合不同的风扇。例如，Pentium（32bit）和 AMD（32bit）的卡口就不一样，AMD（32bit）和 AMD（64bit）的卡口也不一样。

(5) 功率。一般情况下，功率越大，风扇的风力就越强，散热效果也就越好。但风扇功率越大，电源负担越重，风扇噪声也越大。所以在选购风扇时，要坚持适度的原则。

(6) 噪声。风扇在工作时，噪声越低，对人体的健康越有利。越是好的风扇，噪声就越低。所以选购风扇时，应该将噪声指标和其他性能指标放在一起进行综合考察。

3. CPU风扇的选购技巧

选购CPU风扇时，应注意以下要点。

(1) 建议购买由主板供电并且电源插口有3个孔的风扇。廉价的风扇只有两根电源线，是从电源接口取电而不像优质风扇那样从主板上取电。而且优质风扇还有一根测控风扇转速的信号线，现在的主板几乎都支持风扇转速的监控。

(2) 建议购买滚珠轴承结构的风扇。现在比较好的风扇一般都采用滚珠轴承，用滚珠轴承结构的风扇转速平稳，即使长时间运行也比较可靠，噪声也小。

(3) 如何区别滚珠风扇与一般风扇。一般滚珠风扇上标有“Ball Bearing”的字样。还有就是根据经验，正面向滚珠风扇用力吹气时不易吹动，但一旦吹动，风扇的转动时间就比较长。

(4) 散热片的齐整程度与重量。选购风扇时还要注意散热片的齐整程度、重量及卡子的弹性强弱，太强太弱都不好。

(5) 建议使用原装CPU风扇或者购买50元以上的风扇。

(1) CPU风扇有什么作用？

(2) 怎样选购CPU风扇？

【知识链接】

保证CPU正常运转最有效的方法如下。

(1) 保证机箱内及机箱周围空气流畅，以避免CPU在温度过高的环境下工作。

(2) 震动可能引起CPU与主板接触不良和风扇的损坏，所以应尽可能使计算机不要受到震动。

(3) 定期用软刷或压缩空气清扫主机箱内部的灰尘，尤其不能让灰尘挡住电源的流通空气，否则会导致机箱内温度过高而损坏电源、CPU、风扇及其他器件。

(4) 如果发现电源或CPU风扇没有声音，应立即检查。如已损坏，则需要更换相应的器件，以免机箱内过热损坏CPU等器件。

任务二 掌握主板的选购要领

计算机主机中的部件是通过主板来连接的，主板给各个部件提供了一个正常工作的平台，是计算机系统的核心组成部分。一般主板的外形如图2-22所示。

图2-22　主板

（一）　明确主板的大脑——各种控制芯片组的用途

主板上的核心部分是芯片组（Chipset），就像人体的中枢神经一样控制着整个主板的工作过程。控制芯片组从外观上看都是扁平的集成电路。主板的性能几乎就取决于芯片组的性能。

1. 主控制芯片组

依据在主板上的位置和所负责的功能的不同，主控芯片组通常分为"北桥芯片"和"南桥芯片"两部分，如图2-23所示。

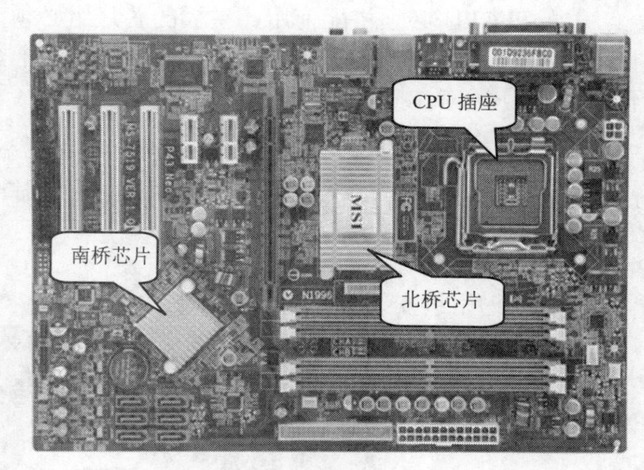

图2-23　南桥芯片和北桥芯片

(1)　北桥芯片。北桥芯片是靠近CPU的芯片，在整个芯片组中起主导作用，通常整个芯片组都以北桥芯片来命名。北桥芯片提供对CPU类型、主频、内存类型以及显卡插槽等的支持。由于北桥芯片处理的数据量大，发热量高，因此其上通常都安装有散热片或散热风扇。

(2)　南桥芯片。南桥芯片靠近PCI插槽，主要负责控制存储设备、PCI接口设备以及鼠标和键盘等外围设备的工作以及通信。随着控制板块功能的逐渐发展，有些南桥芯片上也安装有散热片。

2. 功能控制芯片组

主板上还会集成其他的功能控制芯片，例如音效芯片、网卡芯片以及磁盘阵列控制芯片（Raid）等，这些芯片分别具有特殊的控制功能。

(1) 音效芯片。尽管目前很多主板南桥芯片上都集成了声卡功能，但通常不能满足一些对音效要求比较高的用户，因此会外加专门的音效芯片以提高计算机音效，如图2-24所示。

(2) 网卡芯片。网卡芯片专用于实现以太网连接，以便用户使用计算机的网络功能，如图2-25所示。

(3) 磁盘阵列控制芯片。磁盘阵列技术把多个磁盘组成一个磁盘集合，通过磁盘阵列控制芯片（见图 2-26）实现一系列的调度算法。对用户来说，就像在使用一个容量很大、而且可靠性和速度非常高的大型磁盘一样。

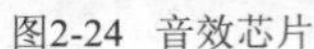
图2-24 音效芯片

图2-25 网卡芯片

图2-26 磁盘阵列控制芯片

（二） 明确主板上各种板卡的连接载体——插座和插槽的用途

主板上最醒目的部分是各种插座或插槽。CPU、显卡、各种扩展卡（声卡、网卡和电视卡）都必须通过插座或插槽与主板连接。

1. CPU 插座

主板和 CPU 必须搭配使用，主板的芯片组必须支持选定的 CPU。CPU 插座用于在主板上安装 CPU，如图 2-23 所示。主板上的 CPU 插座类型必须要与选定的 CPU 的型号对应，不同的 CPU 插座在插孔数、体积和形状方面都有区别，不能互相接插。

说明

通过观察和对比可以发现，Intel 和 AMD 的插槽在外形上有很大的区别，值得注意的是 Intel 的插槽大都加了固定装置。通常来说，同类插槽的版本越新，针脚数就越多。

2. 内存插槽

内存插槽用于安装内存，如图 2-27 所示。

图2-27 内存插槽

内存种类的不同，主板上的内存插槽也不同。目前市场上出售的主流主板大多支持 DDR 2 或 DDR 3 内存。两种插槽分别如图 2-28 和图 2-29 所示。

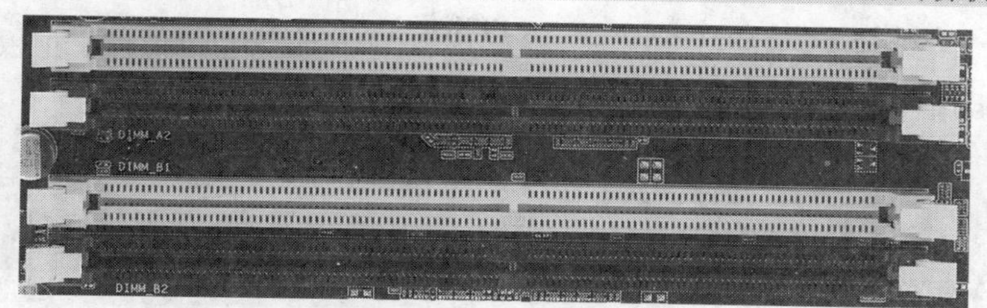

图2-28　DDR 2 内存插槽

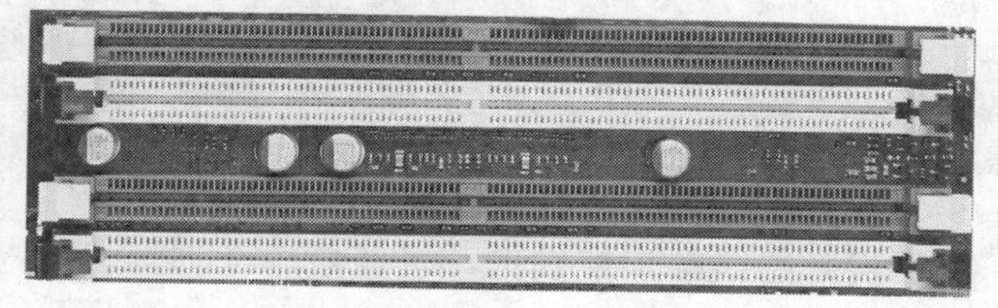

图2-29　DDR 3 内存插槽

说明　安插双内存时，还要注意内存插槽的颜色。只有当两根相同型号的内存都插入同样颜色的两个插槽时，才能发挥双通道的作用，所以在安插内存时务必要仔细小心。

3. 显卡插槽

主板上安插显卡的插槽称为显卡插槽，目前常见的显卡插槽有 AGP 和 PCI Express 两种。PCI Express 插槽和 AGP 插槽互不兼容，即这两种类型的显卡不能混用。

(1) AGP 显卡插槽。早前的显卡采用 AGP 插槽。AGP 插槽与旁边的白色 PCI 并不处于同一水平位置，而是内进一些，如图 2-30 所示。随着显卡速度的提高，AGP 插槽已经不能满足显卡传输数据速度的要求，目前 AGP 显卡已经逐渐淘汰，取代它的是 PCI Express 插槽。

(2) PCI Express 类型显卡。PCI Express 显卡的数据传输速度比 AGP 类型显卡快，并且在 PCI Express 插槽的旁边通常还会提供 1～2 个短的 PCI Express X1 插槽，用来安插 PCI Express X1 的适配卡，如无线网卡等，如图 2-31 所示。

图2-30　AGP 显卡插槽

图2-31　PCI Express 显卡插槽

由于 PCI Express 的优势十分明显，现在大多数主板都采用这种显卡插槽。

4. PCI 插槽

PCI 插槽是主板的主要扩展插槽，通过插接不同的扩展卡可以获得目前计算机能实现的

几乎所有功能，是名副其实的“万用”扩展插槽，其颜色多为白色，位于主板上 AGP 插槽（或 PCI Express 插槽）的下方，如图 2-32 所示。

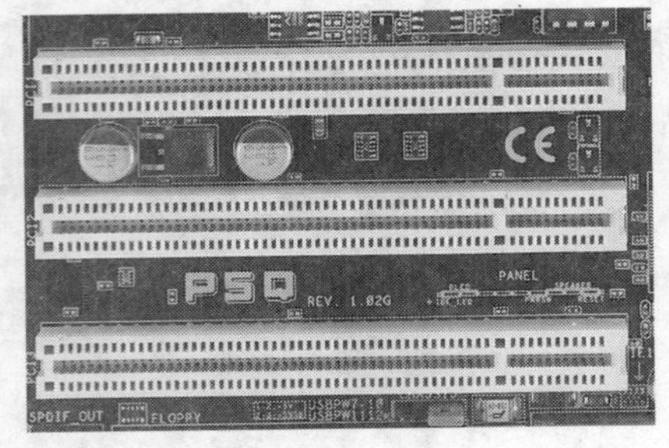

图2-32 PCI 插槽

PCI 插槽是基于 PCI 局部总线的扩展插槽，可插接声卡、网卡、内置 ADSL Modem、USB2.0 卡、IEEE1394 卡、IDE 接口卡、RAID 卡、电视卡、视频采集卡以及其他种类繁多的扩展卡。

> **说明** 主板上的 PCI 插槽越多，用户可安装的扩展卡就越多。但随着主板的发展，PCI 的插槽的数量反而有所减少，目前主流主板上的 PCI 插槽数量一般为 2～3 个，颜色也不再是单纯的白色，如图 2-33 所示。

图2-33 PCI 插槽

5. 外存插槽

外存插槽是指连接外存储设备的接口，用于连接光驱和硬盘等设备。

(1) IDE 接口。IDE 接口用来连接 IDE 硬盘或光驱的数据线。目前市场上出售的主板通常都提供两个 IDE 数据线接口，分别以 IDE1（或 PRI_IDE）和 IDE2（或 SEC_IDE）进行标注。图 2-34 所示为主板上的 IDE 数据线接口。

图2-34 IDE 数据线接口

(2) SATA 接口。随着硬盘技术的发展，IDE 接口硬盘的输出速度不能满足大数据量的传输要求，于是串行接口（SATA 接口，如图 2-35 所示）硬盘日渐流行。目前主板上都提供了多个 SATA 接口。

SATA II 是芯片巨头 Intel 英特尔与硬盘巨头 Seagate 希捷在 SATA 的基础上发展起来的，外部传输率从 SATA 的 150MB/s 进一步提高到了 300MB/s。如图 2-36 所示。

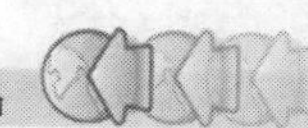

图2-35　SATA 接口

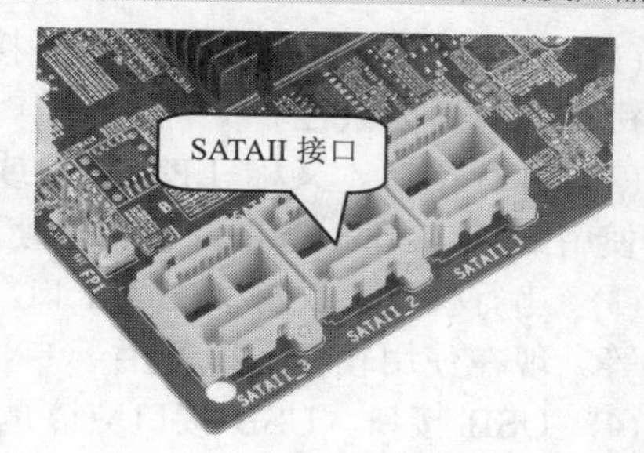

图2-36　SATAII 接口

SATA 接口与传统的 IDE 接口相比具有以下优势。

- 可以热插拔，使用十分方便。
- 易于连接，布线简单，有利于散热。
- 不受主盘和从盘设置的限制，可以连接多块硬盘。
- SATA 接口的传输速率更高。

6. **电源插座**

电源插座是主板与电源连接的接口，负责为 CPU、内存、硬盘以及各种板卡提供电能。电源插座有 20 针和 24 针两种。随着计算机功能的逐渐强大，耗电量也逐渐增加，24 针电源插座成为主流配置。同时，伴随着双核、四核 CPU 的出现，在主板上出现了 4 针或 8 针 CPU 电源单独供电插座。图 2-37 所示为上述 4 种电源插座。

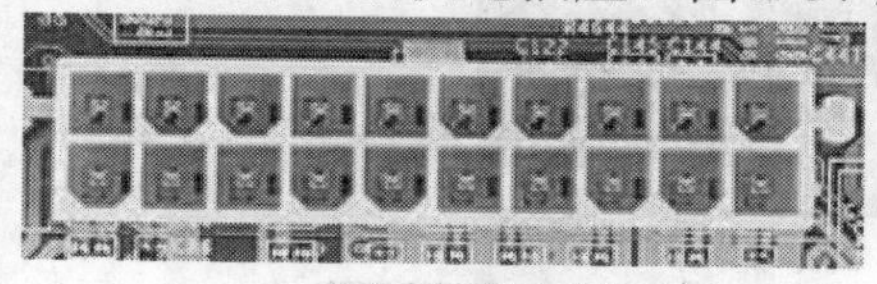
（a） 20 针电源插座

（b） 24 针电源插座

（c） 4 针电源插座

（d） 8 针电源插座

图2-37　电源插座

（三）　明确主板上与外设交流的通道——外设接口的用途

主板上的外设接口用于连接鼠标、键盘、打印机、网线以及 USB 设备等，如图 2-38 所示。

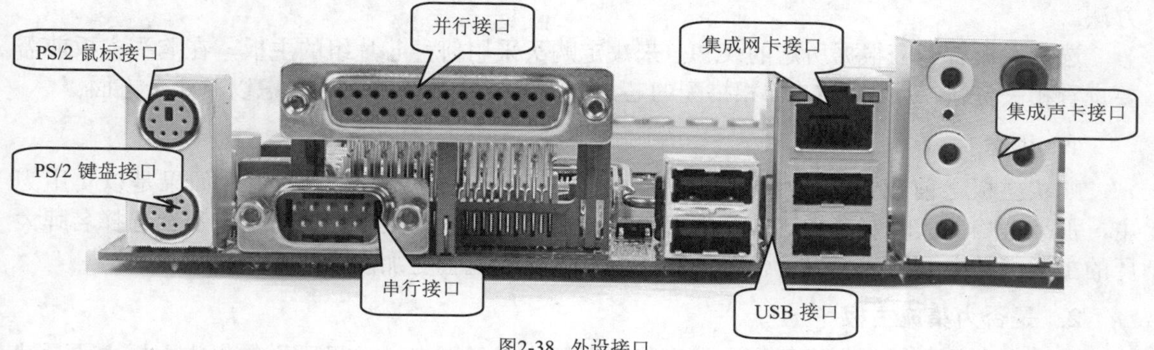

图2-38　外设接口

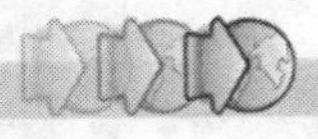

(1) PS/2 接口。用于连接 PS/2 接口类型的鼠标和键盘。通常情况下，鼠标的接口为绿色，键盘的接口为紫色。

(2) 并行接口。又称 LPT 接口或打印机接口，以前用来连接打印机，现在的打印机一般都使用 USB 接口，所以并行接口使用较少。

(3) 串行接口。又称为 COM 口，用来连接串口设备，例如早期的鼠标、老式手机的数据线等。现在使用较少，以便用于专业设备，例如单片机编程设备等。

(4) USB 接口。USB 接口应该是目前使用最广泛的接口，不但可以连接 U 盘、移动硬盘灯外部存储器，还能连接手机、数码相机、打印机或扫描仪等外部设备。主板上通常具有 4～6 个 USB 接口。

(5) 网卡接口。网卡接口用于插接网线，将计算机接入 Internet。

(6) 声卡接口。主板上的声卡接口主要实现声音的输入和输出，如果是双声道声卡，接口颜色代表以下含义。

绿色为音频输出端口，接音箱或耳机；红色为音源输入端口，接话筒；蓝色为线路输入端口（line in），将外部声音输入计算机，如 MP3 播放器或者 CD 机。如果是四声道以上，黑色：后置音箱；橙色：中置音箱；灰色：侧边环绕音箱，如图 2-39 所示。

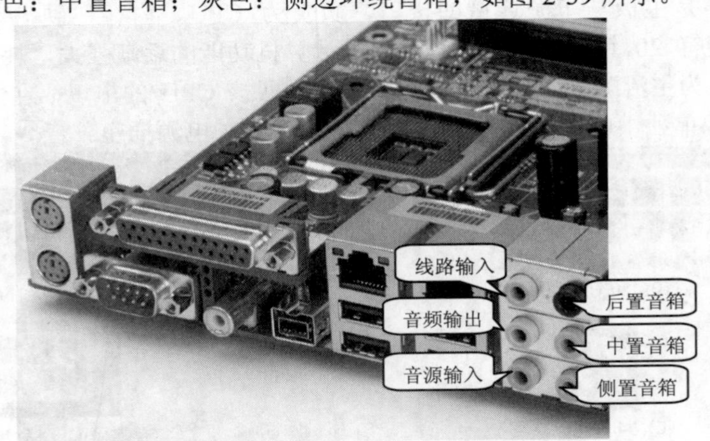

图2-39　声卡接口

（四）掌握主板的选购技巧

市场上的主板产品种类繁多，怎样选购一款合适的主板呢？下面将讲解选购主板的一些方法。

选购主板首先应根据所选的 CPU 来决定购买采用何种芯片组的主板，在购买主板前需要查看相关资料，找出与 CPU 相搭配的芯片组，除此之外，还需要考虑以下几个方面。

1. 用途

购买主板之前应该考虑主板的用途，是以实用为主还是以性能为主？如果是以实用为主，那么选购主板时要多加比较，选择性价比高的主板；如果以性能为主，那么选择名牌大厂的主板产品准没错——尽管价格会高一些，但是性能会更加出众。

2. 是否为集成主板

现在大多数主板都集成了声卡，有的甚至还集成了网卡，这里所说的集成主板主要是针

对集成显卡的主板。如果是普通的家庭用户，对计算机的要求不高，则完全可以购买集成显卡的主板，以减少开支。

3. 扩展性

扩展性是计算机爱好者应该考虑的问题，有DIY（Do It Yourself）精神的计算机爱好者喜欢给计算机增加配件，这就要求主板提供的内存插槽和PCI插槽足够多。一般选择有5个以上PCI插槽和支持4GB或更大内存的主板就可以满足这类计算机爱好者的需求。

4. 做工

主板的做工关系到主板工作时的稳定性。判断主板做工的好坏可以观察元件的焊接是否精致、光滑，元件的排列是否整齐、有规律等。做工较差的主板的元件焊接点一般都很粗糙，元件排列也不整齐，有的甚至偏出了主板上的焊接点。其次看CPU底座、内存条插槽及各种扩展插槽是否松动，能否使各配件固定牢靠。

5. 品牌

实力雄厚的名牌大厂的研发能力非常强，名牌大厂的主板除了做工精细、运行稳定外，还会附加一些功能，让用户使用起来更加方便，并且售后服务也能得到保证。

6. 芯片组

同一款CPU可以支持多个主板芯片组平台，如nFroce4、nFroce500、nFroce520、nFroce570等主板芯片组都支持AMD Athlon 64X2 3600+ CPU，但在性能发挥上却有一定的差异。

思考

(1) 如何辨别主板的真伪？

(2) 主板有哪些著名的品牌？

【知识链接】

在使用和维护计算机过程中，主板也应该使用恰当。

(1) 组装计算机时，要检查主板上是否有异物存在，若有要及时清理，以免造成主板短路。

(2) 计算机应放在通风良好、无高温、无灰尘、无高频干扰、电压稳定、远离茶水、避免阳光直射的环境。

(3) 计算机在关机后再开机，其时间间隔应保持在10s以上。

(4) 计算机应每两月清洁一次，去除主板上的灰尘，因为在潮湿天气下，灰尘有可能造成短路现象，同时灰尘也影响散热效果。

(5) 定期检查主板上的后备电池是否有氧化液流出，电池附近主板正、反面是否被腐蚀。

(6) 在潮湿地区，每周应至少开机一次，运行1~2h，以免主机元件受潮。这样做同时也可以达到驱赶蟑螂等虫害的目的。

任务三　掌握其他配件的选购要领

除了CPU和主板这两大重要配件外，计算机中还有内存、硬盘、显卡、光驱、键盘和鼠标以及机箱和电源等配件，下面介绍其选购方法。

（一） 明确选购内存的方法

内存是计算机记忆中心，是计算机不可缺少的主要部件之一。

1. 内存的类型

随着计算机技术日益更新并逐渐成熟、内存工艺技术的提高和市场需求的增加，早期很多内存产品都已被淘汰，新产品已逐渐占领了市场。

(1) SDRAM。SDRAM（Synchronous Dynamic Random－Access Memory，同步动态随机存储器）如图2-40所示，这种内存能与CPU同步工作，减少数据传输的延迟，提升计算机性能和效率。SDRAM是早期Pentium系列计算机中普遍使用的内存，目前已淘汰。

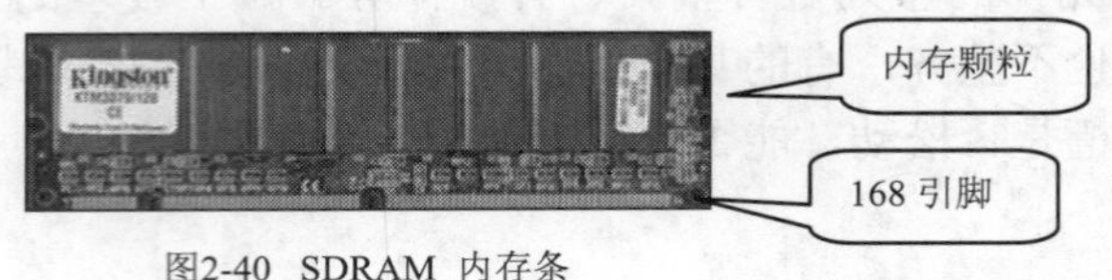

图2-40 SDRAM 内存条

内存颗粒是对内存芯片的一种称呼。在计算机中，很多板卡都有一种金色的引脚，它有一个专用名字，称为金手指。SDRAM内存条的两面都有金手指，如图2-41所示。

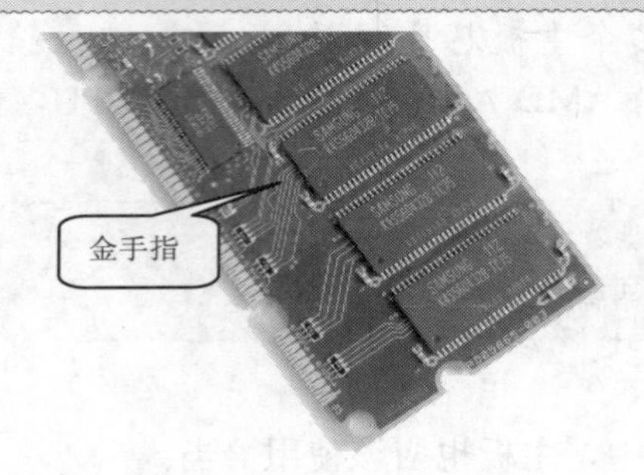

图2-41 金手指的外观

(2) DDR SDRAM。DDR SDRAM（Double Data Rate SDRAM，双倍数据速率SDRAM，简称DDR）是SDRAM的升级版本，具有比SDRAM多一倍的传输速率和内存带宽。从外形上看，SDRAM的内存条具有168引脚，并且金手指有两个缺口，而DDR SDRAM内存采用的是184引脚，金手指上也只有一个缺口，如图2-42所示。

图2-42 DDR SDRAM 内存条

(3) DDR 2。DDR 2内存的工作原理类似于DDR，但DDR每个时钟周期内只能通过总线传输两次数据，而DDR 2则可以传输4次，并且发热量更低。DDR 2与DDR长度一样，但DDR 2内存具有240引脚，并且DDR 2与DDR内存条上的缺口位置也不同，如图2-43所示。

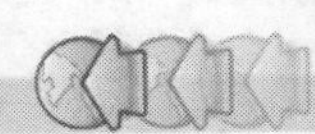

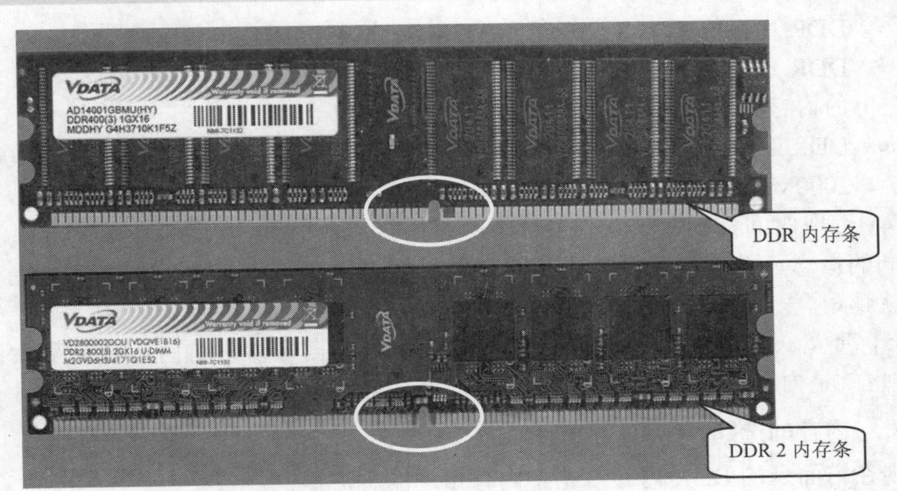

图2-43　DDR 与 DDR 2 的外观对比

(4) DDR 3。DDR3 相比起 DDR2 有更低的工作电压，性能更好且更省电，可达到的频率上限超过 2000MHz。DDR3 采用 100nm 以下的生产工艺，采用点对点的拓扑架构，以减轻控制总线的负担。DDR3 内存是目前的主流产品，如图 2-44 所示。

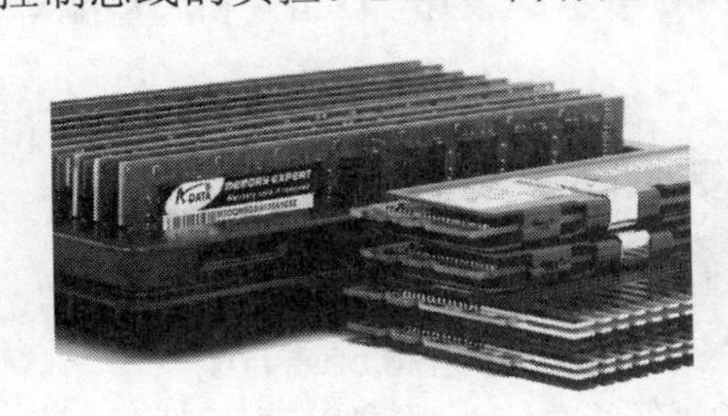

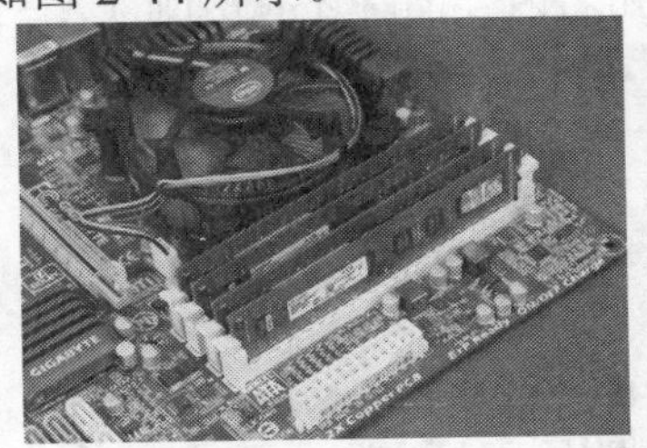

图2-44　DDR 3 内存

> **说明**：DDR4 是即将推出的内存最新类型，其工作电压降低到 1.2V，而频率提升至 2133～2667MHz。新一代的 DDR4 内存将会拥有两种规格，包括两个互不兼容的内存产品，以满足更多不同的用户需求。

2. 内存的性能参数

在选购内存前，用户应该对它的参数进行了解。内存的主要性能参数如下。

(1) 容量。内存容量是指内存条的存储容量，是内存条的关键性参数。容量以 MB（或 GB）为单位，如 512MB、1GB 等。在用户预算的范围内，内存容量越大越有利于系统的运行。随着科技的发展和用户需求的提升，目前台式机中主流的内存容量为 2～4GB。

(2) 工作电压。内存稳定工作时的电压称为工作电压，不同类型的内存，其工作电压也不同，但各自都有自己的规格，超出这个规格容易造成内存的损坏。

- DDR SDRAM 内存的工作电压一般在 2.5V 左右。
- DDR 2 SDRAM 内存的工作电压一般在 1.8V 左右。
- DDR 3 内存的工作电压一般在 1.5V 左右。

(3) 内存主频。内存主频和 CPU 主频一样，习惯上被用来表示内存的速度，它代表着该内存所能达到的最高工作频率。内存主频以 MHz 为单位。

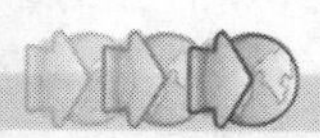

- DDR 内存的主流内存频率为 333MHz 和 400MHz。
- DDR 2 内存的主流内存频率为 533MHz、667MHz 和 800MHz，其中 800MHz 的内存频率应用最多。
- DDR 3 内存的主流内存频率为 800MHz、1066MHz、1333MHz、1600MHz 和 2000MHz 等。

(4) 存取时间。存取时间代表读取数据所延迟的时间，以 ns 为单位，与内存主频是完全不同的概念。一般情况下，内存的存取时间都标在芯片上。存取时间越短，CPU 等待的时间就越短。

(5) 带宽。内存的带宽也称为数据传输率，是指每秒钟访问内存的最大位数（或字节数），也就是内存这个“中转仓库”单位时间内能够运输数据的最大值。

3. 内存的选购

现在市面上的 DDR 内存占据了内存市场的主流地位。

(1) 内存的品牌。由于市面上内存的品牌众多，金士顿（Kingston）是全世界第一大内存提供商，其产品的特点是做工精细，兼容性非常好，质保条件宽松。金士顿内存条外观如图 2-45 所示。

其他知名内存品牌还有威刚（A－DATA），如图 2-46 所示；金邦（Geil）和海盗船等。

图2-45 金士顿 DDR3 1333 4G 台式机内存

图2-46 威刚 4G DDR3 1333

(2) 选购原则。市场上的内存条琳琅满目，在选购内存条时应当掌握以下原则。

- 符合主板上的内存插槽要求：不同的主板支持不同的内存，目前主板市场上的主流品牌大都支持 DDR 3 内存，因此在购买计算机时应选购 DDR 3 内存。如果要对计算机进行升级，则应该先查明主板支持的内存类型以及所支持内存的最大容量。
- 注意内存的做工：内存的做工影响着内存的性能。一般来说，要使内存能稳定工作，那么使用的 PCB 板层数应在 6 层以上，否则在工作时容易出现不稳定的情况。
- 主频的选择：目前 DDR 3 内存的主流主频是 1333MHz 或 1600MHz，这种类型的内存提供了比较大的带宽，对系统性能的提升也是比较明显的。
- 注意内存的品牌：不少小厂家将低端的内存芯片通过涂改编号或使用其他造假方法，将低档内存打磨成高档内存出售，而这些内存往往不能稳定、正常地工作，因此最好尽量到直接代理商处选购知名品牌的内存，或者在专业人员的指导下购买，并应尽量选择售后服务良好的品牌。

4. 辨别内存的真伪

由于内存的制作技术水平要求不是很高，所以在市场上容易出现假冒伪劣产品，在选购内存时应注意识别。下面介绍几种常用的识别方法。

- 短信或网站查询：现在大多数品牌的内存都提供短信真伪查询和官方网站真伪查询（如金士顿）等防伪服务，用户可通过查询来确定其真伪。
- 通过观察产品说明书来辨别：真品的说明书，其文字和图示清晰明朗；而伪劣产品的说明书，其文字和图示明显昏暗无光泽，并且往往不能提供官方网站的网址以及查询方法的介绍。

【知识链接】

计算机使用过程中，可能引起内存条损坏的原因大致有以下 5 个方面。

(1) 在阴暗潮湿的地方放置或使用计算机，可能引起内存条连线的腐蚀或脱落。

(2) 元器件在反复的热胀冷缩后，可能会造成内存条和插座接触不良。

(3) 过热或长时间的高温操作，可能会损坏固态的元器件。

(4) 外部辐射或过热可能会引起内存瞬间读、写错误。

(5) 安装时，电击或静电可能引起内存条损坏。

所以在安装和使用计算机的过程中，一定要防潮湿、防高温、防辐射、抗静电，并尽可能保持环境温度的稳定。

（二）　明确选购硬盘的方法

硬盘是计算机系统中用来存储大容量数据的设备，可以把它看做是计算机系统的仓库，其存储信息量大，安全系数也比较高，是长期保存数据的首选设备。

1. 硬盘的品牌

目前，硬盘的主流品牌有希捷（Seagate）、西部数据（WD）、三星（SAMSUNG）和日立（Hitachi）等。下面介绍主要品牌硬盘的特点。

(1) 希捷（Seagate）。Seagate 是当前硬盘界研发的领头羊，2006 年收购了另一家硬盘公司迈拓（Maxtor），进一步巩固了其全球第一大硬盘厂商的地位。Seagate 公司是最早推出 SATA 接口标准的硬盘厂家，也是第一个推出单碟容量达 200GB 的硬盘厂家。产品外观如图 2-47 所示。

(2) 西部数据（WD）。西部数据（Western Digital）是历史最悠久的硬盘厂商之一，也是 IDE 接口标准的创始者之一。其产品性价比高，品质和服务都有比较充分的保障。其产品标记如图 2-48 所示。

图2-47　希捷硬盘

图2-48　西部数据硬盘

2. 硬盘的接口类型

硬盘接口是硬盘与主机系统间的连接部件，不同的硬盘接口，其连接速度也不一样。硬

盘接口的优劣直接影响着程序运行的快慢和系统性能的好坏。硬盘接口分为 IDE、SATA、SCSI 和光纤通道 4 种，现在使用得较多的是 SATA 接口。

(1) IDE 接口。IDE 意思为“电子集成驱动器”，是指把硬盘控制器与盘体集成在一起的硬盘驱动器。IDE 硬盘增强了数据传输的可靠性和制造的方便性，安装方便、使用简单。IDE 硬盘主要应用于个人计算机领域，也有部分应用在服务器上，其接口外观如图 2-49 所示。

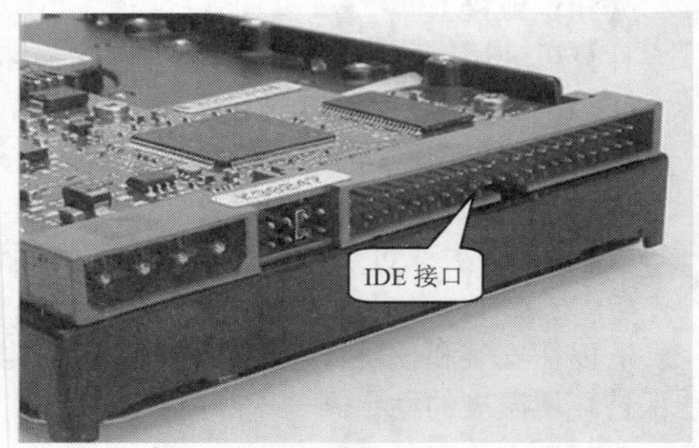

图2-49　IDE 接口硬盘

(2) SCSI 接口。SCSI 的中文意思为“小型计算机系统接口”，是一种广泛应用于小型计算机上的高速数据传输技术。这种接口具有应用范围广、多任务、带宽大、CPU 占用率低以及支持热插拔等优点，但较高的价格使它很难如 IDE 硬盘般普及，因此 SCSI 硬盘主要应用于中、高端服务器和高档工作站中。其接口外观如图 2-50 所示。

(3) SATA 接口。SATA（Serial ATA）接口的硬盘又称为串口硬盘，是现在及未来计算机硬盘的发展趋势。与其他接口相比，其最大的区别在于能对传输指令（不仅仅是数据）进行检查，如果发现错误会自动校正，这在很大程度上提高了数据传输的可靠性。串行接口还具有结构简单、支持热插拔的优点，其接口外观如图 2-51 所示。

图2-50　SCSI 接口硬盘

图2-51　SATA 接口硬盘

说明

SATA 是一种新型硬盘接口类型。首先，SATA 以连续串行的方式传送数据，一次只会传送 1 位数据，这样能减少 SATA 接口的针脚数目，使连接电缆数目变少，效率也会更高。实际上，SATA 仅用 4 支针脚就能完成所有的工作，分别用于连接电缆、连接地线、发送数据和接收数据。同时，这样的架构还能降低系统能耗，并减小系统复杂性。

3. 硬盘的适用平台

不同的计算机平台使用的硬盘也不同。目前常见的平台有台式机、笔记本电脑和服务器

等。下面就对这 3 种平台上使用的硬盘进行简要的介绍。

(1) 台式机硬盘。台式机硬盘是最为常见的计算机存储设备。随着用户对个人计算机性能需求的日益提高，台式机硬盘也在朝着大容量、高速度、低噪声的方向发展，单碟容量逐年提高，主流转速也达到 7200r/min，甚至还出现了 10000r/min 的 SATA 接口硬盘。台式机硬盘的主要生产厂商有希捷、西部数据、日立、SAMSUNG 等。

(2) 笔记本硬盘。笔记本硬盘是应用于笔记本电脑的存储设备，强调的是便携性和移动性，因此必须在体积、稳定性和功耗上达到很高的要求，而且防震性能要好。笔记本硬盘和台式机硬盘从产品结构和工作原理看并没有本质的区别，但由于笔记本电脑内部空间狭小、散热不便且电池能量有限，对硬盘的体积、功耗和坚固性等提出了很高的要求。

(3) 服务器硬盘。服务器硬盘在性能上的要求远远高于台式机硬盘，这是受服务器大数据量、高负荷、高速度等要求所决定的。服务器硬盘一般采用 SCSI 接口，高端服务器还有采用光纤通道接口的。

4. 硬盘的性能参数

硬盘和内存的存储功能的不同在于，在计算机断电之后，其存储的内容在一般情况下可以长期保存，所以硬盘才是计算机真正的存储部件。

(1) 容量。容量是用户最关心的一个硬盘参数，更大的硬盘容量通常意味着更多的存储空间，现在市面上主要的硬盘容量有 500GB、1TB、2T 以上。随着硬盘技术继续向前发展，更大容量的硬盘还将不断推出。

说明

购买硬盘之后，细心的用户会发现，在操作系统当中，硬盘的容量与官方标称的容量不符，都要少于标称容量，容量越大则这个差异越大。标称 500GB 的硬盘，在操作系统中显示只有 480GB。这并不是厂商或经销商以次充好欺骗消费者，而是硬盘厂商和操作系统对容量的计算方法有所不同造成的。以 500GB 的硬盘为例。

厂商容量计算方法：500GB = 500 000MB = 500 000 000kB = 500 000 000 000bit

换算成操作系统计算方法：(500 000 000 000bit/1024)/1024 = 488 281 250KB/1024 ≈ 476 837.158MB ≈ 480GB

(2) 转速。硬盘内部存放数据的磁盘在主轴电机的带动下高速转动，转速的快慢决定硬盘内部的传输率。硬盘转速以每分钟多少转来表示，单位为 r/min（Revolutions Per Minute 转/分）。转速值越大，内部传输率越快，访问时间越短，硬盘的整体性能也就越好。目前，主流硬盘内磁盘的转速一般为 7200r/min。

(3) 缓存。将数据写入磁盘前，数据会先从系统内存写入缓存，然后转向下一个操作指令。而硬盘则在空闲（不进行读取或写入的时候）时再将缓存中的数据写入到磁盘上。缓存容量越大，系统等待的时间越短。因此，缓存的大小对于硬盘的持续数据传输速度也有着极大的影响。目前市面上主流硬盘的缓存都已经达到 64MB。

(4) 外部数据传输率。外部数据传输率是指硬盘缓存和计算机系统之间的数据传输率，也就是计算机通过硬盘接口从缓存中将数据读出交给相应控制器的速率，其值与硬盘接口类型和硬盘缓冲区容量大小有关。目前主流硬盘的外部数据传输率可达 126MB/s。

(5) 平均寻道时间。平均寻道时间（Average Seek Time）是硬盘性能重要的参数之一，是指硬盘在接收到系统指令后，磁头从开始移动到移动至数据所在的磁道所花费时间的平均值，在一定程度上体现了硬盘读取数据的能力，是影响硬盘内部数据传输率的重要参数，单

位为毫秒（ms）。不同品牌、不同型号的硬盘，其平均寻道时间也不一样。这个时间越短，代表硬盘性能越好，现今主流的硬盘平均寻道时间读取时<8.5ms，写入时<9.5ms。

5. 硬盘的选购

选购硬盘时，首先要确定主板，所选购的硬盘要符合主板上面的接口类型；其次要估算个人对计算机存储容量的需求是多大，如果经济宽裕，可以购买容量比较大的硬盘；最后还应注意硬盘的质量和售后服务等状况。

(1) 符合主板上的接口类型。选购硬盘前应先弄清楚主板上支持的硬盘接口类型，否则购买的硬盘可能会由于主板不支持该接口而不能使用。目前个人计算机上支持的硬盘接口类型主要有 SATA 和 SATAⅡ。

(2) 容量的选择。由于目前计算机的操作系统、应用软件和各种各样的影音文件的体积越来越大，因此选购一个大容量的硬盘是必然趋势。目前市面上常见的硬盘容量为 500GB～4TB，用户应根据自己信息量的多少选择适合的容量。

(3) 注重售后服务。硬盘用于存储用户的重要数据，一旦出现故障将有可能造成重大损失，而良好的售后服务可以保证在硬盘出现故障时最大限度地恢复用户的数据，减小用户的损失。目前市面上硬盘的售后服务时间一般是 3～5 年。

6. 辨别硬盘的真伪

由于硬盘是技术含量很高的产品，辨别硬盘的真伪一般有以下方法。

(1) 硬盘外部标签上的序列号应与硬盘侧面序列号相同，如图 2-52 和图 2-53 所示。

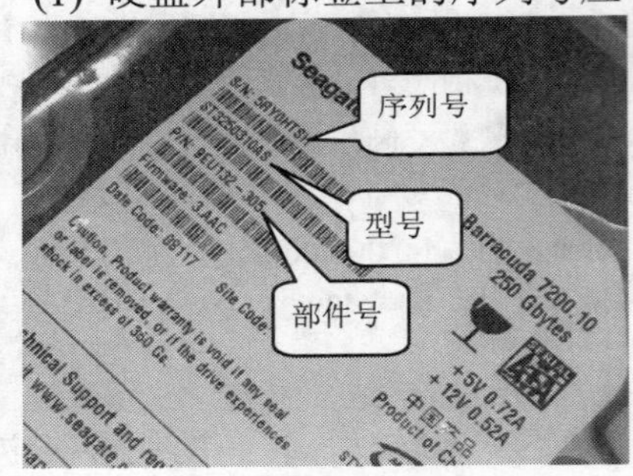

图2-52 硬盘外部标签

图2-53 侧面序列号

(2) 硬盘外部标签上的型号应与系统的【设备管理器】窗口中【磁盘驱动器】选项中显示的型号相同，如图 2-52 和图 2-54 所示。

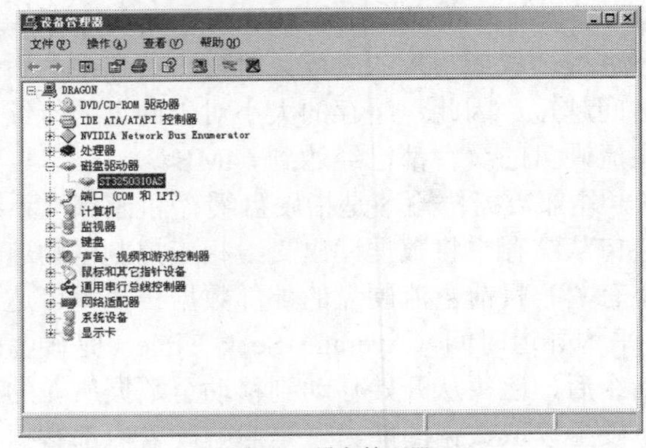

图2-54 设备管理器

(3) 通过公司官方网站上提供的防伪查询方式对硬盘的真伪进行确认。

(4) 通过拨打公司的客服电话进行硬盘真伪的查询。

【知识拓展】 硬盘的其他参数

除了前面介绍的几个主要性能参数以外，硬盘还有以下几个参数罗列出来，让读者有所了解。

(1) 平均寻道时间。平均寻道时间越短越好，现在选购硬盘时应该选择平均寻道时间低于 9ms 的产品。

(2) 平均潜伏时间。其计算单位为 ms，一般为 2～6ms。

(3) 平均访问时间。平均访问时间越短越好，一般硬盘的平均访问时间为 11～18ms，现在选购硬盘时应该选择平均访问时间低于 15ms 的产品。

(4) 内部数据传输率。单位为 Mbit/s，指硬盘将目标数据记录在盘片上的速度，一般取决于硬盘的盘片转速和盘片数据线的密度。

(5) 外部数据传输率。指计算机通过接口将数据传递至硬盘的传输速度。

思考

如何识别硬盘的真伪？

【知识链接】 硬盘的维护

硬盘是一种精密的磁性存储器，所以在使用过程中维护工作很重要。用户应做到：工作环境远离大磁场；严禁震动，要轻拿、轻放；不要带电安装或拆卸（热插拔）；经常读、写的扇区数据最好经常改换位置。如可用除 FDISK 外的 PQMAGIC、SFDISK 等软件让主分区在磁盘中的其他任意位置开始存放，这样可尽量避免一些软件频繁读、写同一扇区的现象发生。

（三） 明确选购显卡的方法

显卡是计算机显示子系统中的一个重要部件，显示器必须要在显卡的支持下才能正常工作。显卡是显示器与主机通信的控制电路和接口，是计算机显示系统的重要部件，显示器必须要在显卡的支持下才能正常工作。

1. 显卡的类型

显卡是一块独立的电路板，安装在主板的扩展槽中，其外观如图 2-55 所示。显卡的主要作用是在程序运行时根据 CPU 提供的指令和有关数据，将程序运行过程和结果进行相应的处理，转换成显示器能够分辨的文字和图形显示信号后，通过屏幕显示出来。

（a）正面

（b）背面

（c）显示内存

图2-55 显卡外观

(1) 按总线接口分类。显卡要插在主板上才能与主板互相交换数据，必须有与之相对应的总线接口。显卡通常安装在主板的AGP插槽或PCI-E插槽上，相对应的显卡接口如图2-56所示。

目前大多数显卡都安装在PCI-E插槽上。

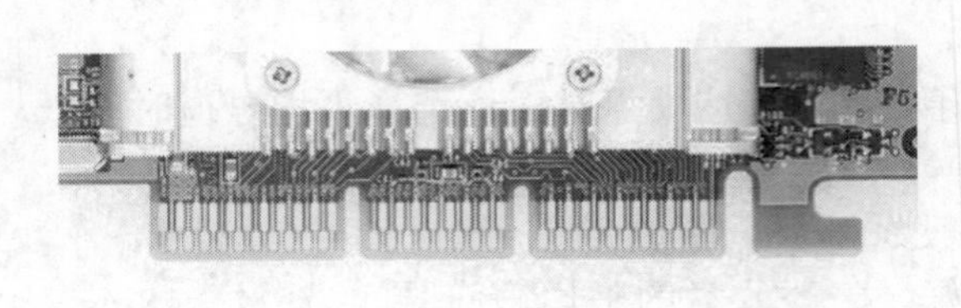

（a）AGP接口

（b）PCI-E接口

图2-56 显卡接口

(2) 按显卡是否是集成芯片分类。按显卡是否是集成芯片可将显卡分为独立显卡和集成显卡。

- 独立显卡。

最早的显卡专门为图形加速设计，因此独立显卡的发展历史最长、种类最多。由于独立显卡拥有独立的封装芯片，其上的集成电路可以提供更多功能，性能要比集成显卡有优势。但独立显卡相比集成显卡在主板设计上要复杂一些，价格也更高。

- 集成显卡。

集成显卡是指主板芯片组中集成了显示芯片，这样的主板不需要独立显卡就可以实现普通的显示功能，以满足一般的家庭娱乐和商业应用，节省用户购买显卡的开支。

说明　集成显卡一般集成在主板的北桥芯片中。集成显卡不带有显存，使用系统的一部分内存作为显存，当使用集成显卡运行需要大量占用显存的程序时会明显降低系统的性能。集成显卡的性能也比独立显卡要差。

2. 显卡的基本结构

显卡主要由显示芯片、显示内存、VGA接口、TV-OUT接口和DVI接口等组成，如图2-57所示。

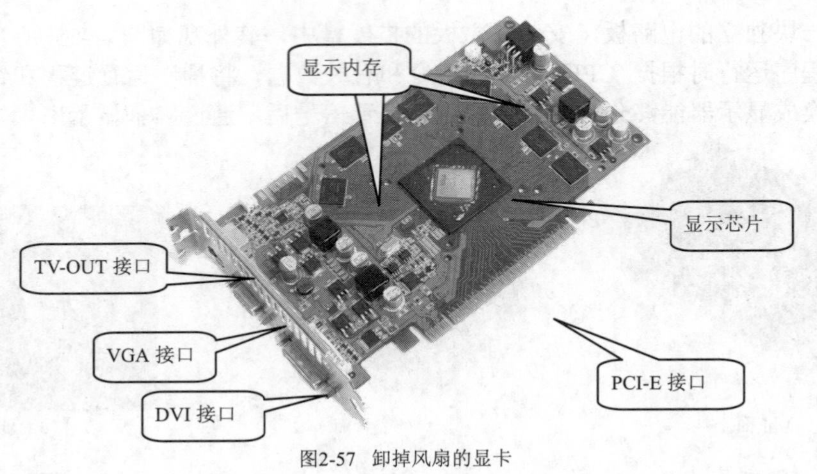

图2-57 卸掉风扇的显卡

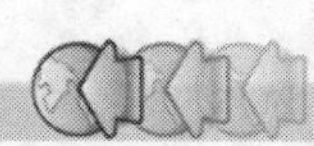

(1) 显示芯片（GPU）。显示芯片（GPU）类似于主板的 CPU，为整个显卡提供控制功能。目前，GPU 主要由主要由 nVidia（英伟达，见图 2-58）和 AMD（AMD 显卡即 ATI 显卡，见图 2-59）两家厂商生产。

说明：显示芯片是显卡的核心，决定了显卡的档次和大部分性能，也是 2D 显卡和 3D 显卡区分的依据。2D 显示芯片在处理 3D 图像和特效时主要依赖 CPU 的处理能力，称为“软加速”。将三维图像和特效处理功能集中在显示芯片内（即“硬件加速”）就构成了 3D 显示芯片，其 3D 图形处理能力大幅度提高。

图2-58 nVidia 显示芯片

图2-59 ATI 显示芯片

(2) 显示内存。显示内存简称为显存，其主要功能就是暂时储存显示芯片要处理的数据和处理结果。现在最新的显卡则采用了性能更为出色的 GDDR4 或 GDDR5 显存。

说明：显卡达到的分辨率越高，在屏幕上显示的像素点就越多，要求显存的容量就越大，如果显存的品质和性能不过关，在保存数据时可能丢失数据，在传输指令流时也可能丢失指令，这种数据和指令丢失的直接后果是导致显示的时候出现“马赛克”现象，显示不清晰。

(3) VGA 显示接口。VGA 显示器使用一种 15 针接口，用于连接 CRT 或 LCD 显示器，VGA 接口传输红、绿、蓝色值信号（RGB）以及水平同步（H-Sync）和垂直同步（V-Sync）信号。

(4) DVI 显示接口。DVI 是一个 24 针接口，专为 LCD 显示器这样的数字显示设备设计。DVI 接口分为 DVI-A、DVI-D 和 DVI-I。DVI-A 就是 VGA 接口标准，DVI-D 实现了真正的数字信号传输，而 DVI-I 则兼容上述两个接口。

(5) TV-Out 接口。TV-Out 是指显卡具备输出信号到电视的相关接口。目前普通家用的显示器尺寸不会超过 24 英寸，显示画面相比于电视的尺寸来说小了很多，尤其在观看电影、打游戏时，更大的屏幕能给人带来更强烈的视觉享受。

说明：目前的显卡上大多带有 HDMI 接口（高清晰多媒体接口），如图 2-60 所示，能高品质地传输未经压缩的高清视频和多声道音频数据，同时无需在信号传送前进行数/模或者模/数转换，可以保证最高质量的影音信号传送。

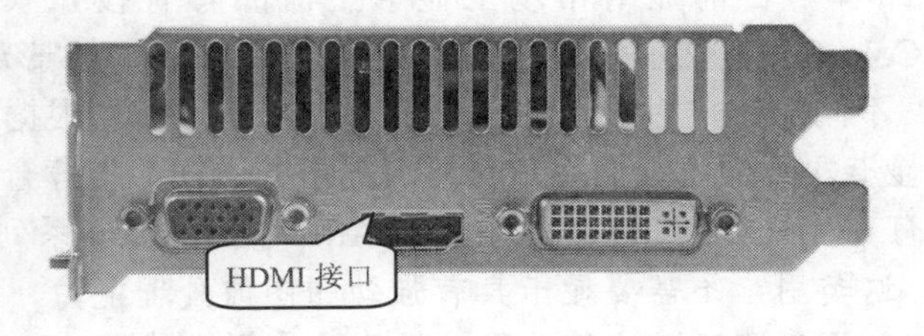

图2-60 带有 HDMI 接口的显卡

(6) 显卡风扇。显卡运算速度快，发热量大，为了散热，常在显示芯片和显示内存上用导热性能较好的硅胶黏上一个散热风扇，如图 2-61 所示。显卡上有一个 2 芯或 3 芯的插座为其供电。

图2-61 装有风扇的显卡

3. 显卡的性能参数

衡量显卡性能的参数主要有以下几个方面。

(1) 显存容量。显存是显卡上用来存储图形图像的内存。显存越大，系统的存储速度越快。目前主流的显卡显存容量可达 1024M。

(2) 最大分辨率。分辨率是指显卡在显示器上所能描绘的像素数目，分为水平行点数和垂直行点数。如果分辨率为 1024 像素×768 像素，即表示水平方向由 1024 个点组成，垂直方向由 768 个点组成。目前主流显卡的最高分辨率可达 2560 像素×1600 像素。

说明：最高分辨率是指显卡能在显示器上描绘的点数的最大数量，通常以“横向点数×纵向点数”表示，例如 2048×1536，这是图形工作者最注重的性能。分辨率越大，所能显示的图像的像素点越多，就能显示更多的细节，当然也就越清晰。

(3) 核心频率。显卡的核心频率是指显示芯片的工作频率，其在一定程度上可以反映出显示芯片的性能。在同样级别的芯片中，核心频率高的则性能更强，但显卡的性能是由核心频率、显存以及像素填充率等多种因素决定的，核心频率高并不代表此显卡性能强劲。目前主流显卡的最高分辨率可达 4800MHz 以上。

(4) 显存位宽。显存位宽是显存在一个时钟周期内所能传送数据的位数，位数越大，则瞬间所能传输的数据量越大，这是显存的重要参数之一。我们习惯上所说的 64bit 显卡、128bit 显卡和 256bit 显卡就是指其相应的显存位宽。显存位宽越高，性能越好，价格也就越高，因此 256bit 的显存更多地应用于高端显卡，而主流显卡基本都采用 128bit 显存。

4. 显卡的选购

选购显卡时，应注意以下要点。

(1) 显卡的主流品牌。目前显卡市场上显卡主流品牌有技嘉（GIGABYTE）、华硕（ASUS）、七彩虹（Colorful）、艾尔莎（ELSA）、昂达（Onda）、小影霸（HASEE）等。

(2) 显卡的用途。不同的用户对显卡的需求不一样，用户需要根据自己的经济实力和需求情况来选择合适的显卡。下面将根据用户对显卡需求的不同，推荐合适的显卡类型。

目前的显卡主要有 nVIDIA 的 GeForce 系列和 AMD 的 Radeon 系列。

- 办公应用类。这类用户不需要显卡具有强劲的图像处理能力，只需要显卡能处理简单的文本和图像即可。这种功能一般的显卡都能胜任，例如集成显卡等。

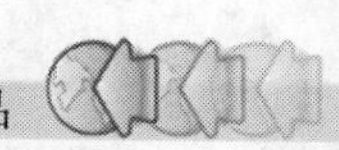

- 普通用户类。这类用户平时娱乐多为上网、看电影以及玩一些小游戏，对显卡的性能有一定的要求，如果不愿意在显卡上面多投入资金，那么可以购买中等档次的显卡，这类显卡的价格比较便宜，且完全可以满足需求。
- 游戏玩家类。这类用户对显卡的要求较高，需要显卡具有较强的 3D 处理能力和游戏性能，可以考虑选择一些性能强劲的显卡。
- 图形设计类。这类用户对显卡的要求非常高，特别是 3D 动画制作人员，一般应选择性能顶级的显卡，选择时可以听取专业人士的建议。

(3) 显卡的做工。在选购显卡时需要看清显卡所使用的 PCB 层数（最好在 4 层以上）以及其所采用的元件等。

(4) 注意显存的位宽。很多用户购买显卡时只注意显卡的价格和所用的显示芯片，却忽视了对显卡性能起决定影响的显存。显存的位宽可以通过观察显存的封装方式来计算，一般来说，BGA 封装和 QFP 封装的显存颗粒是 32bit/颗，而 TSOP 封装的显存颗粒是 16bit/颗。

5. 辨别显卡的真伪

(1) 电话或网站查询。如果显卡厂商提供了防伪电话或防伪网站，那么只需要按照说明拨打电话或上网查询即可。

(2) 查看显卡外观。优质显卡电路板光洁，芯片字迹清晰，金手指明亮如镜，焊点均匀，电路板边缘无毛刺。

(3) 查看配件。优质显卡说明书详尽，印刷清晰，驱动程序安装方便；劣质显卡说明书简易，往往就几页纸，驱动版本混乱，常常是几个不同型号的显卡驱动混装在一起，而且没有说明，安装非常不方便，甚至无法正确安装。

（四）　明确选购显示器的方法

显示器是计算机必备的输出设备，人们用计算机工作时，面对着的就是显示器，显示器的好坏将直接影响到用户的健康。显示器产品主要有阴极射线管显示器（CRT）和液晶显示器（LCD）两种，如图 2-62 所示。目前，CRT 显示器已被淘汰。

（a）CRT 显示器

（b）LCD 显示器

图2-62　显示器

1. LCD 显示器的特点

LCD 显示器（Liquid Crystal Display）是一种是采用了液晶控制透光度技术来实现色彩的显示器。与 CRT 显示器相比，LCD 显示器具有以下优势。

(1) 辐射很小，更符合环保健康的理念。

(2) 画面不闪烁，即使长时间观看LCD显示器屏幕也不会对眼睛造成很大的伤害。

(3) 体积小、能耗低。一般一台15英寸LCD显示器的耗电量也就相当于17英寸纯平CRT显示器的1/3。

2. LCD显示器的主要性能参数

LCD显示器主要有以下性能参数。

(1) 可视角度。可视角度用于衡量LCD显示器的可视范围的大小，包括水平可视角度和垂直可视角度。人的视线与LCD显示屏的垂线成一定角度时，人眼就会感觉到屏幕上画质不清晰，颜色变暗。可视角度越大越好，目前优质的LCD显示器的水平可视角度可达到160° 以上。

(2) 反应时间。反应时间是指LCD显示器对输入信号做出响应需要的时间。早期的LCD显示器反应时间比较长，当切换画面时屏幕有明显的模糊感，或当拖动鼠标时感觉有拖痕，这些都是反应时间过长引起的。目前LCD显示器反应时间多为8ms、6ms和4ms，最快有达到1ms的。如果要看电影或者玩游戏，建议选用反应时间在8ms以内的LCD显示器。

(3) 分辨率。液晶显示器的分辨率一般是不能随便调整的，是由制造商所设置和规定的，只有工作在标称的分辨率模式下，液晶显示器才能达到最佳的显示效果，因此用户选购时，一定要根据自己的需求来挑选具有相应分辨率的液晶显示器。目前，用户购买1024×768分辨率的就可以满足大部分用途的显示要求。

(4) 点距。液晶显示器的点距是指组成液晶显示屏的每个像素点的大小，目前的标准点距一般为0.31mm～0.27mm，对应的分辨率一般为800像素×600像素和1024像素×768像素。对于液晶显示器而言，点距越小，画质越细腻，但是无论点距大小，都不会出现画面的闪烁问题。

(5) 亮度。亮度是反映显示器屏幕发光程度的重要指标，亮度越高，显示器对周围环境的抗干扰能力就越强。LCD与传统的CRT显示器不同，CRT显示器是通过提高阴极管发射电子束的能力以及提高荧光粉的发光能力来获得的，因此CRT显示器的亮度越高辐射就越大，而LCD的亮度是通过荧光管的背光来获得，所以对人体不存在负面影响。品质较佳的LCD显示器画面亮度均匀，柔和不刺目，无明显的暗区。

(6) 对比度。对比度是指在规定的照明条件和观察条件下，显示器亮区与暗区的亮度之比。对比度越大，图像也就越清晰。对比度与每个液晶像素单元后面的TFT晶体管的控制能力有关。在这里要说明的是，对比度必须与亮度配合才能产生最好的显示效果。

（7）最大显示色彩数。最大显示色彩数就是屏幕上最多显示多少种颜色的总数。绝大多数LCD显示器的真彩色只有26万色左右，与真正的32bit真彩色还有很大的差距。在色彩表现上，LCD显示器仍然不如CRT显示器，这就是LCD显示器不适合用来做设计或看高清电影的原因。

3. 显示器的选购

显示器是每个计算机用户必须面对的设备，它的性能高低直接影响用户的使用舒适度，因此显示器的选购不能马虎。

(1) 主要参数的选择。购买液晶显示器时，重点要注意以下主要参数的选择。

- 显示角度：在非垂直角度观看液晶显示器时，会出现显示不清晰、色彩失真、亮度变暗等现象。选购时可以站在不同的角度观察，根据画面的变化来判断显

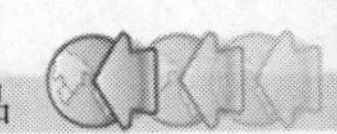

示器的可视角度。一般来说，个人使用的显示器不需要太大的可视角度，一般达到120度即可。

- 响应时间：响应时间越小，则显示运动画面时就越不容易产生影像拖尾的现象。用户在选购液晶显示器时应选择响应时间小于 40ms 的显示器，这样在玩3D游戏和作图时，才会有赏心悦目的画面。在选购时，可以通过玩3D游戏或播放快节奏的影片来检验。

(2) 检查坏点。在选购液晶显示器时，一定要注意检查坏点。坏点会导致显示器无法正确显示颜色，选购时应该选择坏点少的显示器。具体做法是把屏幕调成全白，仔细观察有无黑色、红色或绿色的小点，目前行业内规定每台显示器的坏点数不应大于6个。

(3) 品牌为先。显示器品牌商家一般是行业技术的领导与创新者。三星、明基、美格、AOC、优派等商家在显示器的开发方面一直处于行业的领先地位。其产品质量也比较可靠。

(4) 服务至上。商家良好的服务系统可以减少购买显示器后不必要的麻烦与不便。在服务方面，各个商家特别是品牌商家通过承诺各种服务以解决消费者的后顾之忧。大部分品牌商家均提供1个月免费包换，3年免费保修这样的服务。

（五） 明确选购光驱的方法

现在的光驱产品中大多增加了刻录功能，使用户可以方便地把数据资料刻录在光盘上保存。随着多媒体技术的发展，软件、影视、音乐都会以光盘的形式提供，光驱在计算机中已经成为标准的配置，不过由于U盘的大量使用，光驱不再是计算机上唯一的读取设备。

1. 光驱的类型

光驱可分为CD-ROM、DVD-ROM、COMBO（康宝）和DVD刻录机等类型。

(1) CD-ROM：CD-ROM 是最常见的光驱类型，能读取 CD 和 VCD 格式的光盘，以及CD-R格式的刻录光盘，具有价格便宜、稳定性好等特点。

CD-ROM 全称为只读光盘存储器，很多软件包括 Windows 操作系统的安装盘都是以CD-ROM光盘作为载体的，其外观如图2-63所示。

(2) DVD-ROM：DVD-ROM不仅能读取CD-ROM光盘，还能读取DVD格式的光盘。现在市场上 DVD-ROM 已经取代了 CD-ROM 的地位。DVD-ROM 光驱的外观如图 2-64所示。

图2-63　CD-ROM

图2-64　DVD-ROM

(3) 刻录机：目前市场上刻录机产品的种类比较多，一般分为 CD 刻录机、COMBO、DVD刻录机和蓝光刻录机。

- CD刻录机。

CD刻录机不仅是一种只读光盘驱动器，而且还能将数据刻录到CD刻录光盘中，具有比CD-ROM更强大的功能。CD刻录机的外观如图2-65所示。

- COMBO（康宝）刻录机。

COMBO刻录机是一种特殊类型的光存储设备，它不仅能读取CD和DVD格式的光盘，还能将数据以CD格式刻录到光盘中。COMBO刻录机的外观如图2-66所示。

图2-65 CD刻录机

图2-66 COMBO刻录机

- DVD刻录机。

DVD刻录机不仅能读取DVD格式的光盘，还能将数据刻录到DVD或CD光盘中，是前两种光驱性能的综合。DVD刻录机的外观如图2-67所示。

- BD（蓝光）刻录机。

蓝光刻录机是新一代的光技术刻录机，具备最新BD技术的海量存储能力，其数据读取速度是普通DVD刻录机的3倍以上，同时支持BD-AV数据的捕获、编辑、制作、记录以及重放功能。目前市场上的蓝光光盘单片容量有25GB和50GB两种，同时在光盘的保存与读取方面都比传统光驱性能优异。BD刻录机的外观如图2-68所示。

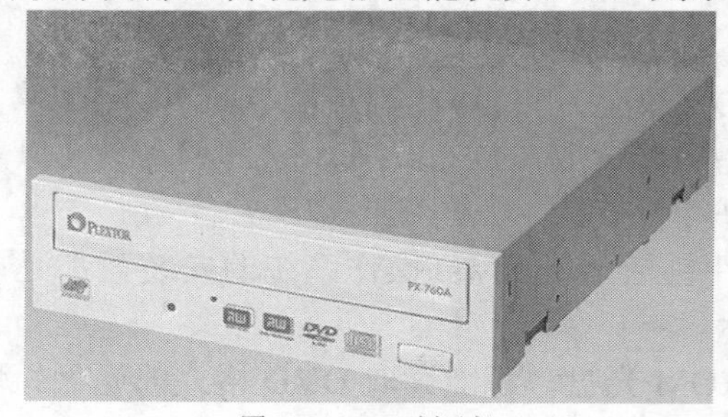

图2-67 DVD刻录机

图2-68 BD刻录机

2. 光驱的性能参数

要选择合适的光驱，就要对它的参数进行一定的了解，根据需要进行选购。下面就来认识光驱的主要性能参数。

(1) 数据读取与刻录速度。光驱的数据读取与刻录速度都是以倍速来表示的，且以单倍速为基准。对于CD-ROM光盘，单倍速为150kbit/s；对于DVD-ROM光盘，单倍速为1 358kbit/s。

> 说明：光驱的最大读取速度为倍速与单倍速的乘积。例如，对于52倍速的CD-ROM光驱，其最大读取速度为52×150kbit/s = 7800kbit/s。目前DVD-ROM的最大读取速度达到了18倍速，最大刻录速度达到了20倍速。

(2) 平均寻道时间。平均寻道时间是指光驱的激光头从原来的位置移动到指定的数据扇

区，并把该扇区上的第 1 块数据读入高速缓存所花费的时间。

(3) 缓存容量。当增大缓存容量后，光驱连续读取数据的性能会有明显提高，因此缓存容量对光驱的性能影响相当大。

(4) 纠错能力。由于光盘是移动存储设备，并且盘片的表面没有任何保护，因此难免会出现划伤或沾染上杂质的情况，这些都会影响数据的读取。因此相对于读盘速度而言，光驱的纠错能力显得更加重要。

3. 光驱的选购

光驱既是个人计算机中必不可少的配件，也是一款易耗的配件，因此挑选一台合适的光驱对用户来说很重要。

(1) 选择适宜的读取速度。对于不同类型的光驱，其读取与刻录的倍速也不同。一般来说是越高越好，但高速光驱也有 CPU 占用率高、噪声大、振动大、耗电量大、发热量大等缺点，因此在选购光驱时不能盲目追求高速。

(2) 选择适合的类型。选购光驱前应先确定其主要用途，如果只是用于安装一些常用软件，则选择 DVD-ROM 光驱就可以胜任此工作，而且价格比较便宜；如果要用于观看高清 DVD 电影或刻录一些不大的软件，则应该选择 COMBO 光驱。

(3) 注重售后服务。选购光驱时要注意厂家的服务质量，售后服务较好的厂家，一般其产品都具有比较稳定的性能。

(4) 不盲目追求超强纠错能力。随着数据读取技术趋于成熟，大部分主流产品的纠错能力还是可以接受的。而一些光驱为了提高纠错能力，提高激光头的功率，这样读盘能力确实有一定的提高，但长时间超频使用会使激光头老化，严重影响光驱的寿命。

（六） 明确选购机箱和电源的方法

一台好的计算机都要有好的机箱和电源，图 2-69 所示是机箱和电源，机箱要考虑坚固性、散热性和兼容性，然后是扩充性；电源是计算机的动力来源，品质不好不但会损坏主板、硬盘，而且还会莫名其妙地重新启动，所以选购电源时一定要非常慎重。

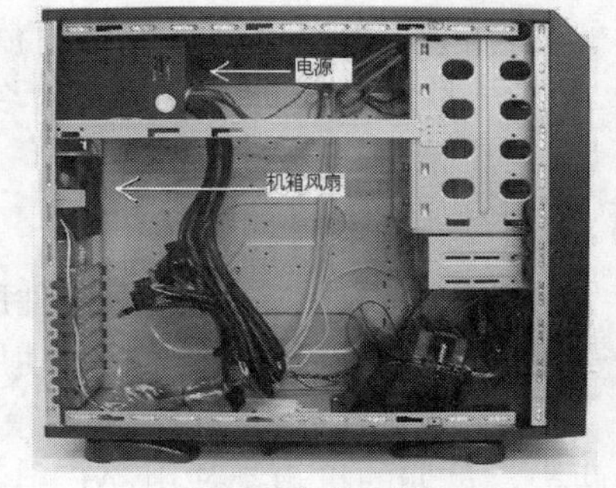

图2-69　机箱和电源

1. 选购机箱

机箱作为计算机配件中的一部分，用来放置和固定各计算机配件。

(1) 机箱的功能。机箱的功能主要体现在以下几个方面。

- 固定和保护计算机配件，将零散的计算机配件组装成一个有机的整体。
- 具有防尘和散热的功能。
- 具有屏蔽计算机内部元器件产生的电磁波辐射，防止对室内其他电器设备的干扰，并保护用户身体健康的功能。

(2) 机箱的种类。机箱主要根据以下两个原则进行分类。

- 从外形上分。从外形上讲，机箱有立式和卧式之分，如图 2-70 所示。早期的机箱都为卧式，现在的机箱大多为立式，这主要是因为立式机箱比卧式机箱有着更好的扩展能力和散热性。

(a) 卧式机箱

(b) 立式机箱

图2-70 卧式和立式机箱

- 从结构上分。从结构上分，机箱又能分为 AT 和 ATX 两大类。早期的机箱大多是 AT 机箱，AT 式机箱配 AT 电源和 AT 主板，现在已经淘汰。ATX 机箱是随着 ATX 结构主板出现的。ATX 结构主板后面集成的 I/O 口，除键盘接口外，还有串行口和并行口，这就要求机箱后挡板有各种 I/O 口的插孔。

(3) 机箱的选购原则。选择机箱时，应选择一个既美观又质优的机箱，才能给机箱内的设备提供一个良好的环境，让计算机中的设备正常工作。选购机箱时需要注意以下几个方面的问题。

- 机箱是否符合 EMI-B 标准，即防电磁辐射干扰能力是否达标。
- 看是否符合电磁传导干扰标准。电磁对电网的干扰会对电子设备造成不良影响，也会给人体健康带来危害。
- 看机箱是否有足够的扩展空间，其中包括硬盘位和光驱位。同时要观察硬盘与光驱的安装接口是什么方式的，常见有传统的螺栓固定、活扣固定和滑槽固定等。
- 看机箱做工是否精细，是否在每个接触面板都采用了包边工艺，与主板相连的底板是否有防变形冲压工艺。
- 看机箱是否具备良好的散热性，即机箱内的对流空气设计。
- 购买机箱时可以选择知名品牌，虽然其价格较一般产品要高些，但是产品质量能得到保证。

2. 选购电源

电源提供计算机中所有部件所需要的电能。电源功率的大小、电流和电压是否稳定，将直接影响计算机的工作性能和使用寿命。

(1) 电源的分类。电源跟机箱一样，也分 AT 电源（见图 2-71）和 ATX 电源（见图 2-72）两类，早期的机箱都使用 AT 电源。随着 AT 机箱的淘汰，AT 电源也被淘汰。ATX 电源是目前与 ATX 主板相匹配的电源。

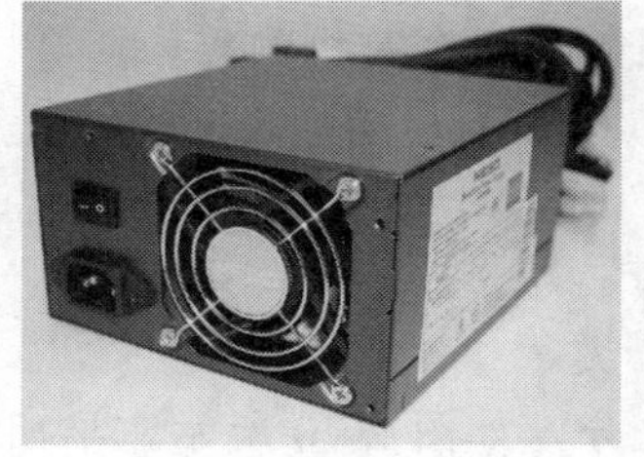
图2-71 AT 电源

图2-72 ATX 电源

(2) 电源选购的原则。如今计算机的配件越来越多，并且配件的功耗也是越来越大，如CPU、显卡、刻录机等都是耗电大户，另外主板上还插着各种各样的扩展卡，如电视卡、网卡、声卡、USB 扩展卡等，这么多的设备如果没有一个优质电源提供保障，是难以正常运行的。

选购电源时需要注意以下几个方面的问题。

- 首先看电源的做工和用料。好的电源拿在手里感觉厚重有分量，散热片要够大且比较厚，而且好的散热片一般用铝或铜作为材料。其次再看电源线是否够粗，粗的电源线输出电流损耗小，输出电流的质量可以得到保证。
- 要注意电源是否通过了安全认证。电源的安全认证包括 3C、UL、CSA、CE 等，而国内著名的就是 CCEE（中国电工认证）。
- 要注意电源所带的电源接口，根据主板的需求选择 20 针或 24 针电源，同时还要注意电源提供了多少设备电源头。一般常见为一个主供电源头（20 或 24 针接口）、4 芯 CPU 供电接口、一个软驱电源头、一个 SATA 电源头和传统的 4 芯电源头（IDE 硬盘电源）。

（七） 明确选购鼠标和键盘的方法

键盘和鼠标是计算机中最主要的输入设备。

1. 选购鼠标

鼠标是 Windows 操作系统下最重要的输入设备。

(1) 鼠标的类型。鼠标的分类方法很多，通常按照键数、接口类型和内部构造进行分类。

- 按键数分类。根据按键数可分为三键鼠标和新型的多键鼠标，如图 2-73 所示。三键鼠标是 IBM 公司在两键鼠标的基础上进一步定义而成的，使用中键在某些特殊程序中往往能起到事倍功半的作用。现在市面上的主流产品都是三键鼠标。

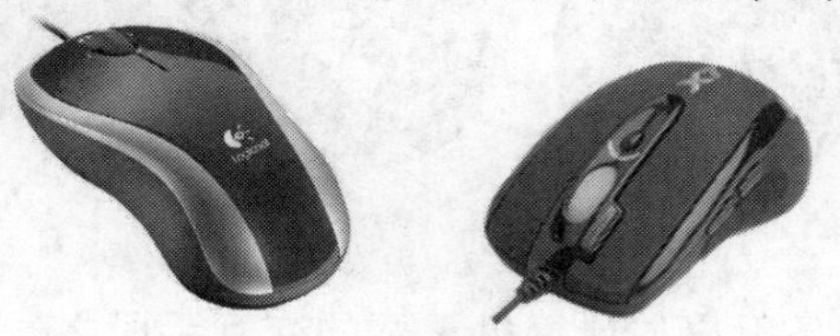

图2-73　三键鼠标和多键鼠标

- 按接口类型分类。鼠标按接口类型可分为 PS/2 鼠标和 USB 鼠标 2 种。PS/2 鼠标通过一个 6 针微型接口与计算机相连，与键盘的接口相似，使用时要注意区分；USB 鼠标通过 USB 接口与计算机相连，应用得最为广泛。各种鼠标接口的鼠标如图 2-74 所示。

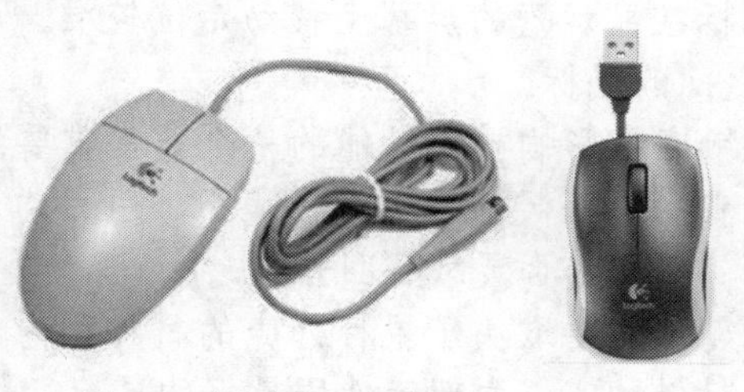

图2-74　串行鼠标、PS/2 鼠标、USB 鼠标

- 按内部构造分类。按内部构造可以讲鼠标分光电式、光学式和无线鼠标等类型。光电鼠标外形如图 2-75 所示。激光鼠标如图 2-76 所示，用激光代替了普通的 LED 光，可在浅色的桌面、瓷砖、衣服、手掌和玻璃上很好地工作。无线鼠标是指无线缆直接连接到主机的鼠标，省去了线缆的束缚，并可以在较远距离内操作，如图 2-77 所示。

图2-75 光电鼠标

图2-76 激光鼠标

图2-77 无线鼠标

说明

游戏鼠标为了应对游戏的需要，在鼠标上加入了很多按键的鼠标。一般除了左右键和滚轮外，在鼠标的左右两侧也分别设有多个功能键，其功能都可以由用户定义。游戏鼠标比普通鼠标设计更合理，使用更舒适，价格也更贵。游戏鼠标外观如图 2-78 所示。

图2-78 游戏鼠标

(2) 鼠标的选购。鼠标是用户与计算机重要的交互手段之一，因此选购一款价廉物美的鼠标是必要的。

- 鼠标的手感。鼠标的手感包括握在手中的舒适程度、移动方便与否、鼠标表面材质舒适与否，以及长时间使用是否会造成手或手臂疲劳或不适。
- 分辨率。分辨率是指鼠标内的解码装置所能辨认的每英寸长度单位内的点数，分辨率越高鼠标光标在显示器的屏幕上移动定位较准。用户一般应选择分辨率在 250 ~ 350 像素之间的鼠标。
- 灵敏度。鼠标的灵敏度是影响鼠标性能的一个非常重要的因素，用户在选择时要特别注意鼠标的移动是否灵活自如、行程小、用力均匀等，以及能否在各个方向都做匀速运动，按键是否灵敏且回弹快。
- 抗震性。鼠标的抗震性主要取决于鼠标外壳的材料和内部元件的质量。用户在购买时要选择外壳材料结实、内部元件质量好的鼠标。

2. 选购键盘

键盘是最常用的也是最主要的输入设备之一。通过键盘，用户可以将英文字母、数字、标点符号等输入到计算机中，从而向计算机发出命令、输入数据等。

(1) 键盘的分类。键盘根据接口和结构特点的不同可以分为不同的类型。

- 按照键盘的接口分类：连接键盘的 PS/2 接口颜色为紫色，这种接口已经普及了很多年如图 2-79 所示。USB 接口是一种即插即用的接口类型，并且支持热插拔，现在市场上有大部分键盘采用 USB 接口，如图 2-80 所示。

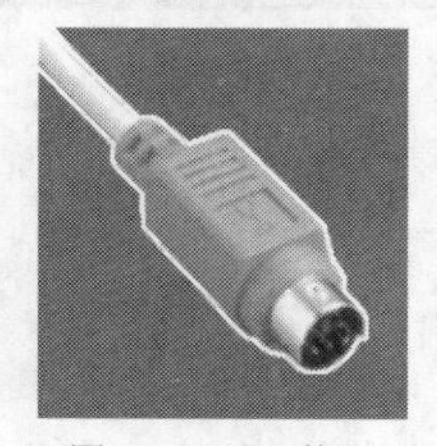

图2-79　PS/2 接口

图2-80　USB 接口

- 按照结构特点分类：由于人们对键盘的需求越来越多，各种各样的键盘也应运而生，有具有夜光显示的键盘、无线键盘以及兼顾多媒体功能的键盘，分别如图 2-81～图 2-83 所示。

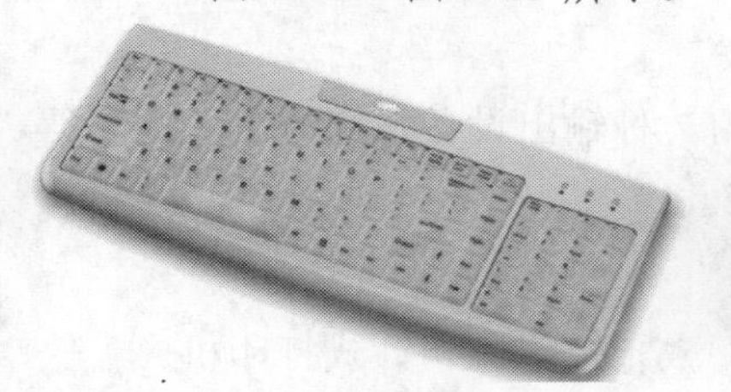

图2-81　夜光键盘

图2-82　多媒体键盘

图2-83　无线键盘

(2) 键盘的选购。拥有一款好的键盘，不仅在外观上可得到视觉享受，在操作的过程中还会更加得心应手。下面将介绍选购键盘的方法。

- 外观要协调。一款好的键盘能使用户从视觉上感觉很顺眼，而且整个键盘按键布局合理，按键上的符号很清晰，面板颜色也很清爽。
- 按键的弹性要好。由于要经常用手敲击键盘，所以手感的舒适非常重要，具体就是指键盘的每个键的弹性要好，因此在选购前应该多敲击键盘，以确定其手感的好坏。
- 键盘的做工要好。键盘的做工是选购中主要考察的方面，要注意观察键盘的质感，边缘有无毛刺、异常突起、粗糙不平，颜色是否均匀，键盘按钮是否整齐，是否有松动；键帽印刷是否清晰，好的键盘采用激光蚀刻键帽文字，这样的键盘文字清晰且不容易褪色。
- 注意键盘的背面。观察键盘的背面是否标有生产厂商的名字，以及质量检验合格标签等。用户应根据主板接口的类型来购买配套的键盘。
- 选择套装产品。键鼠套装的风格统一，颜色搭配科学，价格也比较便宜，深受用户的喜爱。但没有分开购买选择的空间大，搭配的随意性也小，其外观如图 2-84 所示。

（a）有线套装

（b）无线套装

图2-84 键鼠套装

任务四 掌握外围设备的选购要领

在配置计算机时，还需要根据自己的实际情况对外围设备进行考虑。由于计算机与使用者之间的关系密切，外围设备对于使用者来说是必不可少的，所以使用者在选购时应该首先了解一下这些设备的性能和市场情况。

（一） 明确选购打印机的方法

打印机是将计算机中的文字或图像打印到相关介质上的一种输出设备，在办公、财务等领域应用广泛。

1. 打印机的类型

从打印原理来看，市面上常见的打印机有喷墨打印机、激光打印机和针式打印机。

(1) 喷墨打印机。喷墨打印机按工作原理又可分为固体喷墨和液体喷墨两种类型，而常见的是液体喷墨打印机。喷墨打印机通过喷嘴将墨水喷到打印纸上，实现文字或图形的输出。图2-85和图2-86所示为常见的喷墨打印机。

图2-85 惠普彩色喷墨打印机

图2-86 爱普生彩色喷墨打印机

在彩色打印方面，喷墨打印机可以使用多种颜色的墨水，可以应用到专业彩色图形图像输出的工作环境。图2-87所示为常用彩色喷墨打印机的供墨系统。

> **说明** 喷墨打印机具有购机成本较低、体积较小、打印颜色丰富等特点，但打印机使用的墨水等耗材比较昂贵，特别是一些专业打印机所用的耗材价格非常高。另外，喷墨打印机的打印速度较慢，还应经常保持使用状态，并定期对其进行维护和保养，以防止墨水凝固堵塞喷嘴。

图2-87　彩色喷墨打印机的供墨系统

(2) 激光打印机。激光打印机的主要部件为装有碳粉的感光鼓和定影组件两部分。打印时，感光鼓接收激光束，产生电子以吸引碳粉，然后印在打印纸上，再传输到定影主件加热成型。

激光打印机也可分为黑白激光打印机和彩色激光打印机两种类型。图 2-88 和图 2-89 所示为常见的激光打印机。在彩色打印方面，虽然激光打印机的色彩没有喷墨打印机丰富，但打印成本较低，而且随着技术水平的提高，彩色激光打印机的打印效果也越来越接近真彩。

说明

激光打印机不管是在黑白打印还是在彩色打印方面，都具有打印成本低、打印速度快、打印精度高、对纸张无特殊要求以及低噪声等特点。

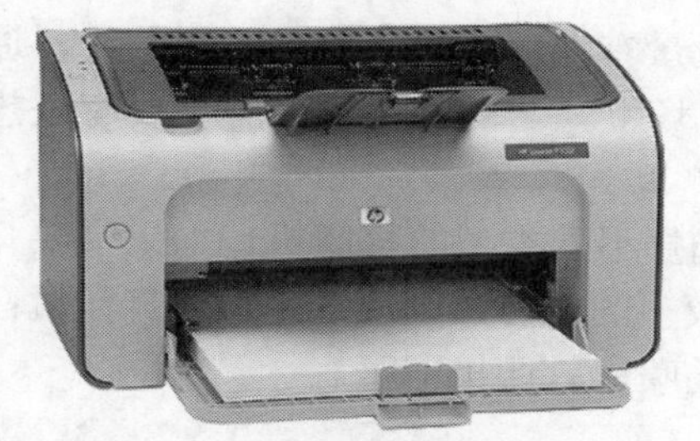

图2-88　HP 黑白激光打印机

图2-89　三星彩色激光打印机

(3) 针式打印机。针式打印机也称为点阵式打印机，是一种机械打印机，其工作方式是利用打印头内的点阵撞针撞击色带和纸张以产生打印效果。图 2-90 所示为常见的针式打印机。

图2-90　联想针式打印机

针式打印机具有结构简单、价格适中、形式多样和适用面广等特点，主要应用于打印工程图、电路图等工程领域，以及需要同时打印多份票据、报表的场合。

以上 3 种打印机的优缺点对比如表 2-1 所示。

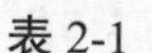

表 2-1　　3 种打印机的优缺点

打印机类型	优点	缺点
喷墨式打印机	支持彩色打印，打印速度介于针式打印机和激光打印机之间，并且购机价格较低，颜色丰富	耗材较贵、必须定期维护
激光打印机	打印时噪声小、速度快。可以打印高质量的文字及图形，可以打印大量数据，且打印成本低廉	不适用于阴冷潮湿的环境
针式打印机	可以使用多种纸型，牢固耐用，耗材价格较低	分辨率较低且打印速度慢，不适合打印大量文件以及打印质量要求较高的场合

2. 打印机的性能参数

对于不同类型的打印机，标注的性能参数也有所不同，其共有的性能参数主要有打印速度、分辨率和内存。

(1) 打印速度。对于喷墨打印机和激光打印机，打印速度是指打印机每分钟打印输出的纸张页数，单位用 P/min（Pages Per Minute）表示。

对于针式打印机，打印速度通常指单位时间内能够打印的字数或行数，用“字/秒”或“行/分”标识。

(2) 分辨率。分辨率又称为输出分辨率，是指在打印输出时横向和纵向两个方向上每英寸最多能够打印的点数，通常以“点/英寸”（dot per inch，dpi）表示。打印分辨率是衡量打印机打印质量的重要指标，它决定打印机打印图像时所能表现的精细程度和输出质量。

(3) 内存。打印机中的内存用于存储要打印的数据，其大小是决定打印速度的重要指标，特别是在处理数据量大的文档时，更能体现内存的作用。目前主流打印机的内存主要为 8～16MB，高档打印机有 32MB 或更高。

3. 打印机的选购

打印机的品牌很多，而各品牌的产品又有不同类型和性能。在选购打印机时，可以参考以下原则。

(1) 选择知名品牌的产品。知名品牌的打印机质量有保证，售后服务一般较好，通常保修时间为 1 年，而且耗材也比较容易购买。目前市场上知名的打印机品牌主要有联想、惠普、三星、爱普生、松下、富士通、佳能等。

(2) 根据用途选择打印机类型。根据应用场合选择不同类型的打印机。如果需要打印票据等，应选用针式打印机；如果需要快速打印数量较多的内容，则应选用激光打印机；如果是在家庭使用，打印数量有限，一般购买比较便宜的喷墨打印机即可。

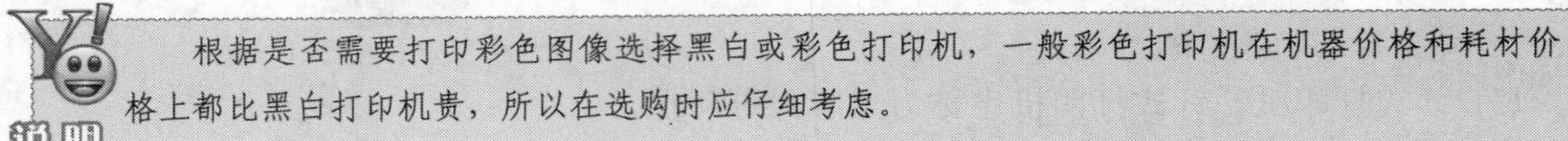

说明

根据是否需要打印彩色图像选择黑白或彩色打印机，一般彩色打印机在机器价格和耗材价格上都比黑白打印机贵，所以在选购时应仔细考虑。

(3) 选择性能适宜的产品。对于同种类型但性能不同的打印机，价格上会有较大差别，在选购时不应盲目追求高性能，而应根据打印需要选择性能适宜的产品。如在分辨率方面，对于文本而言，600 像素的分辨率就能够达到相当出色的打印质量；而对于照片而言，更高的分辨率可以打印更加丰富的色彩层次和更平滑的中间色调过渡，所以通常需要打印机具有 1200 像素以上的分辨率。

思考

(1) 打印大量数据，并且对图像质量要求高，应该选用哪种打印机？

(2) 分辨率越高，打印精度越高，这种说法对吗？

（二） 明确选购扫描仪的方法

对于图书或图像资料，若想将其缩小体积保存或发送到另一处，最方便快捷的方法就是使用扫描仪对其进行扫描，并以图片的形式保存到计算机中或按需要使用网络进行发送。

1. 扫描仪分类

根据扫描原理的不同，可以将扫描仪分为很多类型，一般常用的扫描仪类型有平板式扫描仪、便携式扫描仪和滚筒式扫描仪。

(1) 平板式扫描仪。平板式扫描仪在扫描时由配套软件控制扫描过程，具有扫描速度

快、精度高等优点，广泛应用于平面设计、广告制作、办公应用和文学出版等众多领域，其外观如图 2-91 所示。

（a）中晶平板扫描仪

（b）惠普平板扫描仪

图2-91　平板式扫描仪

(2) 便携式扫描仪。便携式扫描仪具有体积小、重量轻、携带方便等优点，在商务领域中应用较多，其外观如图 2-92 所示。

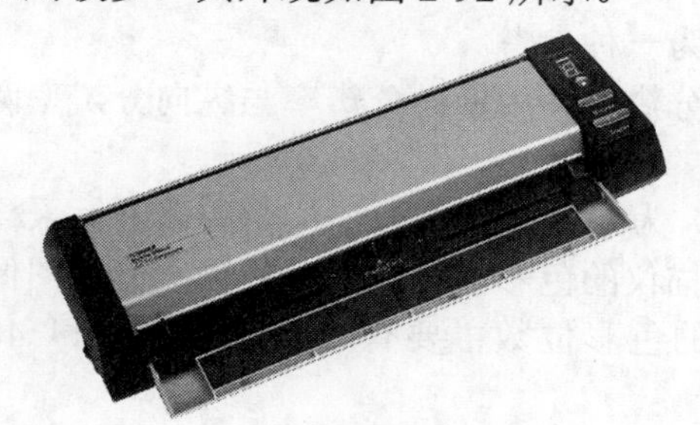

（a）　方正便携式扫描仪

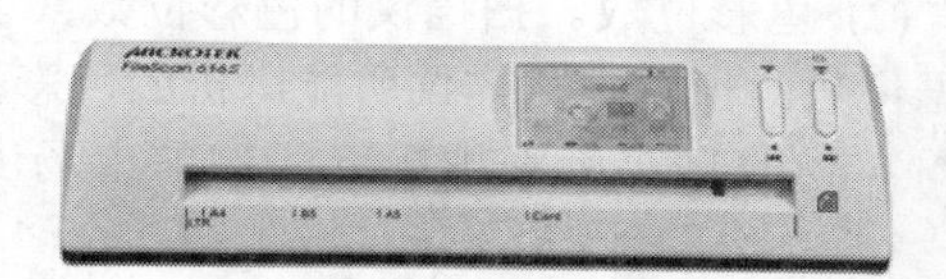

（b）　中晶便携式扫描仪

图2-92　便携式扫描仪

(3) 馈纸式扫描仪。馈纸式扫描仪又称为滚动式扫描仪或小滚筒式扫描仪，如图 2-93 所示。其分辨率高，能快速处理大面积的图像，输出的图像色彩还原逼真、放大效果优秀、阴影区域细节丰富。

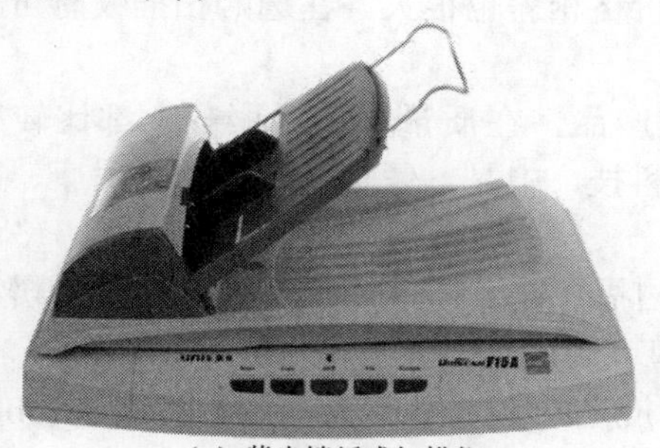

（a）紫光馈纸式扫描仪

（b）中晶馈纸式扫描仪

图2-93　馈纸式扫描仪

(4) 高拍仪。高拍仪传输速度高，能提供高质量扫描，最大扫描尺寸可达 A3 幅面，高拍仪采用便携可折叠式结构设计，既能放置于办公室用，也能随身携带便于移动办公，如图 2-94 所示。

（a）紫光高拍仪

（b）吉星高拍仪

图2-94　高拍仪

2. 扫描仪的性能参数

扫描仪通常都具有以下几个主要的性能参数。

(1) 分辨率。扫描仪的分辨率又分为光学分辨率和最大分辨率，在实际购买时应以光学分辨率为准，最大分辨率只在光学分辨率相同时作为一种参考。

光学分辨率是指扫描仪物理器件所具有的真实分辨率，用横向分辨率与纵向分辨率两个数字相乘表示，如 600 像素×1200 像素。

(2) 色彩位数。扫描仪的色彩位数（以位（bit）为单位）是指扫描仪对图像进行采样的数据位数，也就是扫描仪所能辨析的色彩范围。扫描仪的色彩位数越高，扫描所得的图像色彩与实物的真实色彩越接近。目前市场上扫描仪的色彩位数主要有 30bit、42bit 和 48bit 等。

(3) 扫描范围。指扫描仪最大的扫描尺寸范围，它由扫描仪的内部机构设计和外部物理尺寸决定，通常可分为 A4、A4 加长、A3、A1 和 A0 等。一般平板扫描仪的扫描范围为 A4 纸大小。

3. 扫描仪的选购

扫描仪种类很多，对于不同性能的扫描仪，其价格相差也很大。在选购扫描仪时可参考以下原则。

(1) 选择知名品牌的产品。知名品牌的扫描仪产品，在质量和售后服务上都比较有保障。当前知名的扫描仪品牌主要有清华紫光、方正科技、中晶、爱普生、佳能、尼康、惠普和明基等。

(2) 根据实际需要选购。如果是家庭使用，仅扫描一些文档或照片等，则选购分辨率为 600 像素×1200 像素，色彩位数为 32bit 的扫描仪即可满足需要。

如果是广告以及图形图像处理等专业用途，则应当选购分辨率为 1200 像素×2400 像素，色彩位数为 48bit 及以上的扫描仪。

如果为了方便在出差时使用，则可选购便携式扫描仪。

(3) 根据扫描图像的大小选购。对于一般的个人用户，选择 A4 纸大小的平板扫描仪或便携扫描仪就可以满足需要；而对于需要扫描大幅面图像的商业用户，则应选用滚筒式扫描仪。

任务五　了解笔记本电脑选购要领

笔记本电脑是一种小型、可携带的个人计算机，其发展趋势是体积越来越小，重量越来越轻，而功能却越发强大。与台式机相比的主要区别在于其便携方便。笔记本电脑同样有CPU、内存、硬盘、显示器和键盘等典型部件，但其结构更紧凑，如图 2-95 所示。

图2-95　典型笔记本电脑

（一）　明确笔记本电脑的结构

一般来说，便携性是笔记本相对于台式机最大的优势，一般的笔记本电脑的重量只有 2 公斤左右，无论是外出工作还是旅游，都可以随身携带，非常方便。

1. 外壳

笔记本电脑的外壳不仅具有美化外观的作用，还能保护内部器件。一般硬件供应商所标示的外壳材料是指笔记本电脑的上表面材料，托手部分及底部一般习惯使用工程塑料。

(1) 工程塑料。工程塑料外观靓丽、性价比突出，但是质量较重、导热性能不佳。因其成本低应用广泛，目前多数的塑料外壳笔记本电脑都是采用 ABS 工程塑料制成，如图 2-96 所示。

(2) 镁铝合金。银白色的镁铝合金外壳可使产品看起来更豪华和美观，而且易于上色，可以通过表面处理工艺变成个性化的粉蓝色和粉红色，为笔记本电脑增色不少，如图 2-97 所示。

图2-96　工程塑料外壳

图2-97　镁铝合金外壳

(3) 碳纤维复合材料。碳纤维复合材料的韧性和散热效果都很好。与其他外壳相比，使用相同时间，碳纤维机种的外壳摸起来最不烫手。但是碳纤维复合材料的成本较高，成型

较困难，因此碳纤维外壳的形状一般都比较简单，缺乏变化，并且着色也比较难，如图 2-98 所示。

(4) 钛合金。钛合金是常用的航天材料，其各项性能指标均非常优秀，唯一缺点是成本高。这种外壳仅仅用在高端产品中，如图 2-99 所示。

图2-98 碳纤维复合材料外壳

图2-99 钛合金外壳

2. 显示屏

笔记本显示屏主要分为 LCD 和 LED 两种类型。LCD 是液晶显示屏的全称，主要有 TFT、UFB、TFD 和 STN 等几种类型，其中最常用的是 TFT。

LCD 和 LED 是两种不同的显示技术，LCD 是由液态晶体组成的显示屏，而 LED 则是由发光二极管组成的显示屏。LED 显示器和 LCD 显示器相比，LED 在亮度、功耗、可视角度和刷新速率等方面，都更具优势。

显示屏的尺寸是指屏幕的对角线长度，如图 2-100 所示。目前产品主要尺寸如下。

- 11 英寸：11.1、11.6
- 12 英寸：12.1
- 13 英寸：13、13.1、13.3
- 14 英寸：14、14.1
- 15 英寸：15.5、15.6
- 17 英寸以上：17、17.3、18.4

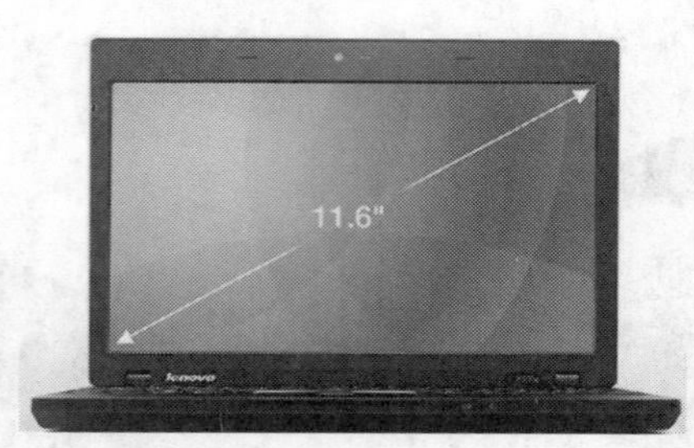

图2-100 显示屏尺寸

3. CPU

笔记本电脑的 CPU 也主要有 Intel 和 AMD 两大品牌。

(1) Intel 产品。Intel 产品目前占据个人计算机市场的大部分份额，Intel 生产的 CPU 制定了 x86CPU 技术的基本规范和标准。目前典型的笔记本电脑 CPU 如图 2-101～图 2-105 所示。

图2-101　Core i

图2-102　Core 2

图2-103　奔腾双核

图2-104　赛扬双核

图2-105　凌动

(2) AMD 产品。除了 Intel 产品外，最新的 AMD 速龙 II X2 和羿龙 II 具有很好的性价比，尤其采用了 3DNOW+技术并支持 SSE4.0 指令集，使其在 3D 性能上有很好的表现。目前典型的笔记本电脑 CPU 如图 2-106 到图 2-110 所示。

图2-106　羿龙 2

图2-107　羿龙

图2-108　速龙双核

图2-109　闪龙

图2-110　炫龙

4. 硬盘

笔记本电脑硬盘式通用部件，其尺寸通常为 2.5 英寸，比台式机硬盘要小，两者对比如图 2-111 所示。其标准厚度早期产品先后使用 17.5mm 和 12.5mm 两个规格，目前大多使用 9.5mm 超轻超薄机型设计。

笔记本硬盘的转速主要有 5400 转/分和 7200 转/分两种，后者逐渐成为主流。其容量有 320G、500G 以及 1T 等规格。

笔记本电脑硬盘的接口类型只要有以下 3 种。

- 使用针脚直接和主板上的插座连接。
- 使用硬盘线与主板相连。
- 使用转接口和主板上的插座连接。

5. 内存

笔记本电脑内存主要有 DDR（333 /400）、DDR2(533/667/800)和 DDR3(1066/1333/1600)等类型，目前 DDR3 1066 或 DDR3 1333 为主流配置。内存容量有 512M、1G、2G 和 4G 等不同规格。其外形如图 2-112 所示。

图2-111　笔记本电脑硬盘和台式机硬盘对比

图2-112　笔记本电脑内存

6. 电池

锂电池是当前笔记本电脑的标准配置电池，如图 2-113 所示，具有重量轻、寿命长、可随时充电，过度充电的情况下也不会过热等优点。锂电池的充电次数在 950～1200 次。

目前笔记本电池主要分为 3 芯、4 芯、6 芯、8 芯、9 芯和 12 芯等。芯数越大，续航时间越长，价格也越高，一般 4 芯电池可以续航 2 小时，6 芯则为 3 小时。

图2-113 笔记本电脑电池

7. 品牌

目前通常将笔记本电脑品牌划分为以下 3 个类别。

(1) 国际品牌。主要是美国和日本的品牌，包括 IBM、东芝(TOSHIBA)、DELL、康柏(COMPAQ)、惠普(HP)等。其品牌产品品质较为优秀，市场份额相当高，当然价格也最贵。

(2) 国内品牌。中国台湾地区品牌主要包括宏基(Acer)、华硕(ASUS)、伦飞、联宝等。这类笔记本技术成熟，价格相对便宜，购买的人也非常多。中国大陆品牌主要有联想、方正、紫光等，由于价格便宜、维修方便，越来越受到用户喜爱。

（二） 明确笔记本电脑的选购方法

市场上笔记本电脑配置、性能、价格都参差不齐，消费者在选购时往往无从下手，如何选择一款适合自己的笔记本电脑，困扰着很多想买笔记本电脑的朋友。

1. 选购原则

在挑选笔记本前，我们需要明确两件事：需求（要做什么）和预算（有多少钱）。两者相互关联又相互制约。

(1) 从实际需求出发。选购笔记本电脑时，首先应从实际需求出发，明确以下选购要点。

- 在购买之前首先要明确自己的使用范围。
- 自己购买笔记本电脑到底是用来干什么。
- 做这类工作到底需要什么样的产品。
- 除满足办公需要外，是不是还想拥有一些其他的特殊功能。
- 做好自己的预算。

(2) 性能优先。笔记本电脑的性能直接影响使用者的工作效率，也影响到笔记本电脑价格。针对不同用户群，产品可分为以下几种。

- 低端产品：一般遵循“够用就行”的原则，其配置可以满足用户最基本的移动办公的需要，例如进行文字处理、上网浏览网页等。
- 中端产品：可以较好地满足大部分用户更多的需要，例如日常办公、学习、娱乐等。
- 中高端产品：作为中端产品的升级，一般在配置上都会有一些特色和亮点，例如突出影音娱乐方面，可以玩大部分的游戏等。

- 高端产品：采用的配置都是目前最好的，其性能甚至高于一般的台式机，能胜任复杂的图像处理以及运行 3D 游戏等任务。

(3) 扩展性好。笔记本电脑不像台式机那样具有良好的扩展性，所以在购买时要充分考虑各类接口的类型、个数以及功能模块。不能只着眼于当前，应适当考虑将来的扩展性。

(4) 便携性与质量兼顾。便携性和质量是一对矛盾，在选购时应兼顾这两个方面的要求。

- 轻重要适度：移动性是笔记本电脑最大的特点，所以重量也是选购笔记本电脑时考虑的一个重要因素。
- 外观要合心意：笔记本电脑的外观同样重要，在购买时一定要看好样机，最好是动手体验感觉一下键盘、鼠标的舒适度和灵敏度。
- 散热与电池要有保证：笔记本电脑受体积的限制，在选购时应该考虑散热问题。另外，还需要考虑笔记本电脑电池的续航能力，充足的供电时间可以给我们移动办公带来足够的便利。
- 选择合适的屏幕：市场上很多笔记本电脑的 LCD 屏幕都采用了宽频比例进行切割，可以根据个人喜好选择 16:9、16:10 和 15:9 等不同比例的屏幕。

(5) 认清售后服务。笔记本电脑配件的集成度非常高，在出现故障后，普通用户根本无法方便地找出故障的源头，需要厂家指定的维修点进行维护。所以笔记本电脑有没有良好的售后服务显得尤为重要，购买时一定要问清售后服务的要求以及免费售后服务的时间，是否全球或全国联保等。

(6) 选择好的品牌。良好的品牌是性能与质量的保证，因此在选购时应该尽可能选择大公司的名牌产品，但也不要迷信名牌，在选购时还要考虑其售后服务的方便性和质量。

2. 需求定位

买笔记本首先要知道自己的需求是什么。品牌不同，价位不同，配置不同，其性能也不同。笔记本的选购有其特殊性，不能由用户指定配件，而是由厂商配好套餐，我们选的只是不同品牌的不同套餐而言。

(1) 打字、上网和欣赏影视。这类要求比较低，所以配置也不高，价位也低，一般中档 CPU、集成，屏幕 12～14 英寸的，价格在 3000 元左右。

(2) 玩游戏。这类需求的用户数量较大，也是买笔记本电脑需求的主流。该类笔记本电脑至少选择独立显卡，根据不同游戏要求，显卡和 CPU 都有入门级、中档和高档之分。这类笔记本电脑同时也是各品牌推的主流产品，型号繁多，屏幕 14 英寸为主，价格 4000～5000 元左右（6000 以下）。15 英寸及 15 英寸屏以上的一般都是性能优异的游戏本，价格也更贵，一般都在 6000 以上。

(3) 特殊要求。有的用户因为职业和行业的关系，有鲜明的特殊要求，例如有的要运行大型程序，有的要作图，有的要视频处理等，这类对 CPU 和显卡都有要求，CPU 要高档的，显卡起码要中档的，内存要大，这部分人也是选购中的少数，这类机型一般 14 英寸。

3. 屏幕选择

选笔记本的第一件事就是选屏幕大小。笔记本的屏幕大小涉及便携性、游戏性和娱乐性等几方面，屏幕越大越重，便携性差；屏幕越小越轻，便携性好。

(1) 12 英寸。如果用户经常带着笔记本出差或旅行，尽量选择小屏幕。但小屏幕的笔记本价格相对要高（因为模具成本高，还要考虑散热等制造因素），性价比低，性能一般。因

为体积小，散热差，所以 CPU 不能用功能强的（部分商务本除外，价格也高很多），显卡也一般用集成显卡。因此除了轻便，小屏幕没有其他优点，而且为了减轻重量都不会配置光驱。

(2) 14 英寸。因为比 12 英寸屏大些，所以散热好做些，因此大多采用主流配置。CPU 和显卡中档，中高档都有，能满足游戏和各种办公等需要，价格适中，是各品牌主推产品，也是用户主选的产品，重量一般为 2.3～2.6kg。如果用户没什么特别要求，一般就可选 14 英寸屏幕。

(3) 13.3 英寸。是 12 英寸和 14 英寸结合的产物，性能和 14 英寸差不多，重量比 12 英寸重一点，比 14 英寸轻一点，价格比 14 英寸贵一点，和 12 英寸差不多，但配置要好一些。

(4) 15 英寸以上。这是目前流行的娱乐本，15~17 英寸都有，主要是用于玩游戏，因为尺寸大，散热问题好解决，所以 CPU、显卡都很强劲，价格也较高。但是体积大，不适于移动。

4. 亮点与坏点

液晶屏在制作过程中，由于各种原因，有可能产生不管屏幕显示什么都是常亮的点（或黑点），称为亮点（或坏点），亮点和坏点会影响到人们的视觉感受。国家规定 7 个以下的坏点是正常的，厂商通常规定 4 个坏点以下为合格产品。

所以买笔记本的时候，需要特别注意，可以跟经销商谈包点，是指开机有亮点或坏点，就换机，不过要加点钱——包点费（一般 50 元或 100 元）。一般好品牌的屏幕会比较有保障，会承诺无坏点，品牌差点的产品遇到坏点的机会更大一些。

5. CPU 的选择

CPU 由 Intel 和 AMD 双雄兵分天下。从技术上和性能上来说，Intel 始终略胜一筹，AMD 的功耗始终是个问题，在台式机上好一点，毕竟有空间散热；对于笔记本来说，散热的压力不小。AMD 的优势主要在价格上，选用 AMD 的笔记本比同性能的采用 Intel 的价位要低。

(1) 普通用户。以日常应用为主，例如上网下载、看电影听音乐、使用 Office 软件等。对这部分用户来说，选择低端的 CPU 产品即可，价格便宜不少，性价比很高，能“花最少的钱，办够多的事”。如果预算较少，可以考虑新款赛扬双核处理器等低端产品。

(2) 游戏爱好者。游戏爱好者购买笔记本电脑 80%的考虑因素为显卡，10%为处理器，另外 10%为内存。酷睿 2 双核其实能够满足，其中 T 系列和 P 系列的区别在于功耗，P 系列相对更省电一点而已。如果还是总觉得它们性能不够，或是在价格相差不大的情况下，也可以考虑酷睿 i3 甚至 i5 处理器。

(3) 图形图像用户。例如经常使用 3DMAX 或 Premier 等图形和视频编辑软件的用户，他们对处理器性能的要求可以说永不满足，这些软件在后期渲染和编码生成的时候，往往要耗费好几个小时甚至一整天的时间，更快的处理器可以将等待时间缩短一些。

对他们而言，应该根据自己的预算选择尽可能好的处理器，从目前的情况来看，酷睿 i7 无疑是首选，如果预算较低，选择酷睿 i5 也不错，因为酷睿 i5 和 i7 支持睿频加速技术，能进一步提高处理器性能。

(4) 户外使用者。这类用户对电池续航时间有很高要求，而且希望笔记本电脑越轻薄越好。对那些经常出差，需要在旅途中办公的用户来说，处理器在性能够用的前提下，自然是

越省电越好。从目前的情况来看，SU 系列处理器是比较实惠的选择（注：S 代表小型封装，U 代表超低电压），例如 SU4100 和 SU7300。如果预算充裕的话，新一代的 i5-520UM 则更为理想。

6. 产品的验收

购买新的笔记本电脑后，通常可以按照以下步骤验收产品。

(1) 打开包装箱，找出保修卡，核对一下系列号，机器底部铭牌的系列号，外包装箱序列号以及 BIOS 中的系列号必须一致，否则很可能是商家动过手脚或者拼装货。

(2) 找出说明书，查看随机产品清单，按清单所列的条目清点随机配件。

(3) 取出主机，仔细察看外壳是否有划痕、擦伤、裂缝，因为机器很可能在运输过程中受到损伤。

(4) 仔细查看螺丝是否有拧花的痕迹，以断定该笔记本电脑是否被拆开过，换过零件。

(5) 轻轻摇晃笔记本电脑，仔细听是否有异物的响声，作为精密仪器的笔记本电脑，出厂前经过严格的检验，出现异物响声情况的几率近乎为零。

(6) 检查各个容易留下使用痕迹的地方，以断定这台笔记本电脑是否被使用过。

- 键盘的键帽是否有油亮的现象。
- USB 插口是否有多次插拔的痕迹。
- 机器的接缝。
- CPU 散热口是否有灰尘。
- 电池与机器插槽的接触部分以及电池的表面是否有插痕。
- 底部橡胶脚垫是否有污损，不干胶商标是否有卷角或者撕开重贴的现象。

(7) 开机后打开写字板，按平时的使用习惯输入文字，看看是否存在个别按键不灵敏或者卡壳现象，检查键盘按键是否有接触不良或者失灵的情况。

(8) 打开光驱，检查一下光驱托盘以及光头上是否一尘不染，最好找一些光盘试用一下，检测其读盘性能。看看光盘读取是否正常，有无挑盘现象。

(9) 打开操作系统自带的声音文件，仔细听是否有杂音、破音、异响，以检测喇叭工作是否正常。

（三） 掌握笔记本电脑的维护技巧

为了延长笔记本电脑的使用寿命，在使用时应注意以下维护要点。

1. 注意日常维护

在使用笔记本电脑时，要注意以下维护要点。

(1) 使用笔记本电脑的第一大戒就是摔。一般的笔记本电脑都装在便携包中，放置时一定要把包放在稳妥的地方。

(2) 笔记本电脑比一般电脑更要注意不能在强磁场附近使用。不要将笔记本长期摆放在阳光直射的位置下，经常处于阳光直射下容易加速外壳的老化。

(3) 笔记本电脑经常会在各种环境下使用，原则上要比台式机更容易脏，而笔记本结构非常精密，要比台式机更不耐脏；此外，大部分笔记本的便携包是不防水的，所以如果下雨天携带笔记本电脑外出，需要采用一定的防雨措施。

(4) 笔记本主要是为移动办公服务的，所以用户应该只安装熟悉的稳定的软件，不要在笔记本电脑上安装一些没有把握的软件。笔记本电脑上的软件装得太杂，难免引起一些冲突或这样那样的问题。

(5) 不要随便拆卸笔记本电脑。如果是台式机，即使不懂计算机，拆开了可能也不会产生严重后果，而笔记本电脑不一样，拧下一个螺钉都可能带来麻烦。稍不留神就可能将它拆坏，而且自行拆卸过的计算机，厂家一般不会保修。

(6) 保存好驱动。笔记本电脑的硬件驱动都是一些非常有针对性的驱动程序，要做好驱动备份，并且注意保存，一旦驱动丢失了，要找齐就不容易了。

(7) 散热问题一直都是笔记本电脑设计中的难题。由于空间的限制和能源的要求，在笔记本中不可能安装像台式机中使用的那种大风扇。因此，使用时一定要注意为电脑的散热位置保持良好的通风条件，不要阻挡住散热孔。

2. LCD屏幕的保护

保护LCD屏幕时，要注意以下要点。

(1) 不要拆卸掉LCD的保护膜，避免灰尘及指纹；

(2) 不要使用尖锐物品如原珠笔等直接接触LCD，那将可能使LCD划伤；

(3) 笔记本不能承受过重的物品放在其上面，可能会导致LCD破裂，要注意产品包装袋中标志的最大承受重量；

(4) 可以使用工业酒精或是玻璃清洁剂等清洁屏幕，先沾一些在柔软的棉布上，以直线方式轻轻擦拭LCD屏幕，清洁剂不要过量，以免流入LCD的缝隙中，造成LCD的线路短路和腐蚀。

3. 电池的保养

笔记本长期接电不但会造成电池温度过高，相对的高温也会影响本身电池的化学活性，日积月累，电池的化学能便会慢慢降低，最后使电池的供电时间减少。

(1) 长时间使用外接电源的客户，在电池充满之后应尽量将电池取下，确保电池的化学活性保持最佳状态。

(2) 若电池长期不用至少每月使用电池工作一次，使其充分放电。

(3) 第一次使用新购笔记本电脑时，应将电池充足八个小时，以便让电池维持最佳状态。

4. 键盘的保养

键盘是笔记本电脑使用者最常接触的部分，长年累月下来键盘间都会积聚一些灰尘。

(1) 定期用干净的油漆刷在清除键盘缝隙间的灰尘或杂物，或使用一般清洁照相机镜头的高压喷器罐，将灰尘吹出来。

(2) 将清洁剂先喷洒在软布上，然后用软布轻轻擦拭键盘，如此不但可将键盘上的油渍轻易清除，也可以增加键盘与手指间的摩擦力，使打起字来更为顺手。

(3) 注意不要将水撒到键盘上，这将可能导致内部印刷电路的严重损坏。如果不小心进水应立即切断电源，取下电池，然后找专业人员来处理，不要自行拆卸，可能会扩大损伤。

5. 硬盘的保护

硬盘最脆弱的时候是在开机及关机的时候。

(1) 开机时硬盘激活，电动机的转数还未趋于稳定。如果此时震动的话容易产生盘片损

伤造成坏道。

(2) 而关机时，使用者常因为硬盘盘片未完全静止就任意搬动，此时也很容易造成硬盘的伤害。

(3) 笔记本电脑应尽量在稳定的状况下使用，避免在火车、汽车等会晃动的地点操作计算机，如此可延长硬盘的寿命。

6. 光驱的保护

光驱是目前计算机中最易衰老的部件，笔记本的光驱大多也不例外。

(1) 笔记本电脑光驱大多是专用产品，损坏了要更换会比较麻烦。用笔记本电脑看 VCD 或听音乐都不是好习惯，更换笔记本电脑光驱的钱足够你买上一台高级 VCD 机或 CD 随身听了。

(2) 使用光驱时应尽量避免在计算机旁抽烟，香烟中的尼古丁，会聚集在 CD 激光头上，导致读取不良。

(3) 不要使用劣质盘片、不规则形状盘片，否则将可能严重损坏激光头；平常可用 CD 清洁片，清洁 CD 的读头。

7. 风扇的保护

风扇的保护要点如下。

(1) 定期检查风扇是否有积尘而导致散热不良，进而影响计算机的稳定性。

(2) 若有积尘，可用小毛刷伸入风扇内部轻轻刷拭，可将积尘刷出。

(3) 有些笔记本电脑刚开机时会自动测试计算机的风扇，若开机时风扇无反应，建议用户跟维修站联络，以避免过热造成机器损坏。

8. 触摸板的使用

触摸板的保护要点如下。

(1) 使用触摸板时应保持双手清洁，以免鼠标指针乱跑。

(2) 如表面有脏物，可用软布沾水轻轻擦干净。

(3) 触摸板采用静电感应原理，不要使用尖锐物品在上面书写，也不要重压使用，以免造成损坏和变形。

9. 其他注意事项

此外还要注意以下要点。

(1) 轻开轻关 LCD 上盖，以避免 LCD 连接线因施力过重而松动，导致屏幕闪烁。

(2) 应定期更新驱动程序，以保证笔记本电脑的兼容性和稳定性，定期备份笔记本中的重要资料，以降低数据损失的危险性。

(3) 除非有特别说明，否则笔记本电脑所有外围接口都不能在开机的时候连接周边设备。

(4) 笔记本电脑是高频电子设备，应避免外来干扰，例如移动电话不能放在正在运行的笔记本电脑上，否则来电话时可能导致笔记本死机或自动关机。

项目实训　配置计算机

【实训目的】

学习完本项目后，读者能自己动手配置一台计算机。

【实训要求】

请按照目前的市场行情，到电脑城或者从网上获取有关信息，组装一台配置较高的家用综合型计算机。要能满足玩游戏、看电影、上网、文字处理等要求。要求使用 LCD 显示器，其他配件自选。如果资金有富余，可以添购打印机等其他外部设备。最后按高、中、低 3 种配置填写型号和价格。

【实训内容】

在购置计算机以前要制定配置方案，很多用户在购置计算机的过程中容易走入误区，就是在选购配件时追求高性能和新产品。可是这样配置出来的计算机不一定就适合自己，而且很可能会造成极大的资源浪费。

在购买计算机前，必须要回答以下几个问题。

(1)　购买计算机的目的是什么？例如：上网、处理文档、编程、玩游戏、做图形设计等。不同的需求需要不同的配置，一定要量身定做。

(2)　购买预算是多少？如果资金充裕，可以选择质量好的一线品牌；如果资金不足，在不愿降低配置的情况下，只能选择质量差一点的二线品牌。

(3)　要把资金重点投在什么地方？其实这一点的答案会受第一个问题的影响。一般来说，资金都不可能太充裕，这就要求用户做出取舍。是愿意购买高性能的 CPU 来提高运算能力，还是购买高性能的显卡满足游戏的要求，或是购买高性能的主板为以后升级留下更多空间？

【操作步骤】

1.　从网上获取当前的主流产品信息和报价，确定大致的配置意向。
2.　到电脑城实地考察，货比三家，根据实际情况调整配置。
3.　选择两到三家质量信誉都有保证的商家，让其按照自己所需要的配置进行报价。
4.　填写如下实训报告。

实训报告

配件名称	配件型号	价格（单位：元）
CPU		
内存		
主板		
显卡		
硬盘		
显示器		
光驱		
机箱		

续表

配件名称	配件型号	价格（单位：元）
电源		
键盘		
鼠标		

总计：________

配置理由：____

____

____

____

5. 填写完成后，分组讨论，每组成员讲一下为什么这么配置、有什么特色，组内其他同学给出意见和建议（也就是所谓的“自评”和“互评”），然后，每个小组选出一个代表在课堂上讲解。

项目小结

本项目围绕如何选购计算机及其配件这一主题做了详细介绍，包括个人计算机以及笔记本电脑的选购。随着计算机技术的快速发展，计算机硬件更新换代的速度快，产品性能提升幅度大，希望大家在日常生活中多留心网络平台上的计算机硬件知识，并向身边专业朋友请教，在日积月累中逐渐成为硬件行家。

思考与练习

一、填空题

1. 当前台式计算机的 CPU 主要有________和________两大品牌。
2. 主板上的主控制芯片组分为________芯片和________芯片。
3. 打印机目前可分为________、________和________三种类型。

二、简答题

1. 简要说明 CPU 的主要性能指标。
2. 光驱是易损部件，列举出 5 点光驱维护要注意的事项。
3. 说明内存的种类及其核心参数。
4. 简要说明笔记本电脑的维护要领。

项目三 组装计算机

通过对前两个项目的学习，读者已经初步地认识了计算机，了解了计算机硬件和软件的基本知识，对各类硬件的结构、特点、用途、主要性能指标和选购都有了全面的了解，为组装个人计算机奠定了基础。本项目将详细地介绍计算机的组装过程，让读者掌握组装计算机的一般流程和注意事项。

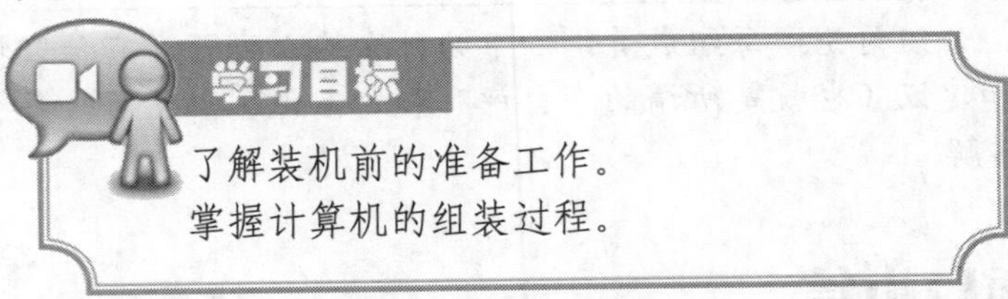

任务一 了解装机前的准备工作

在组装计算机前，首先应该了解必要的装机知识并准备必要的装机工具，并要做好如下准备工作。

(1) 工作环境。组装一台计算机虽然不能要求拥有像品牌机装配车间那样绝对洁净的环境，但一张宽大且高度合适的桌子应当是最起码的要求。

(2) 必需的工具。在进行计算机组装之前，最好能准备一些工具，如螺丝刀、尖嘴钳、镊子、防静电的手套、万用表和毛刷等，如图 3-1 所示。

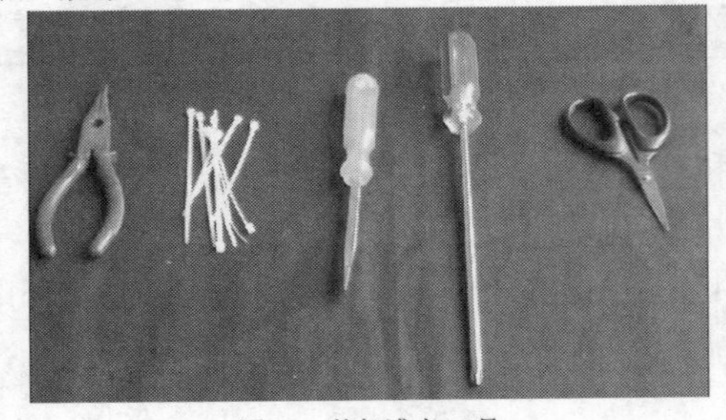

图3-1 装机准备工具

图3-2 万用表

(3) 应尽量选用带磁性的螺丝刀，这样可以降低安装的难度。

(4) 尖嘴钳主要用来拧开一些比较紧的螺丝。例如在机箱内固定主板时，就可能用到尖嘴钳。

(5) 在插拔主板或硬盘上的跳线时需要用到镊子。

(6) 由于气候干燥、衣物相互摩擦等原因，很容易产生静电，而这些静电可能损坏设

备，这是非常危险的，所以需要带上防止静电的手套。

(7) 万用表用来检测计算机配件的电阻、电压和电流是否正常，以及检查电路是否有问题，如图 3-2 所示。

(8) 用毛刷清理主机板和接口板卡上装有元器件的小空隙处，可避免碰损元器件。

(9) 必需的软件。当计算机装配好后，至少还应有一套 Windows 操作系统，只有安装了这些软件，计算机才能开始工作。

(10) 清点、认识各部件。将计算机安装、调试完毕，运行正常之后，计算机及其零部件的购买行为才算完成。因此，在装机之前应当仔细辨认所购买的产品，其品牌、规格和所想购买的是否一致，说明书、防伪标志是否齐全，各种连线是否配套等，装机后再测试检验。如发现异常情况，应当及时找商家更换。

(11) 注意事项。在组装计算机时，要遵守操作规程，尤其要注意以下事项。

- 防止静电：最好在装机前用手触摸地板或洗手，以释放掉身上携带的静电，此外还可以带上防止静电的静电手套，或者使用可以防止产生静电的工作台。
- 防止液体进入计算机内部：在装机时要严禁液体进入计算机内部的板卡。因为这些液体可能造成短路使器件损坏，所以注意不要将水杯等摆放在机器附近。
- 测试前，建议只安装必要的设备，如主板、处理器、散热片与风扇、硬盘、光驱和显卡。其他配件如声卡和网卡等，待确认必要设备没问题时再安装。
- 对配件要轻拿轻放，不要碰撞，尤其是硬盘。
- 未安装使用的元器件需放在防静电包装袋内。
- 尽量避免将元器件和板卡掉在地上。
- 装机时不要先连接电源线，通电后不要触摸机箱内的部件。

任务二　掌握计算机的组装过程

在装机之前，需要准备好的配件有 CPU、内存、硬盘、主板、显卡、光驱、软驱、机箱、电源及各种连线。

虽然计算机配件的品牌与型号不尽相同，也有可能会多一些或少一些配件，但是基本安装过程是相似的。只要掌握了一般的安装步骤，就能顺利地进行计算机组装。

（一）　安装 CPU 和内存

在把主板装入机箱以前，应先把 CPU 及内存条装上，因为安装这两种部件时，特别是在安装内存条时，要适当用力向下压，在机箱外面操作比较方便。

【操作步骤】

1. 安装 CPU。

(1) 拉起 CPU 插座边的拉杆，使其呈 90°，如图 3-3 所示。

(2) 将 CPU 安装到主板上，安装时注意观察 CPU 与主板底座上的针脚接口相对应，如图 3-4 所示。

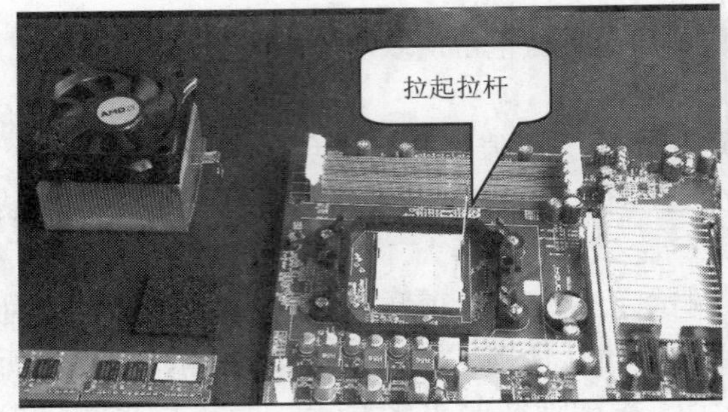

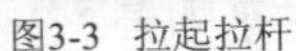
图3-3 拉起拉杆

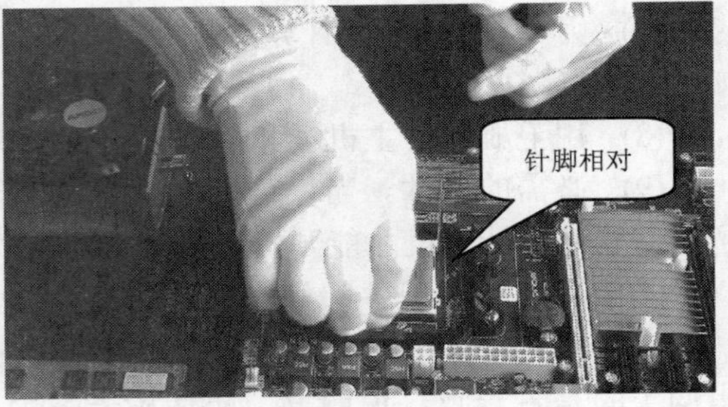

图3-4 插入 CPU

(3) 稍用力压 CPU 的对角，使之安装到位，最后压下底座旁的拉杆，直到听到“咔”的一声轻响即可，如图 3-5 所示。

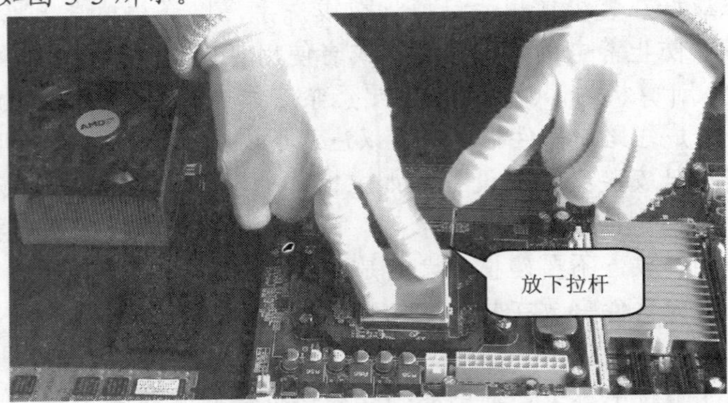

图3-5 放下拉杆

(4) 在 CPU 的核心上涂上散热硅胶，不需要太多，涂上一层就可以了。主要作用是使 CPU 和散热器能良好地接触，CPU 能稳定地工作。

2. 安装散热风扇。

(1) 先将 CPU 散热风扇平稳地放在 CPU 的核心上，如图 3-6 所示。

(2) 把扣具的一端扣在 CPU 插槽的凸起位置，另一端可扣到下面的凸起位置，如图 3-7 所示。切不可用力过猛，否则会伤到 CPU 核心。

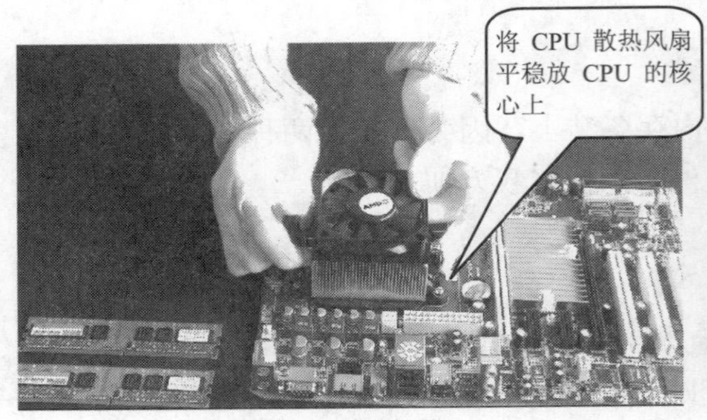

图3-6 放下扣具

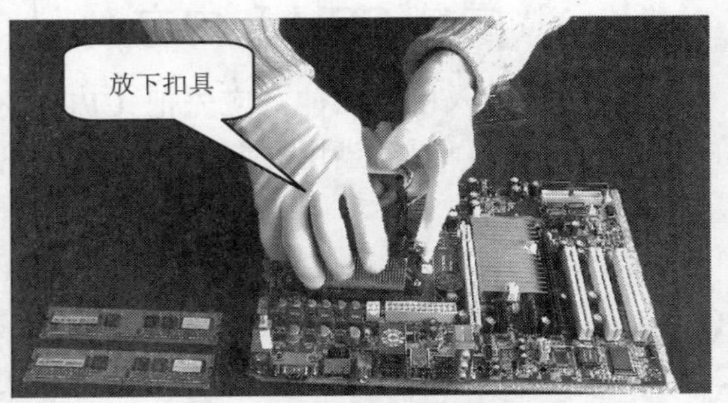

图3-7 放置风扇

(3) 将风扇电源线插入主板相应接口，如图 3-8 所示。

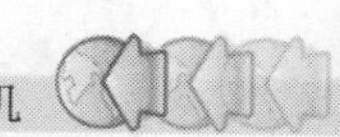

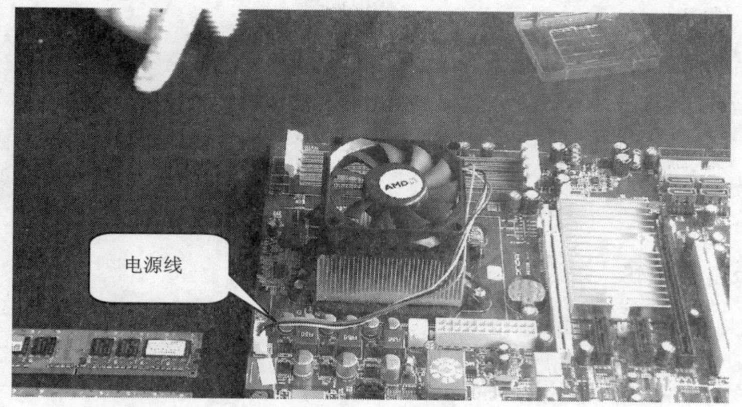

图3-8 插入电源线

3. 安装内存。

(1) 将需要安装内存对应的内存插槽两侧的塑胶夹脚（通常也称为“保险栓”）往外侧扳动，使内存条能够插入，如图 3-9 所示。

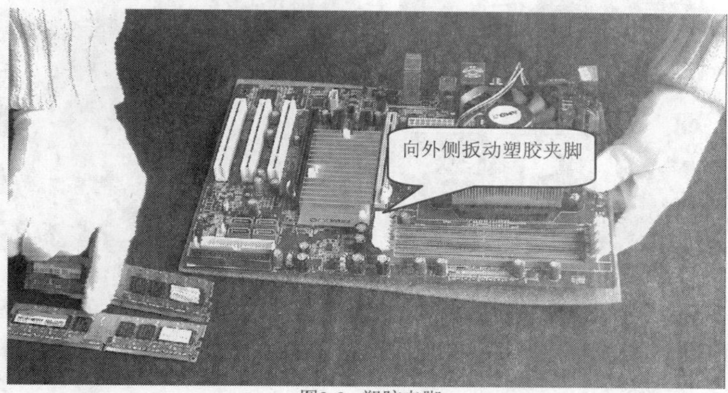

图3-9 塑胶夹脚

(2) 拿起内存条，将内存条引脚上的缺口对准内存插槽内的凸起或者按照内存条金手指边上标示的编号 1 的位置对准内存插槽中标示编号 1 的位置。

(3) 最后稍微用点力，垂直地将内存条插到内存插槽并压紧，直到内存插槽两头的保险栓自动卡住内存条两侧的缺口，如图 3-10 所示。

(4) 安装第 2 根内存，操作同上。但要注意安装第二根内存时要选择与第一根内存相同颜色的插槽。最终效果如图 3-11 所示。

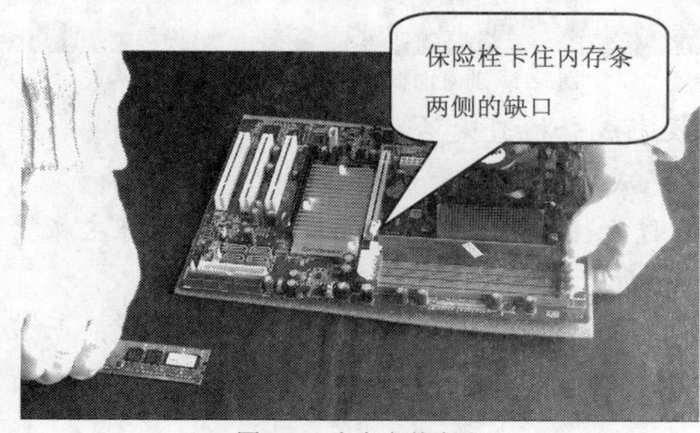

图3-10 内存安装完成

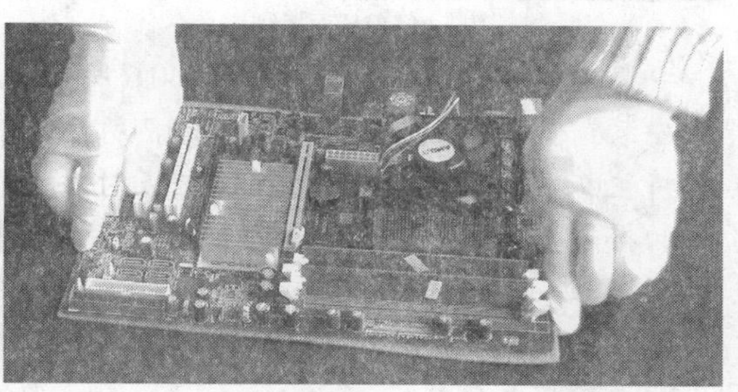
图3-11 双内存安装完成

安装内存时要小心，不要用力过猛，以免掰坏线路，内存条上的金属接脚端有两个凹槽，对应内存插槽上的两个凸棱，所以方向容易确定。安装时把内存条对准插槽，均匀用力插到底就可以了。同时插槽两端的保险栓会自动卡住内存条。取下时，只要用力按下插槽两端的保险栓，内存就会被推出插槽。

说明

（二） 安装主板

主板是计算机中非常重要的一个器件，它是其他所有配件的基本平台。下面将介绍主板的安装过程。

【操作步骤】

1. 安装机箱内的主板卡钉底座，并将其拧紧，如图 3-12 所示。
2. 依次检查各个卡钉位是否正确，如图 3-13 所示。

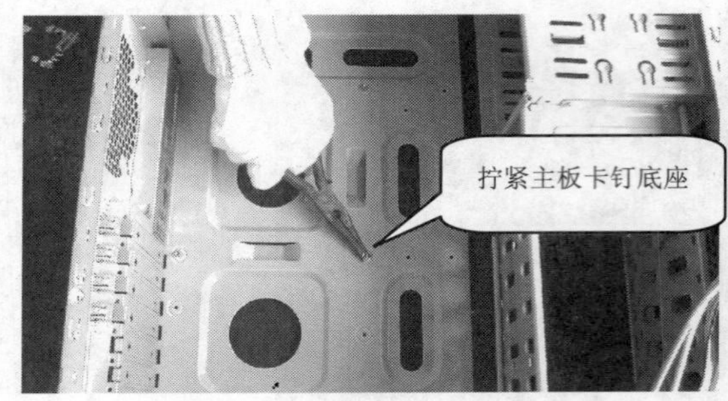

图3-12 安装主板卡钉底座

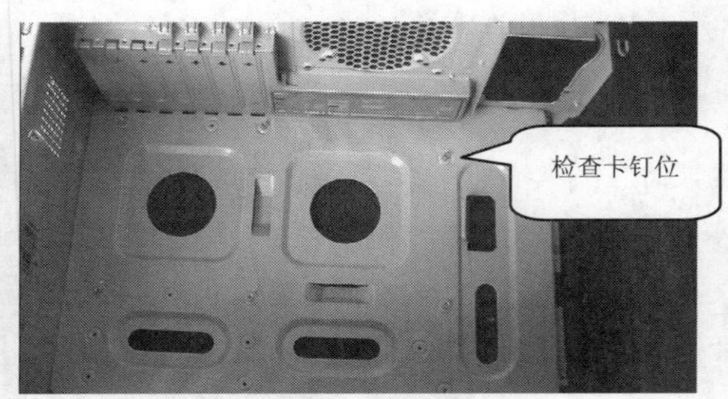

图3-13 卡钉底座

3. 依次将硬盘灯（H.D.D LED）、电源灯（POWER LED）、复位开关（RESET SW）、电源开关（POWER SW）和蜂鸣器（SPEAKER）前置面板连线插到主板相应接口中，如图 3-14 和图 3-15 所示。

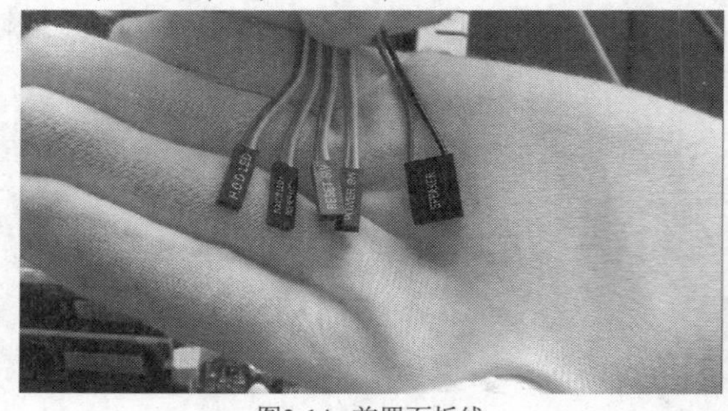
图3-14 前置面板线

图3-15 前置面板线插到主板相应接口

4. 安装前置 USB 连接线，如图 3-16 所示。安装完成并检查是否连接正确。
5. 安装前置音源连接线，如图 3-17 所示。安装完成后检查是否连接正确。
6. 将主板安装到机箱内，放入主板时注意尽量避免主板与机箱之间的碰撞，并将主板上的接口与后置挡板上的接口位对齐，如图 3-18 所示。
7. 将主板固定在机箱内，请采用对角固定的方式安装螺钉，不要一次将螺钉拧紧，而应该在主板固定到位后依次拧紧各个螺钉，如图 3-19 所示。

至此，主板安装完成。

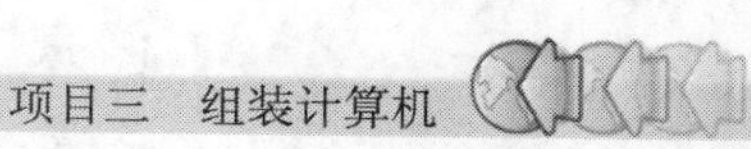

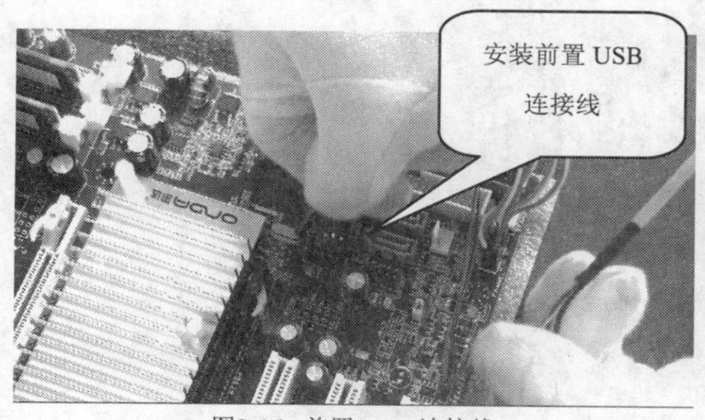

图3-16　前置 USB 连接线

图3-17　前置音源连接线

图3-18　放入主板

图3-19　固定主板

（三）　安装光驱、硬盘、软驱

主板安装完成后，继续安装光驱、硬盘，如图 3-20 所示。

图3-20　安装前的准备

【操作步骤】

1.　安装光驱。

(1)　拆除机箱正面的光驱外置挡板，如图 3-21 所示。

不是所有的机箱都从外部安装光驱，主要依据机箱的结构而定。

图3-21 拆除外置挡板

(2) 将光驱安装到机箱内，如图 3-22 所示。

(3) 安装机箱正面的光驱外挡板，如图 3-23 所示。

图3-22 安装光驱

图3-23 安装光驱外挡板

(4) 连接光驱与主板之间的数据线，数据线上的突起应与光驱和主板上的接口槽吻合。切忌强行插入，否则会导致硬件的损坏，如图 3-24、图 3-25 和图 3-26 所示。

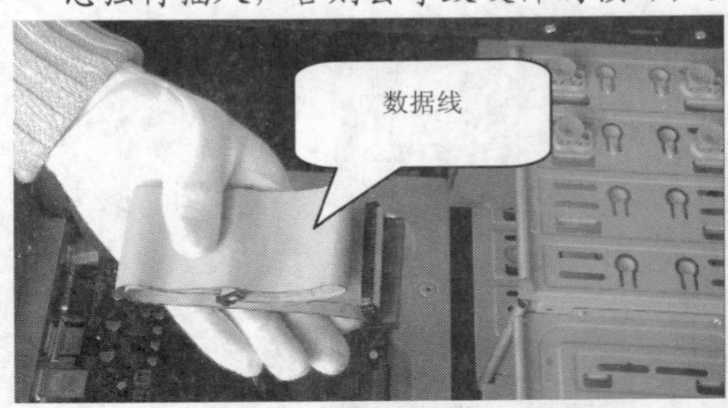

图3-24 连接数据线

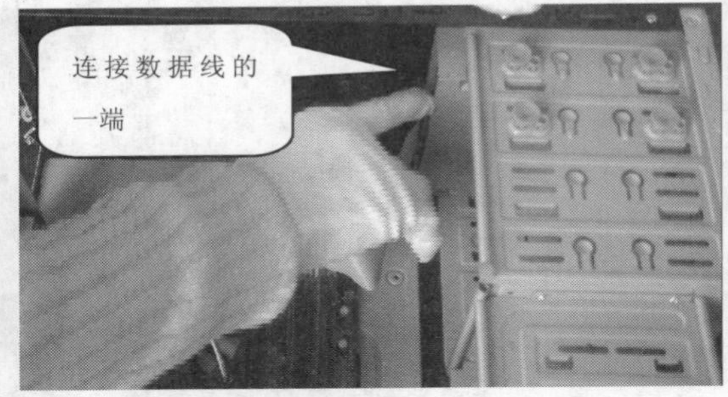

图3-25 连接数据线

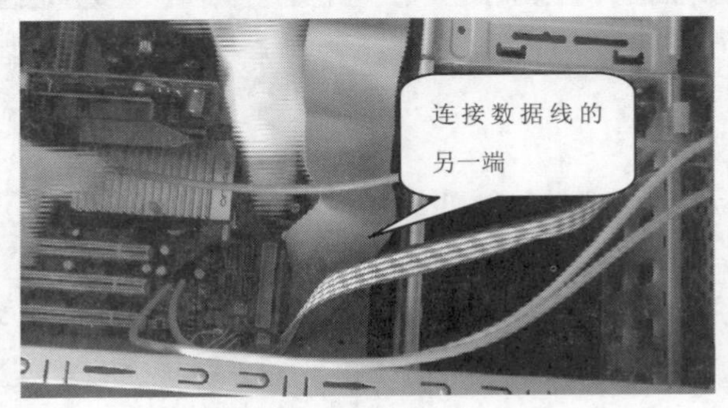

图3-26 连接数据线

2. 安装硬盘。

(1) 安装硬盘自带的滑槽，如图 3-27 所示。

(2) 将硬盘安装到机箱内，如图 3-28 所示。

图3-27　安装滑槽

图3-28　安装硬盘

(3) 连接 SATA 硬盘和主板之间的数据线，如图 3-29 和图 3-30 所示。

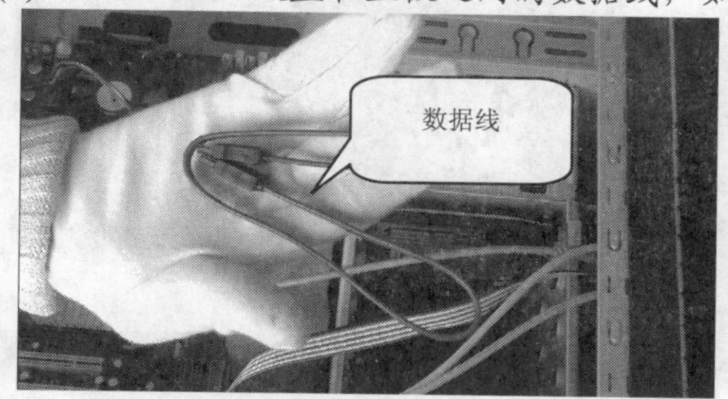

图3-29　连接硬盘数据线

图3-30　连接硬盘数据线

至此，硬盘安装完成。

（四）　安装显卡、网卡和声卡

计算机中有许许多多的适配卡，如显卡、声卡、网卡、MODEM 卡、电视卡、SCSI 接口卡、IDE 接口卡，它们都是通过主板上的 AGP、PCI 或 ISA 总线插槽与主板相连接。其实，这些适配卡的安装过程都是大同小异，本操作将以显卡的安装为例，让读者掌握适配卡的安装方法。

【操作步骤】

1. 将显卡安装到显卡插槽中，并将其接口与机箱后置挡板上的接口位对齐，如图 3-31 所示。

2. 固定显卡，如图 3-32 所示。

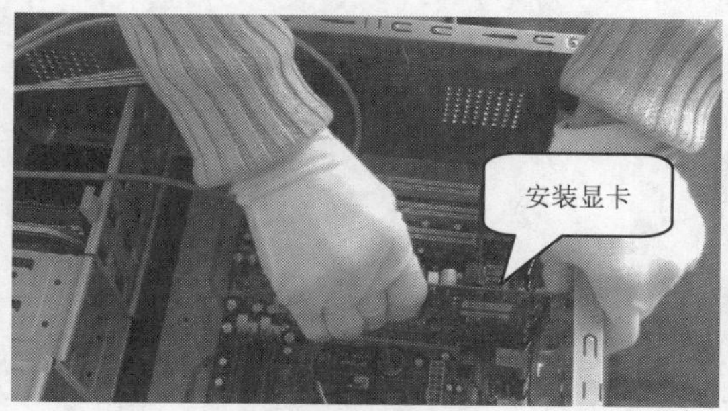

图3-31　安装显卡

图3-32　固定显卡

至此，显卡安装完成，如图 3-33 所示。

图3-33　安装显卡

【知识链接】

网卡等其他计算机板卡的安装方法与显卡的安装方法基本相同，只是安装的插槽不同而已，目前的网卡大多为 PCI 插槽。图 3-34 所示为安装完毕的网卡。读者可以参考安装显卡的方法安装网卡。

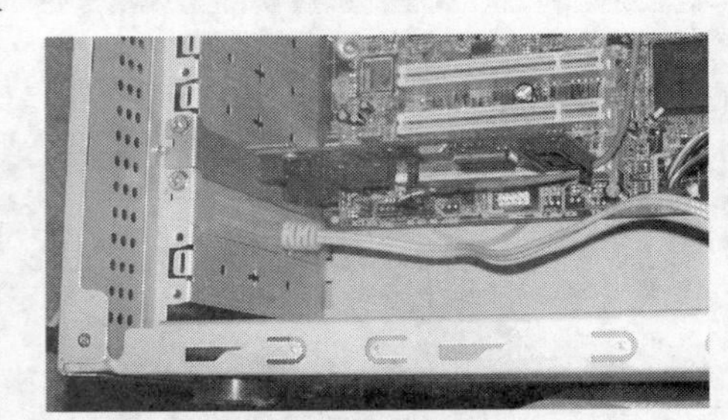

图3-34　安装网卡

说明

主板上的黑色插槽是 ISA 插槽，白色插槽是 PCI 插槽，还有一个棕色的是 AGP 插槽，是专门用来插 AGP 显卡的。把显示卡以垂直于主板的方向插入 AGP 插槽中，用力适中并要插到底部，以保证卡和插槽的良好接触。

（五）　安装电源

在安装电源之前，学习怎样从外形上识别电源供应器。

电源供应器主要有 AT 电源供应器和 ATX 电源供应器（Micro ATX 是 ATX 的分支）两大类。

(1)　AT 电源供应器。AT 电源供应器功率一般为 150～220W，如今 AT 电源供应器已被淘汰。

(2)　ATX 电源供应器。ATX 电源供应器和 AT 电源供应器相比，从外观上看并没有太大差别，如图 3-35 所示。但是，ATX 12V 电源供应器（也就是所谓的“P4 电源”）就不一样了，它是在 ATX 2.03 的基础上发展而来的，如图 3-36 所示。

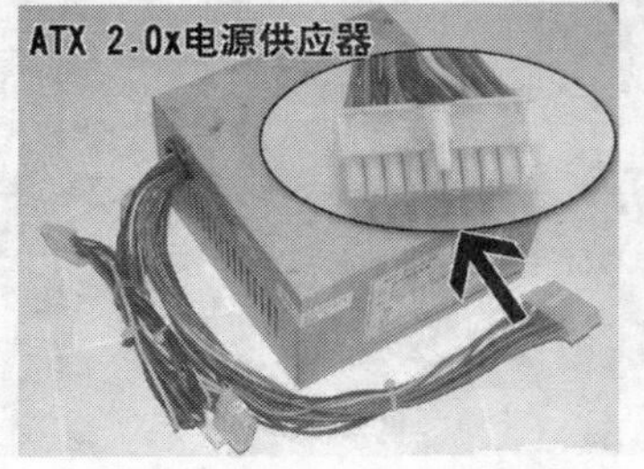

图3-35　ATX 2.0x 电源供应器

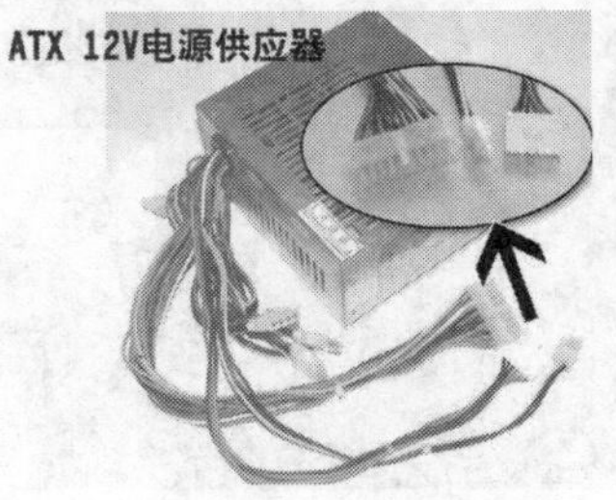

图3-36　ATX 12V 电源供应器

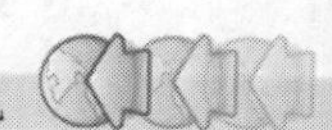

【操作步骤】

1. 将电源供应器对应置入机箱内，如图 3-37 所示。
2. 用 4 个螺丝将电源供应器固定在机箱的后面板上，如图 3-38 所示。

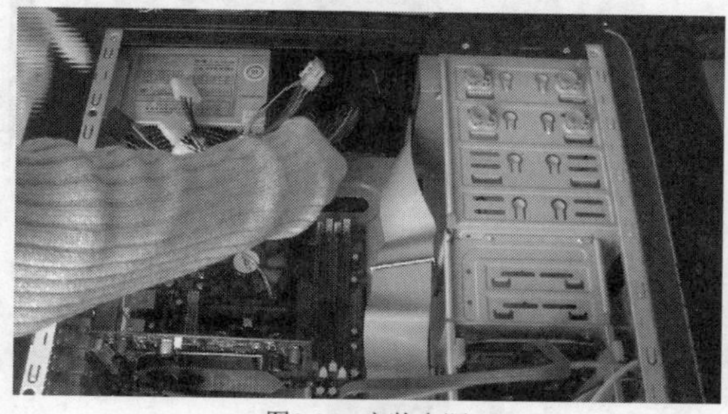

图3-37　安装电源

图3-38　安装电源

3. 连接主板上的 CPU 独立供电线路和主板上的电源线路，注意电源插座的正反面，如图 3-39 和图 3-40 所示。

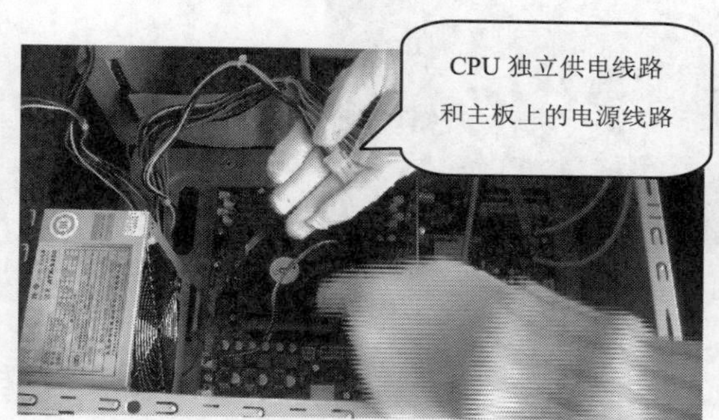

图3-39　连接线路

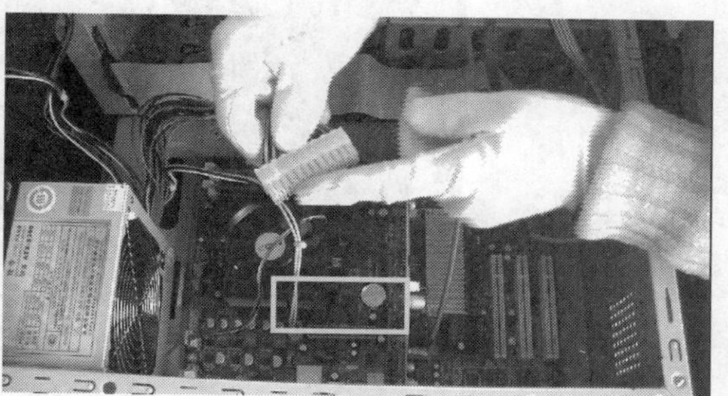
图3-40　连接线路

4. 连接光驱电源线，如图 3-41 所示。

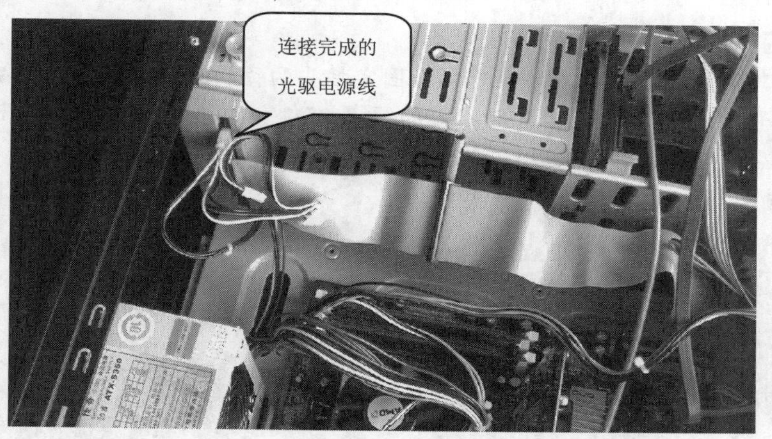

图3-41　连接光驱电源线

5. 连接 SATA 硬盘的电源线，如图 3-42 和图 3-43 所示。

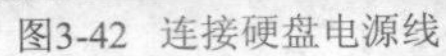
图3-42　连接硬盘电源线

图3-43　连接硬盘电源线

至此，计算机组装完成，最终效果如图 3-44 所示。

图3-44　组装完成后的计算机

（六）　连接外部设备

主机安装完成以后，还需把显示器、鼠标、键盘、耳机和电源等外部设备同主机连接起来。下面介绍怎样把外部设备连接到主机箱后面板的接口上。

【操作步骤】

1. 插接显示器与主机的数据线，安装好之后固定插头两旁的螺栓，如图 3-45 所示。
2. 插接鼠标的 PS/2 接口到主机后置面板上的绿色 PS/2 接口上，如图 3-46 所示。

图3-45　插接显示器

图3-46　插接鼠标

3. 插接键盘的 PS/2 接口到主机后置面板上的紫色 PS/2 接口上，如图 3-47 所示。此时，主机后置面板如图 3-48 所示。

图3-47　插接键盘

图3-48　机箱后置面板连接效果

4. 插接耳机与计算机背部的音源接口，在插接时请注意主板音源的绿色插座是输出（即耳机的插座），红色插座是输入（即麦克风插座），如图 3-49 所示。
5. 插接电源插座，插接时请注意插座的正反面，如图 3-50 所示。

图3-49　插接耳机

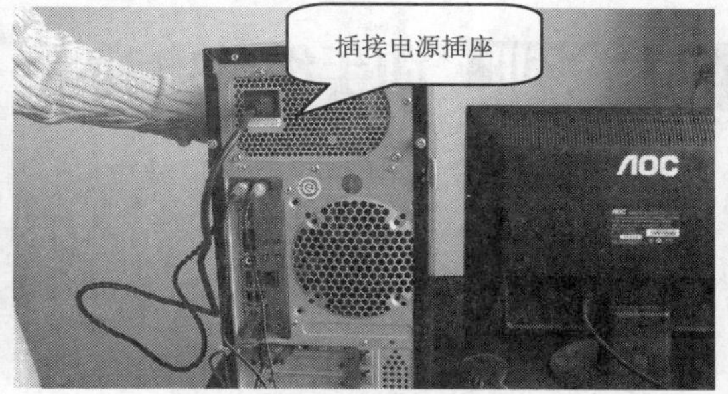

图3-50　机箱后置面板连接效果

至此，一台组装完成的计算机如图 3-51 所示。

图3-51　组装完全的计算机

（七）　测试与调试计算机

计算机组装之后，要做的第一件事就是认真仔细地检查，在检查的时候主要针对如下几个方面。

(1) 检查 CPU、风扇、电源是否接好。

(2) 检查在安装的过程中，是否有螺丝或者其他金属杂物遗落在主板上。这一点一定要仔细检查，否则很容易因为马虎大意遗留的金属物导致主板被烧毁。

(3) 检查内存的安装是否到位。

(4) 检查所有的电源线、数据线和信号线是否已连接好。

如果确认上述没有问题后，才可以让计算机接通电源，启动计算机。检查电源灯是否正常点亮，如果能点亮，并听到“嘀”的一声，且屏幕上显示自检信息，这表示计算机的硬件工作正常；如果不能点亮，就要根据报警的声音检查内存、显卡或是其他设备的安装是否正确，如果都无反应，请检查主板南北桥和 CPU 风扇是否在通电的情况下加温，如果没有加温反应，请重新安装 CPU。

【知识链接】

“嘟”的声音是系统硬件自检通过的提示。如果计算机启动后没有“嘟”的声音或者持续“嘟”的声音，则有可能是系统的某个硬件没有安装好或者存在故障，需要立即关闭电源，进行检查。系统故障的揭示音根据不同的主板可能会有不同，此时应该查看相应的使用手册，以确定故障的原因。

如果测试没有问题，则计算机的组装最终成功完成。

项目实训 动手组装电脑

根据本章所学知识自己动手组装电脑。

【实训目的】

掌握组装个人电脑的一般步骤。

【操作步骤】

(1) 在主板上安装 CPU。
(2) 在主板安装上内存。
(3) 配置机箱内部的挡板和卡钉位。
(4) 连接机箱与主板的前置线路。
(5) 把主板安装到机箱内。
(6) 安装光驱和硬盘。
(7) 安装显卡、声卡或网卡等板卡。
(8) 为机箱安装电源。
(9) 安装机箱的侧面板。
(10) 初步检查与调试。
(11) 插好键盘、鼠标、电源和显示器等的连接线。
(12) 加电测试。

项目小结

本项目主要介绍了一台计算机的组装过程。通过本项目的学习，读者应该掌握计算机安装的主要步骤及各种计算机配件的组装方法，特别是 CPU、CPU 风扇、主板、硬盘和光驱等设备的组装方法，并应该清楚硬盘、光驱的模式设置方法，这是一个在实践中经常遇到也十分容易出错的地方，因此应该特别注意。

思考与练习

1. 组装计算机前应该进行哪些准备工作？
2. 简述计算机组装的流程。
3. 简述为什么要先安装 CPU 和内存，再安装主板。
4. 简述安装后的初检应该注意的事项。

项目四

设置 BIOS

本项目主要介绍设置 BIOS（基本输入/输出系统）的方法，其中 BIOS 设置也称为 CMOS 设置，是指用固化在主板 BIOS 芯片中的工具程序去修改 CMOS 中的内容，以确定系统硬件配置，优化系统整体性能，进行系统维护。本任务主要介绍有关 BIOS 的基础知识。

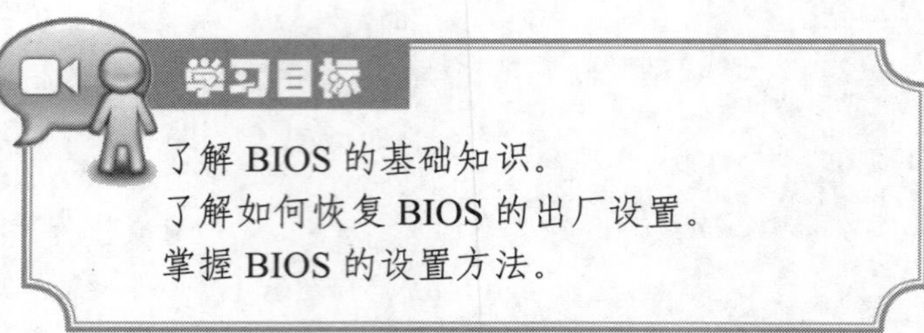

了解 BIOS 的基础知识。
了解如何恢复 BIOS 的出厂设置。
掌握 BIOS 的设置方法。

任务一 了解 BIOS 的基础知识

BIOS（Basic Input/Output System，基本输入/输出系统）是计算机中最基本、最重要的程序，它存储在一片不需要电源（掉电后不丢失数据）的存储体中。

（一） 了解 BIOS 的主要功能

若计算机系统没有 BIOS，那么所有的硬件设备都不能正常运行，BIOS 的管理功能在很大程度上决定了主板性能的优越性。不同类型计算机 BIOS 的设定，除基本功能外，在设备管理功能设置上具有一定的差异。

下面对 BIOS 作用进行详细的解释。

(1) 自检及初始化：开机后 BIOS 最先被启动，然后它会对计算机的硬件设备进行彻底的检验和测试。如果发现问题，分两种情况处理：严重故障停机，不给出任何提示或信号；非严重故障则给出屏幕提示或声音报警信号，等待用户处理。如果未发现问题，则将硬件设置为备用状态，然后启动操作系统，把计算机的控制权交给用户。

(2) 程序服务：BIOS 直接与计算机的 I/O（Input/Output，即输入/输出）设备打交道，通过特定的数据端口发出命令，传送或接收各种外部设备的数据，实现软件程序对硬件的直接操作。

(3) 设定中断：开机时，BIOS 会告诉 CPU 各硬件设备的中断号，当用户发出使用某个设备的指令后，CPU 就根据中断号使用相应的硬件完成工作，再根据中断号跳回原来的硬件工作。

（二）　了解 BIOS 的分类

目前计算机中的 BIOS 主要有三种类型，即 Award BIOS、AMI BIOS 和 Phoenix BIOS。

(1) Award BIOS：Award BIOS 是由 Award Software 公司开发的 BIOS 产品，是目前主板中使用最为广泛的 BIOS 之一，该 BIOS 功能较为齐全，可支持许多新的硬件。

(2) AMI BIOS：AMI BIOS 是由 AMI 公司出品的 BIOS 产品，在早期的计算机中占有相当的比重，后来由于绿色节能计算机的普及，而 AMI 公司又错过了这一机会，迟迟没能推出新的 BIOS 程序，使其市场占有率逐渐减少，不过现在仍有部分计算机采用该 BIOS 进行设置。

(3) Phoenix BIOS：Phoenix BIOS 是 Phoenix 公司开发的面向笔记本电脑的 BIOS 程序，其设置界面简洁易懂，便于用户进行设置和操作。

（三）　掌握 BIOS 与 CMOS 的关系

CMOS（互补金属氧化物半导体）是计算机主板上的一块可读写的 RAM 芯片，用来保存当前系统的硬件配置和用户对某些参数的设定，由主板上的 CMOS 电池供电，即使系统掉电，信息也不会丢失。

CMOS RAM 本身只是一块存储器，只有数据保存功能，而对 CMOS 中各项参数的设置则需要通过专门的程序。现在大多数厂家将 CMOS 设置程序嵌入 BIOS 芯片中，在开机的过程中，按特定的键即可进入 CMOS 设置程序。因此，CMOS 设置又被称为 BIOS 设置。

（四）　BIOS 参数设置中英文对照表

在设置 BIOS 之前，必须了解 BIOS 中各参数的意义，才能对 BIOS 进行正确的设置。BIOS 中常见参数的意义如表 4-1 所示。

表 4-1　　BIOS 参数意义

BIOS 参数	意　义
Time/System Time	时间/系统时间
Date/System Date	日期/系统日期
Level 2 Cache	二级缓存
System Memory	系统内存
Primary Hard Drive	主硬盘
BIOS Version	BIOS 版本
Boot Order/Boot Sequence	启动顺序（系统搜索操作系统文件的顺序）
Diskette Drive	软盘驱动器
Internal HDD	内置硬盘驱动器
Floppy device	软驱设备
Hard-Disk Drive	硬盘驱动器

续 表

BIOS 参数	意义
USB Storage Device USB	存储设备
CD/DVD/CD-RW Drive	光驱
CD-ROM device	光驱
Cardbus NIC	总线网卡
Onboard NIC	板载网卡
Boot POST	进行开机自检时（POST）硬件检查的水平：设置为“MINIMAL”（默认设置），则开机自检仅在 BIOS 升级，内存模块更改或前一次开机自检未完成的情况下才进行检查；设置为“THOROUGH”，则开机自检时执行全套硬件检查
Config Warnings	警告设置：该选项用来设置在系统使用较低电压的电源适配器或其他不支持的配置时是否报警。设置为“DISABLED”，则禁用报警；设置为“ENABLED”，则启用报警
Serial Port	串口：该选项可以通过重新分配端口地址或禁用端口来避免设备资源冲突
Infrared Data Port	红外数据端口，使用该设置可以通过重新分配端口地址或禁用端口来避免设备资源冲突
Num Lock	数码锁定：设置在系统启动时数码灯（NumLock LED）是否点亮。设为“DISABLE”，则数码灯保持灭；设为“ENABLE”，则在系统启动时点亮数码灯
Keyboard NumLock	键盘数码锁：该选项用来设置在系统启动时是否提示键盘相关的错误信息
Enable Keypad	启用小键盘：设置为“BY NUMLOCK”，在 NumLock 灯亮且没有接外接键盘时启用数字小键盘。设置为“Only By Key”，在 NumLock 灯亮时保持 embedded 键区为禁用状态
Primary Password	主密码
Admin Password	管理密码
Hard-disk drive password(s)	硬盘驱动器密码
Password Status	密码状态：该选项用来在 Setup 密码启用时锁定系统密码。将该选项设置为“Locked”并启用 Setup 密码以防止系统密码被更改。该选项还可以用来防止在系统启动时密码被用户禁用
System Password	系统密码
Setup Password	Setup 密码
Drive Configuration	驱动器设置
Diskette Drive A	磁盘驱动器 A：如果系统中装有软驱，使用该选项可启用或禁用软盘驱动器
Primary Master Drive	第一主驱动器
Primary Slave Drive	第一从驱动器
Secondary Master Drive	第二主驱动器
Secondary Slave Drive	第二从驱动器

续　表

BIOS 参数	意义
Hard-Disk drive Sequence	硬盘驱动器顺序
System BIOS boot devices	系统 BIOS 启动设备
USB device	USB 设备
Memory Information	内存信息
Installed System Memory	系统内存：该选项显示系统中所装内存的大小及型号
System Memory Speed	内存速率：该选项显示所装内存的速率
CPU information	CPU 信息
CPU Speed	CPU 速率：该选项显示启动后中央处理器的运行速率
Bus Speed	总线速率：显示处理器总线速率
Processor 0 ID	处理器 ID：显示处理器所属种类及模型号
Cache Size	缓存值：显示处理器的二级缓存值
Integrated Devices(LegacySelect Options)	集成设备
USB Controller	USB 控制器：使用该选项可启用或禁用板载 USB 控制器
Serial Port 1	串口 1：使用该选项可控制内置串口的操作。设置为“AUTO”时，如果通过串口扩展卡在同一个端口地址上使用了两个设备，内置串口自动重新分配可用端口地址。串口先使用 COM1，再使用 COM2，如果两个地址都已经分配给某个端口，该端口将被禁用
Parallel Port	并口：该域中可配置内置并口

任务二　清除 BIOS 密码恢复出厂设置

当对 BIOS 做出了错误的修改后，希望把计算机恢复到出厂设置，或者忘记了超级用户密码而无法进入 CMOS 设置界面甚至操作系统时，就可以用跳线和拔 CMOS 电池这两种方法清除 BIOS 密码。本任务将主要介绍这两种方法的具体作用。

（一）　跳线设置

跳线设置是清除 BIOS 密码恢复出厂设置最常用的方法。通过跳线给 CMOS 存储器放电，用于清除 CMOS 中的数据，在清空数据之后，BIOS 将出厂时的原始数据存入 CMOS 存储器。

【操作思路】

- 关闭计算机，打开机箱。
- 进行跳线设置。

【操作步骤】

1. 使计算机处于关机状态，拔下电源插头。
2. 打开计算机机箱盖。
3. 主板上有一个纽扣电池，在它的附件中有一组跳线针脚，共3个针脚，如图4-1所示。
4. 将针脚上的跳线帽拔出，插在另外一个针脚和中间针脚上几秒钟。
5. 拔出跳线帽，重新插回原来的位置。
6. 盖上机箱盖。
7. 插上主机电源插头，开机查看是否跳线成功。

图4-1 跳线针脚

（二） 拔CMOS电池

在不能确定跳线针脚是否断裂的情况下，使用下面这种方法同样简单易行。

【操作思路】

- 关闭计算机，打开机箱。
- 取出电池并放电。

【操作内容】

1. 使计算机处于关机状态，拔下电源插头。
2. 打开计算机机箱盖。
3. 在主板上找到纽扣电池。
4. 把纽扣电池从电池盒中取出。

说明：取下纽扣电池时，按住电池上的别针，盒底的弹簧片会把电池顶出来。当盒底的别针无法将电池顶出时，可以用牙签一类的工具将电池撬一下。切勿用金属类工具，以防止电池短路。

5. 大约10s后再把电池安装回电池盒。
6. 盖上机箱盖，插上主机电源插头，开机查看是否跳线成功。

【知识链接】

计算机上的存储器可分为掉电易失和掉电不失两种。内存和CMOS存储器属于掉电易失，一旦不对它们供电，它们存储的信息就会丢失。硬盘和U盘属于掉电不失，在不对它们供电的情况下，它们存储的信息也可以继续保存而不丢失。

在动手操作时要注意找准电池和跳线的位置。决定成败的关键是要控制好跳线和拔出电池的时间。在刚开始没有实践经验的时候，原则上是“宁长勿短”。

任务三 掌握BIOS设置方法

在本任务中，主要讲述BIOS的一些常见设置方法，在对CMOS进行设置时，常常会用到一些快捷键，如表4-2所示。

表 4-2　　CMOS 设置中的常用快捷键

快捷键	移动到要修改的选项
Enter	选择当前选项
Esc	返回上一级菜单
PageUp+PageDown	改变当前的设置状态
F1	显示当前设置项目的相关说明
F5	装载上一次的设置
F10	保存设置并离开 CMOS 设置程序

（一）　标准 CMOS 设置

在标准 CMOS 特性（Standard CMOS Features）中，提供了系统的基本设置和相关信息。用户可以修改日期、时间、第一主 IDE 设备和从 IDE 设备、第二主 IDE 设备和从 IDE 设备、软驱 A 与 B、显示系统的类型、何种出错状态要导致系统启动暂停等。

【操作思路】

- 设置 BIOS 系统时间。
- 在 BIOS 中查看自检信息。

【操作内容】

1.　设置 BIOS 系统时间。

(1)　进入 CMOS 设置主菜单。

(2)　按方向键选中【Standard CMOS Features】选项，如图 4-2 所示，然后按 Enter 键，进入图 4-3 所示的界面。

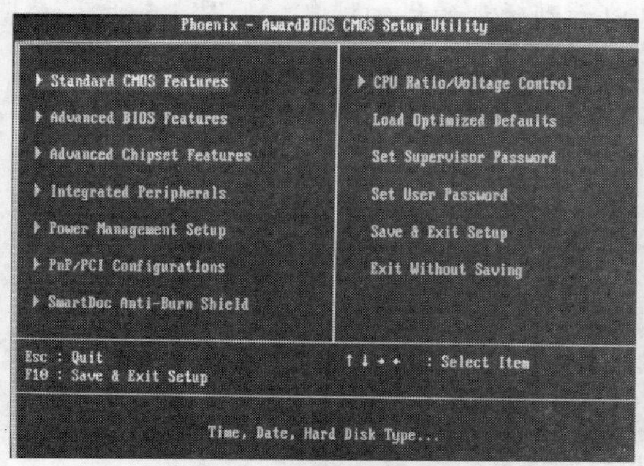

图4-2　CMOS 设置主菜单

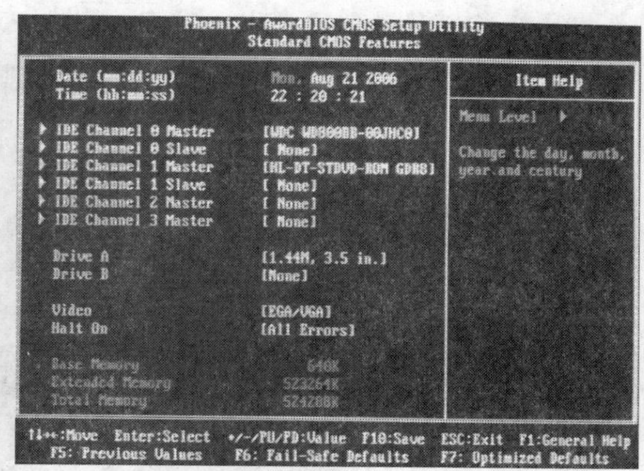

图4-3　设置系统时间

(3)　设置【Date】选项。按方向键把光标移动到【Date】项要设置的位置，按 Page Up 键和 Page Down 键选择其值的大小。

> **说明**　只有光标能移动到的地方才能进行修改，设置的格式是月、日、年，星期几会根据设置的月、日、年进行自动更改。

(4)　按照步骤 3 的方法设置【Time】选项，设置的格式是“时、分、秒”。

(5)　按 Esc 键，退到 CMOS 设置主菜单。

(6) 移动光标到【Save & Exit Setup】，按 Enter 键，弹出图 4-4 所示的提示框，询问操作者是否保存修改的设置。

(7) 输入“Y”，表示保存，按 Enter 键确认。如果不希望保存，可以输入“N”再按 Enter 键。

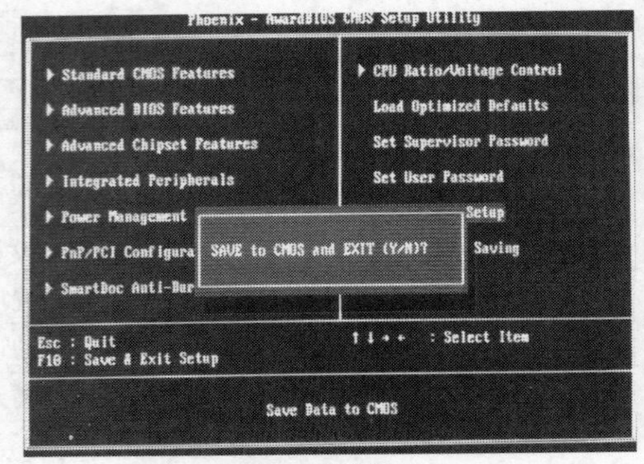

图4-4 保存设置

2. 在 BIOS 中查看自检信息。

在升级计算机硬件时经常会遇到无法正常启动的情况。例如，给计算机增加内存条、硬盘或光驱之后，发现计算机无法正常启动了，或者启动后找不到添加的硬件，出现这种情况后，首先需要查看 BIOS 的自检信息。只有在 BIOS 的自检信息里找到新增加的硬件，才能证明硬件没有故障或者挂接没有出错。这是判断硬件故障最基本、最常用的手段。如果在自检信息里没有找到硬件，应检查硬件是否挂接正确。

(1) 进入 CMOS 设置主菜单。

(2) 按方向键选中【Standard CMOS Features】选项，然后按 Enter 键，进入图 4-3 所示的界面。

说明　图 4-3 中的【Halt On】选项用来确定系统自检发现错误时的处理方式。如果设置为【All Errors】，则系统自检时发现任何硬件错误都将停机。一般都设置为【All Errors】。

(3) 主 IDE 插槽的主盘位置上挂接的是“WDC WD800BB-00JHC0”型号的硬盘，从 IDE 插槽的主盘位置上挂接的是光驱。基本内存、扩展内存、总内存分别是“640KB”，“523264KB”，“524288KB”，如图 4-3 所示。

(4) 把鼠标光标移动到硬盘上，按 Enter 键，可以看到硬盘的详细信息，如图 4-5 所示。

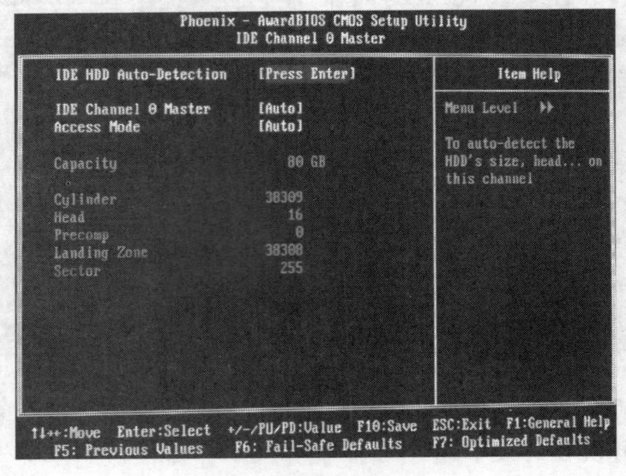

图4-5 硬盘详细信息

（二） 高级 BIOS 特性设置

在高级 BIOS 特性（Advanced BIOS Features）选项中，可以设置系统引导顺序、病毒警告、加电自检加速功能及安全选项等。

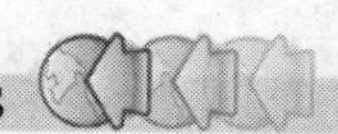

【操作思路】

- 设置系统引导顺序。
- 设置病毒警告。
- 设置加电自检加速功能。
- 开机数字键锁定设置。
- 设置安全选项。

【操作内容】

1. 设置系统引导顺序。

在计算机启动的时候，需要为计算机指定从哪个设备启动。例如，常见的启动方式有硬盘启动和光盘启动两种，在某些特殊的情况下需要指定软盘启动。在需要安装操作系统的时候，就要指定为从光盘启动。下面将讲述如何把系统引导顺序设置成光盘启动。

图4-6　高级 BIOS 特性设置

(1) 进入 CMOS 设置主菜单。

(2) 按方向键选中【Advanced BIOS Features】，然后按 Enter 键，进入图 4-6 所示的界面。

(3) 按方向键移动光标到【First Boot Device】（首选启动设备）选项，用 PageUp 或 PageDown 键设定该项的值为 CDROM。

说明：系统引导顺序由 3 级组成，分别是 First Boot Device（第一启动设备）、Second Boot Device（第二启动设备）和 Third Boot Device（第三启动设备）。系统在启动时按照由前到后的优先顺序查找，从第一个找到的能启动的设备启动计算机。

(4) 按方向键移动光标到【Second Boot Device】（第二启动设备），按 PageUp 或 PageDown 键设定该项的值为【HDD-0】。

(5) 按 F10 键保存设置后退出。

一般情况下，会把 3 个启动设备都设置上，常用的设置是【First Boot Device】选【CD ROM】，【Second Boot Device】选【HDD-0】（主硬盘），【Third Boot Device】选【HDD-0】。如果有两个以上的硬盘，可以选择【Third Boot Device】为其他的硬盘。当需要从光盘启动的时候，只需要把光盘放入光驱即可。当光驱里没有启动光盘时，系统就会去找第二启动设备——主硬盘，启动进入操作系统。这样设置的优点是可以不用反复修改 BIOS 设置，就能选择光盘启动还是硬盘启动；缺点是系统每次启动时都要去读光驱，增加了启动噪音，减少了光驱寿命。

2. 设置病毒警告。

高级 BIOS 特性里有一栏为【Virus Warning】。它是主板 BIOS 中内建的一项磁盘引导区保护功能。它会针对试图修改磁盘引导区的所有操作发出警告信息。

一般情况下把【Virus Warning】设置为【Enabled】，但是在下列情况下必须设置为【Disabled】（停用）。

- 安装操作系统时。
- 升级 BIOS 时。

(1) 进入 CMOS 设置主菜单。

(2) 按方向键选中【Advanced BIOS Features】选项，然后按 Enter 键，进入图 4-6 所示的界面。

(3) 按方向键移动光标到【Virus Warning】选项。

(4) 按 PageUp 或 PageDown 键设置该项的值为【Enabled】(启用)。

(5) 按 F10 键保存设置后退出。

3. 设置加电自检加速。

一般情况下把【Quick Power On Self Test】设置为【Enabled】，这样计算机就会启用简化的自检方式，加快开机的速度。建议计算机安装了新设备后第一次启动时，设置为【Disabled】，让计算机进行完整的自检。当第一次自检正常后，再把该选项设置为【Enabled】，以加快开机速度。

(1) 进入 CMOS 设置主菜单。

(2) 按方向键选中【Advanced BIOS Features】选项，然后按 Enter 键，进入图 4-6 所示的界面。

(3) 按方向键移动光标到【Quick Power On Self Test】选项。

(4) 按 PageUp 或 PageDown 键设定该项的值为【Enabled】(启用)。

(5) 按 F10 键保存设置后退出。

4. 开机数字键锁定设置。

NumLock 键是用来锁住数字小键盘的功能键，在键盘的右上角有个对应的指示灯。按一下 NumLock 键，该指示灯亮，再按一下，该指示灯熄灭。当指示灯亮的时候，数字小键盘上的数字键为数字输入；当指示灯熄灭时，数字小键盘上数字键的输入对应为该键下标的含义，例如，7 键就是 Home 键，8 键是向上键。一般情况下都要把【Boot Up NumLock Status】设置为【Enabled】，这样便于在进入系统前输入密码。

(1) 进入 CMOS 设置主菜单。

(2) 按方向键选中【Advanced BIOS Features】选项，然后按 Enter 键，进入图 4-6 所示的界面。

(3) 按方向键移动光标到【Boot Up NumLock Status】选项。

(4) 按 PageUp 或 PageDown 键设定该项的值为【On】，这样开机时，NumLock 键所对应的指示灯是灭的，数字小键盘的数字键不能输入数字。如果希望开机时不用锁住数字小键盘，可设置该项值为【Off】。

(5) 按 F10 键保存设置后退出。

5. 设置安全选项。

在计算机启动的过程中会遇到几个密码。它们分别是开机密码、进入 CMOS 程序设置的密码和进入操作系统的密码。

对于这个选项的设置，建议读者在安装操作系统这样需要多次重启计算机的过程时把该选项设置为停用，而在其他时候把该选项设置为【Setup】(启用)。这样可以更好地保证计算机的安全，防止非授权用户使用自己的计算机。

(1) 进入 CMOS 设置主菜单。

(2) 按方向键选中【Advanced BIOS Features】选项，然后按 Enter 键，进入图 4-6 所示的界面。

(3) 按方向键将光标移动到【Security Option】选项。
(4) 按 PageUp 或 PageDown 键设定该项的值为【System】，这样在开机的过程中就会提示用户输入开机密码。如果用户认为这样做太麻烦，可以把该项的值设定为【Setup】，这样在开机的过程中就不会要求输入开机密码。
(5) 按 F10 键保存退出。

（三） 计算机健康状况

本操作将讲解怎样查看计算机健康状况（PC Health Status），并演示如何设置 CPU 保护温度。当 CPU 达到或超过设置的温度时，计算机就会自动重启，从而保护 CPU 不至于被烧坏。

【操作内容】

1. 进入 CMOS 设置主菜单。
2. 按方向键选中【Smart Doc Anti-Burn Shield】选项，然后按 Enter 键，进入下级子菜单。
3. 该子菜单中有【CPU 温度】和【系统温度】两个选项，可以查看该子菜单获得系统的运行状态。
4. 按方向键移动光标到【Shutdown By ABS Ⅱ】选项，设置该选项的值为【75℃】。
5. 按 F10 键保存退出。

（四） CPU 倍频/电压控制

本操作将讲解与 CPU 倍频/电压控制（CPU Ratio/Voltage Control）相关的设置。该选项最重要的一个功能就是用来进行 CPU 超频。

说明：CPU 超频就是把 CPU 的实际频率提高到它的标准频率以上，从而使计算机的性能提高。因为 CPU 在生产的时候留下了一定的余地来保证硬件的稳定性，所以才有了超频的余地。如果预备超频，那么一定要注意：（1）一定要设置 CPU 保护温度；（2）一定要使用好的 CPU 风扇，机箱的散热设备也要尽量好一点；（3）环境温度最好不要超过 30℃。

CPU 超频主要有 3 种方法：提高前端总线频率、提高 CPU 倍频、提高 CPU 电压。

【操作思路】

- 了解倍频法。
- 了解前端总线法。

【操作内容】

1. 倍频法公式如下：

CPU 主频＝前端总线频率×倍频

因为有些 CPU 锁住了倍频，所以这种方法不是对所有 CPU 都有效。但这是最常用，也是最简单的方法。

(1) 进入 CMOS 设置主菜单。
(2) 按方向键选中【CPU Ratio/Voltage Control】选项，然后按 Enter 键，进入图 4-7 所示的界面。

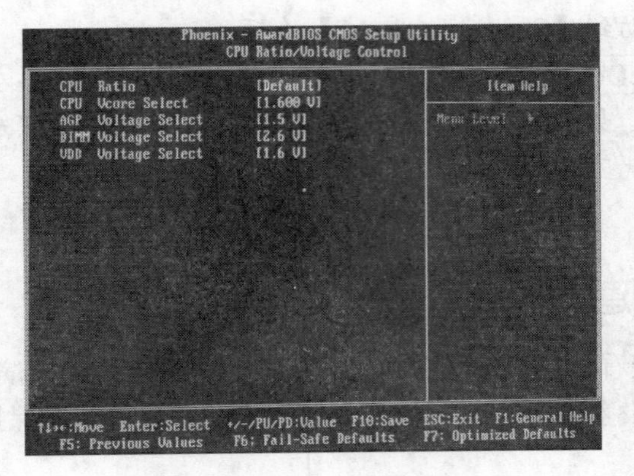

图4-7 CPU 倍频/电压控制

(3) 按方向键移动光标到【CPU Ratio】选项。我们可以看到，默认值是【Default】。

(4) 计算默认值的倍频数。以 AMD 散龙 2800+为例，其标准主频约是 2GHz，标准前端总线频率是 166Hz，“倍频 = 主频/前端总线频率 = 2000/166 = 12”，所以倍频为 12。

(5) 按 PageUp 或 PageDown 键设置该项的值大于 12，但不可太大，一般控制在 20%以内。

(6) 按 F10 键保存退出。

(7) 重新启动计算机试运行，看计算机运行是否稳定，如果出现黑屏或蓝屏，说明超频太多，应进入 BIOS 把【CPU Ratio】选项恢复成【Default】，也可以使用跳线的方法恢复。

2. 前端总线法。

要提高前端总线频率，则要求主板和内存的频率也足够高。

(1) 进入 CMOS 设置主菜单。

(2) 按方向键选中【Advanced Chipset Features】选项，然后按 Enter 键，进入图 4-8 所示的界面。

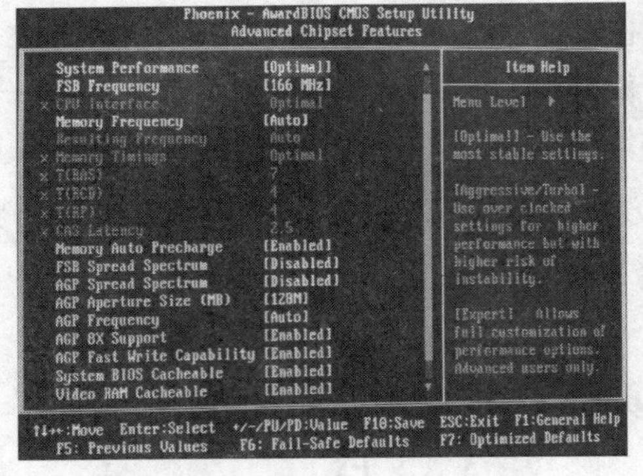

图4-8 Advanced Chipset Features 设置

(3) 移动光标到【FSB Frequency】选项，将原来的“133MHz”修改成“166MHz”。

(4) 按 F10 键保存退出。

(5) 重新启动计算机试运行，如计算机运行不稳定，则应恢复到原来的设置。

（五） 恢复默认设置

前面讲述了两种方法可以恢复 BIOS 的默认设置：跳线和拔 BIOS 电池。但是这两种方

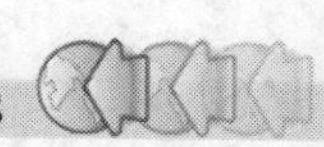

法都需要打开主机机箱。下面讲述一种不需要打开机箱就能恢复默认设置的方法。

【操作内容】

1. 进入 CMOS 设置主菜单。
2. 按方向键选中【Load Optimized Defaults】选项，然后按 Enter 键，弹出图 4-9 所示的提示框。

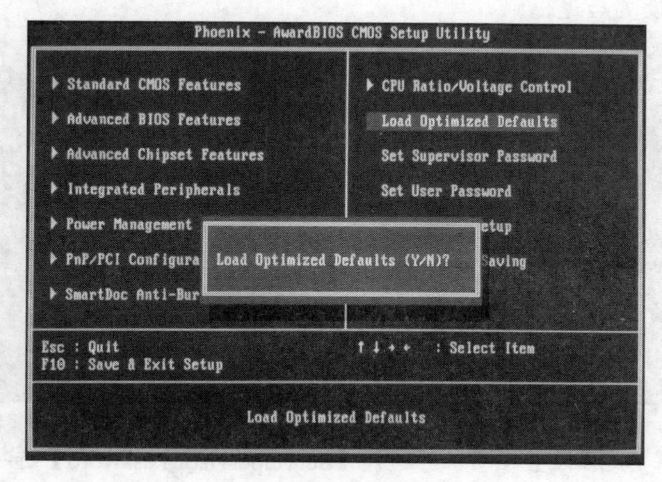

图4-9 恢复 BIOS 默认设置

3. 按键盘上的 Y 键确定。
4. 按 F10 键保存设置后退出。

> **说明** 这种方法在大多数时候能正确地恢复 BIOS 默认设置，只是在少数时候（例如，受到病毒感染）无法用这种方法恢复。在恢复 BIOS 默认设置的时候，可以先考虑用这种方法，在该方法无效的情况下，再使用跳线和拔 BIOS 电池的方法。

（六） 设置超级用户密码

设置超级用户密码（Set Supervisor Password）的目的是为了保护计算机内的资料不被他人盗取或修改，密码分为超级用户密码和普通用户密码。超级用户密码不仅可以开机进入系统，而且还能够修改 BIOS；普通用户密码能控制开机进入系统，查看 BIOS，但不能修改 BIOS。

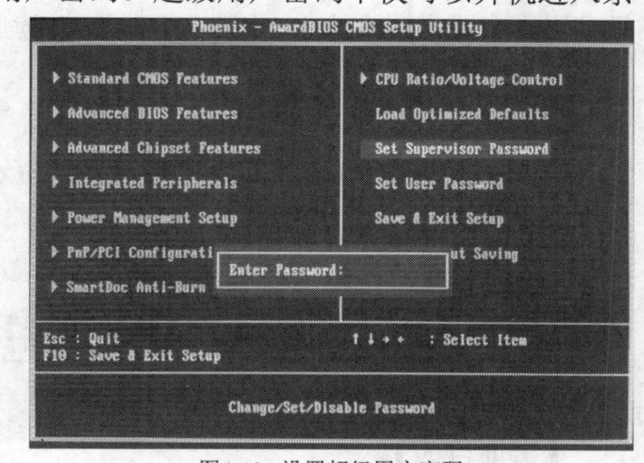

图4-10 设置超级用户密码

【操作内容】

1. 进入 CMOS 设置主菜单。
2. 选中【Set Supervisor Password】选项，然后按 Enter 键。
3. 弹出图 4-10 所示的提示框，在【Enter Password】后面输入密码，再按 Enter 键。

4. 弹出图 4-11 所示的提示框，在【Confirm Password】后面重新输入刚才输入的密码，然后按 Enter 键。

输入的密码可以使用除空格键以外的任意 ASCII 字符，密码最长为 8 个字符，要区分大小写。

5. 按 F10 键保存设置后退出。
6. 重新启动计算机，进入 BIOS 程序，提示输入密码，如图 4-12 所示。

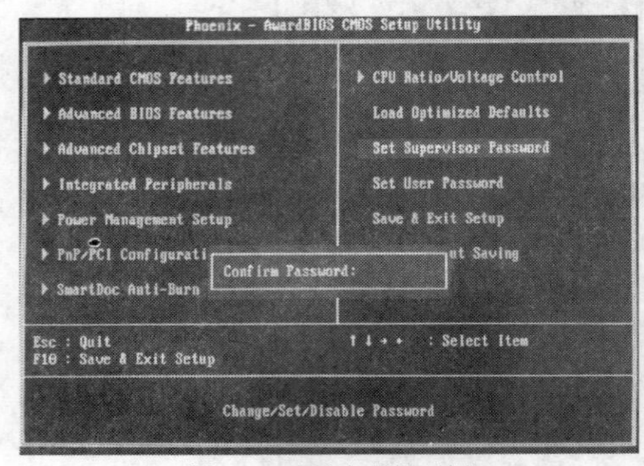

图4-11　确认密码提示框

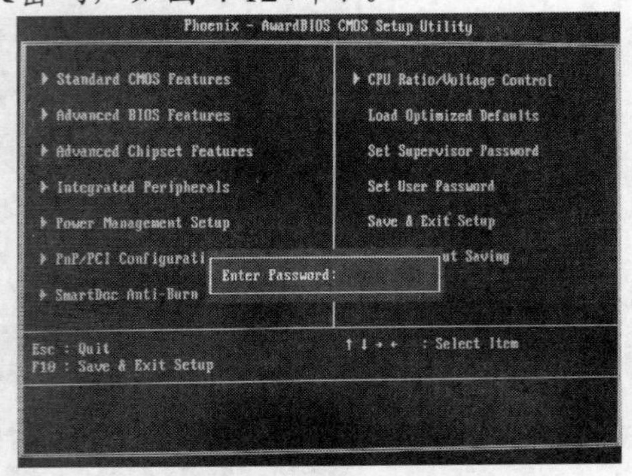

图4-12　进入 BIOS 需输入密码

7. 输入密码后进入 BIOS 设置程序，再选择【Set Supervisor Password】选项，按 Enter 键。
8. 弹出【Enter Password】提示框，如果需要修改密码，就输入新的密码，然后按 Enter 键；如果想要取消密码，就直接按 Enter 键，系统会显示【Invalid Password Press Any Key to Continue】提示框。
9. 如果是修改密码，会弹出【Confirm Password】提示框，要求再输入一次新密码。
10. 按 F10 键保存设置后退出。

【知识链接】

普通用户密码的设置方法与超级用户密码的设置方法基本相同，只需要在主界面上选择【Set User Password】，可参照上面所讲的步骤进行设置。如果忘记了超级用户密码，可以参照前面讲过的跳线法和拔 BIOS 电池法消除密码。但是一定要慎重，不到万不得已时不要使用，因为这两种方法同样会消除 BIOS 中的其他设置。在【Advanced BIOS Features】选项下有一项【Security】，它有两种选择：【System】和【Setup】。如果选择【System】，则计算机在启动时则会要求用户输入 BIOS 密码才能继续启动；如果选择【Setup】，则会继续启动。

（七）　其他设置

BIOS 上还有一些选项，如【Save & Exit Setup】（保存和退出）和【Exit Without Saving】（不保存退出），这里就不再做详述，读者可以自己动手试验一下，看看会有什么效果。

项目实训　安装操作系统前后设置 BIOS

【实训目的】

通过一个综合实训来检验读者对本项目所介绍的进入 BIOS 设置程序、标准 CMOS 设

置、高级 BIOS 特性设置、CPU 倍频/电压控制及设置超级用户密码等 BIOS 设置方法的掌握情况。

安装操作系统前设置 BIOS

【操作步骤】

1. 启动计算机时按 Delete 键，进入 BIOS 设置程序。
2. 进入【Standard CMOS Features】。
3. 设置系统日期和时间。
4. 将【Halt On】设置为【All Errors】。
5. 按 Esc 键退回到主菜单，进入【Advanced BIOS Features】。
6. 将【Virus Warning】设置为【Disabled】。
7. 将【Quick Power On Self Test】设置为【Disabled】。
8. 将【First Boot Device】设置为【CDROM】。
9. 将【Security Option】设置为【Setup】。
10. 按 Esc 键退回到主菜单，进入【Advanced Chipset Features】。
11. 将【FSB Frenquecy】设置为 CPU 对应的前端总线标准频率。
12. 将【Memory Frenquecy】设置为内存对应的前端总线频率。
13. 按 Esc 键退回到主菜单，进入【SmartDoc Anti-Burn Shield】。
14. 将自动关机温度【Shutdown By ABS Ⅱ】设置为【75℃】。
15. 查看 CPU 温度和系统温度是否正常。
16. 查看风扇转速是否正常。
17. 查看各项电压是否稳定，与额定的电压的差值不能超过 10%。
18. 按 Esc 键退回到主菜单，进入【CPU Ratio/Voltage Control】。
19. 按 Esc 键退回到主菜单，进入【Set Supervisor Password】。
20. 按 Esc 键退回到主菜单，选择【Save & Exit Setup】保存设置后退出，也可直接按快捷键 F10。

安装完操作系统后设置 BIOS

很多人觉得安装完操作系统后就万事大吉了，其实不然。安装完操作系统后修改一些必要的 BIOS 设置能优化系统的启动速度，增加系统的安全性。

【操作步骤】

1. 设置系统引导顺序为【硬盘启动优先】。
2. 设置病毒警告为【Enable】。
3. 设置加电自检为【快速启动】。
4. 设置数字键盘锁定为【关闭】。

项目小结

本项目讲解了有关计算机的 BIOS 设置，主要讲解了 BIOS 的一些基础知识，包括 BIOS 的主要功能、分类、BIOS 与 CMOS 的关系，并详细介绍了有关计算机 BIOS 的设置

方法，主要讲解了消除BIOS密码的方法、标准CMOS的设置、高级BIOS的设置、如何在BIOS中查看自检信息、系统引导顺序的设置方法、病毒警告的设置方法、加速自检的设置方法、开机数字键锁定设置、如何查看计算机的健康状况、超级密码和普通用户密码的设置与更改、恢复BIOS默认设置的方法及CPU超频的方法。最后通过一个综合案例演示了在安装操作系统前后应该如何设定BIOS。

思考与练习

一、选择题

1. BIOS系统时间在（　　）进行设置，系统引导顺序在（　　）进行设置，恢复BIOS默认设置应选（　　）。
   （A）Standard CMOS Features　　（B）Advanced BIOS Features
   （C）PC Health Status　　（D）Load Optimized Defaults
2. 如果希望把系统引导顺序设置成光盘启动优先，应把（　　）设置成CDROM。
   （A）First Boot Device　　（B）Second Boot Device
   （C）Third Boot Device　　（D）Important Boot Device
3. 在数字键盘锁定（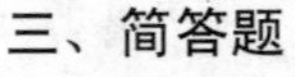NumLock）指示灯（　　）时可以用数字小键盘输入数字。
   （A）亮　　（B）灭
4. 如果希望修改BIOS中的设置，需要用（　　）。
   （A）普通用户密码　　（B）超级用户密码
5. 在安装操作系统以前，需要将病毒警告（Virus Warning）设置成（　　）。
   （A）Enabled　　（B）Disabled
6. 如果不想保存本次修改的BIOS设置，在退出BIOS设置程序时应选择（　　）。
   （A）Save & Exit Setup　　（B）Exit Without Saving

二、填空题

1. 如果忘记了BIOS的密码，可以用________或________两种方法消除BIOS密码。
2. 如果需要恢复BIOS设置到默认设置，有________、________或________3种方法可用。

三、简答题

什么是BIOS？什么是CMOS？

构建计算机软件系统

在完成计算机的组装以后，各种配件已经成功地组成了一个完整的计算机硬件体系，这时就完成了计算机躯壳的搭建，要让计算机“活”过来，还必须配置必要的软件环境。在计算机的所有软件中，操作系统是最重要也是最基础的，需要在新组装的计算机上最先安装，为其他软件的安装提供软件环境。

本项目以 Windows 7 操作系统的安装为例，介绍硬盘格式化和操作系统安装的一般方法，再介绍驱动程序的安装方法，最后通过一款常用工具软件的安装和卸载介绍讲解常用软件安装和卸载的方法。

学习目标

掌握 Windows 7 操作系统的安装方法。
掌握驱动程序的安装方法。
了解常用工具软件的安装与卸载。

任务一 掌握 Windows 7 操作系统的安装方法

计算机要正常工作，就必须安装操作系统。操作系统（Operating System，OS）是一个管理计算机硬件与软件资源的程序，同时也是计算机系统的内核与基石。

（一）安装前的准备

在安装之前，用户还应该对硬盘的分区以及分区格式的相关知识进行学习，并了解安装操作系统的一般步骤。

1. 常用的操作系统

目前，大多数家庭及普通办公用的计算机中安装的操作系统主要有 Windows 家族的 Windows XP、Windows 7 操作系统以及 Linux 操作系统和 UNIX 操作系统。其中 Linux 操作系统开放源代码，性能更稳定；UNIX 操作系统是一个强大的多用户、多任务操作系统，它们的操作界面如图 5-1 和图 5-2 所示。

图5-1　Linux 操作界面

图5-2　UNIX 操作界面

2. 硬盘分区的基础知识

一块新的硬盘可以用一张白纸来形容，里面什么都没有。为了能够更好地使用它，需要先在“白纸”上划分出若干个小块，这个操作称为硬盘分区。

硬盘的分区主要有主分区、扩展分区和逻辑分区。

(1) 主分区。要在硬盘上安装操作系统，则该硬盘必须有一个主分区，主分区中包含操作系统启动所必需的文件和数据。

(2) 扩展分区。扩展分区是除主分区以外的分区，但它不能直接使用，必须再将它划分为若干个逻辑分区才行。

(3) 逻辑分区。逻辑分区也就是平常在操作系统中所看到的 D、E、F 等盘。这 3 种分区之间的关系示意图如图 5-3 所示。

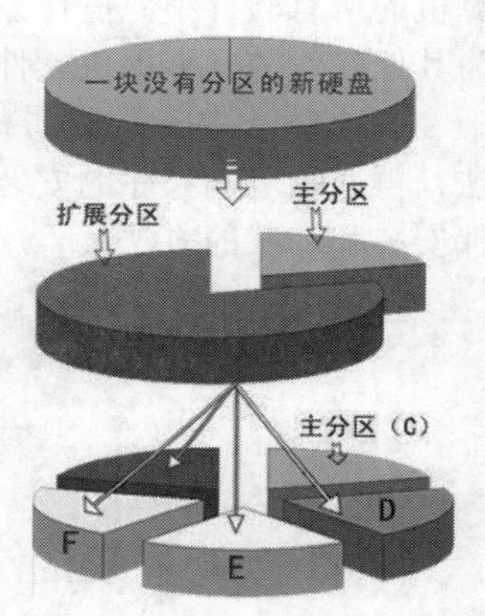

图5-3　3 种分区之间的关系示意图

3. 分区格式简介

分区格式是指文件命名、存储和组织的总体结构，通常又被称为“文件系统格式”或“磁盘格式”。Windows 操作系统目前支持的分区格式主要有 FAT32 和 NTFS，Linux 则采用了 Ext、Swap 分区格式。

(1) FAT32 分区格式。FAT32 曾经是使用最为广泛的分区格式，它采用 32bit 文件分配表，磁盘的空间管理能力大大增强，最大支持容量为 8GB 的硬盘。Windows 2000 和 Windows XP 等操作系统都支持这一磁盘分区格式，Linux Redhat 部分版本也对 FAT32 提供有限支持。

但这种分区格式由于文件分配表的扩大，运行速度比采用 FAT16 分区格式的磁盘要慢，特别是在 DOS 7.0 下性能差距更明显。同时，由于早期 DOS 不支持这种分区格式，所以早期的 DOS 系统无法访问使用 FAT32 格式分区的磁盘。

(2) NTFS 分区格式。NTFS 是 Microsoft 为 Windows NT 操作系统设计的一种全新的分区格式，它的优点是安全性和稳定性极其出色，在使用中不易产生文件碎片。Windows 2000、Windows XP 和 Windows 7 等操作系统支持这一磁盘分区格式，是目前应用最广泛的分区格式。

4. **操作系统安装的主要步骤**

操作系统的类型虽然很多，但主要安装步骤都具有相同之处，常见的安装步骤如图 5-4 所示。

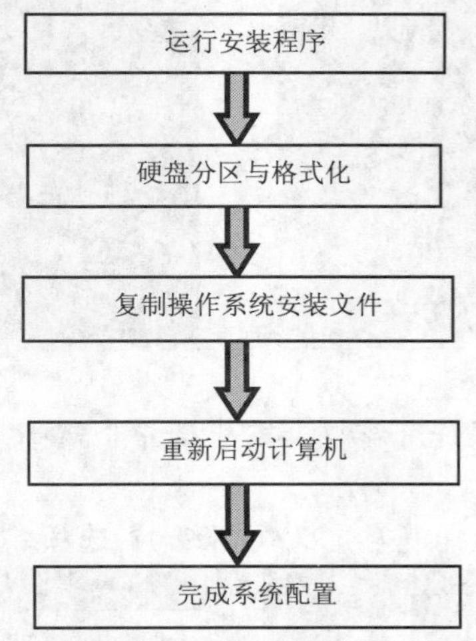

图5-4　操作系统的安装步骤

（二）使用光盘安装 Windows 7 系统

下面介绍在一个 60GB 硬盘上面安装 32 位 Windows 7 旗舰版操作系统。其中 20GB 用于系统盘，40GB 用于文件盘。安装步骤如下。

【操作步骤】

1. 设置光盘为第一启动项，重启电脑。
2. 将 Windows 7 安装光盘放入光驱，引导系统将引导 Windows 7 进入安装界面，等待一段时间，直到出现安装 Windows 7 安装窗口，在【要安装的语言】下拉列表框选择【中文（简体）】语言，单击 下一步(N) 按钮，如图 5-5 所示。

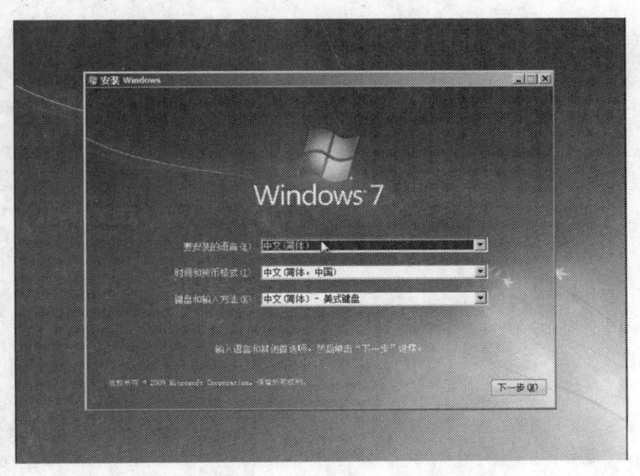

图5-5　Windows 7 安装界面

3. 出现安装窗口，单击 现在安装(I) 按钮，如图 5-6 所示。
4. 出现安装程序启动窗口，如图 5-7 所示。

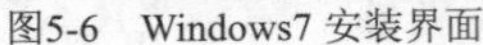

图5-6　Windows7 安装界面

图5-7　安装程序启动界面

5. 等待一段时间后，出现安装许可窗口，首先选中 我接受许可条款(A) 复选框，然后单击 下一步(N) 按钮，如图5-8所示。
6. 出现安装类型选择窗口，选择【自定义（高级）】选项，如图5-9所示。

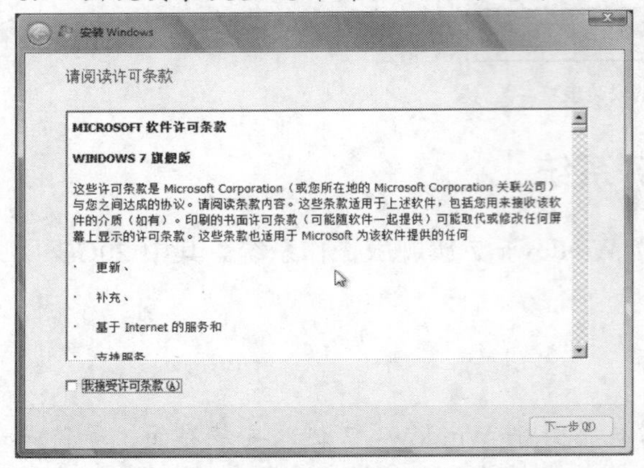

图5-8　Windows7 许可界面

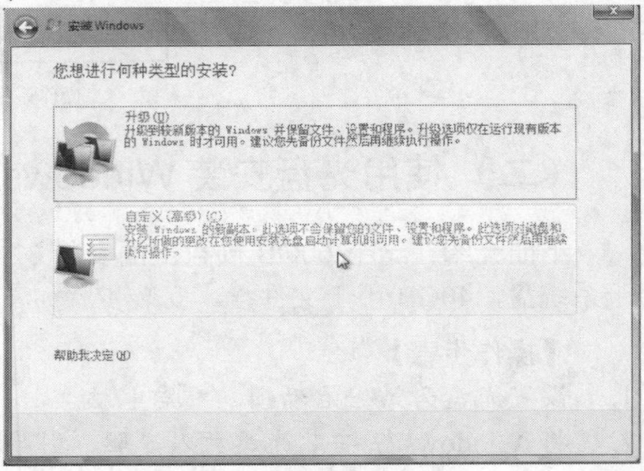

图5-9　安装类型选择界面

7. 出现分区窗口，选择 驱动器选项(高级)(A) 选项，如图5-10所示。
8. 在安装窗口选择 新建(E) 选项，创建一个新的分区。如图5-11所示。

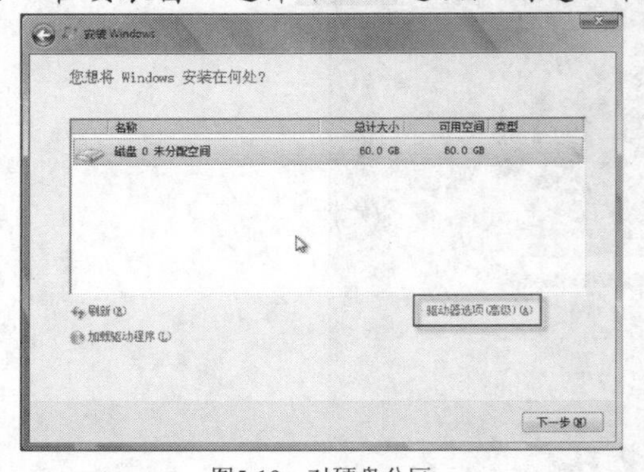

图5-10　对硬盘分区

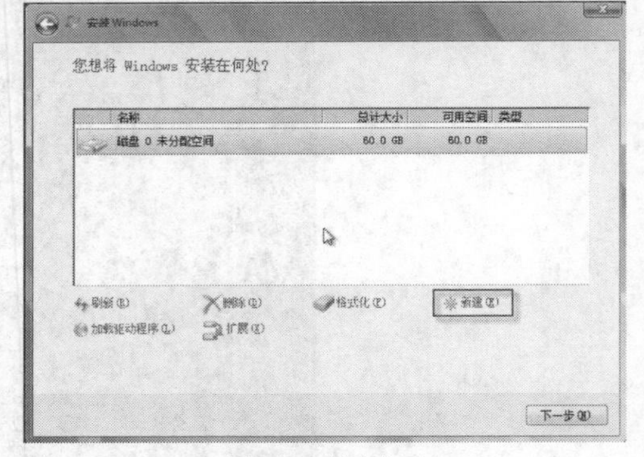

图5-11　新建分区

9. 在出现的文本框输入“20480”，然后单击 应用(P) 按钮，如图5-12所示。
10. 弹出额外空间分配警告对话框，单击 确定 按钮完成分区，如图5-13所示。

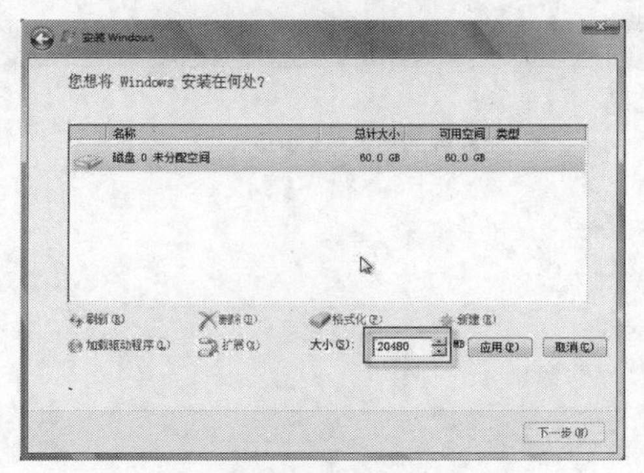

图5-12　输入分区大小

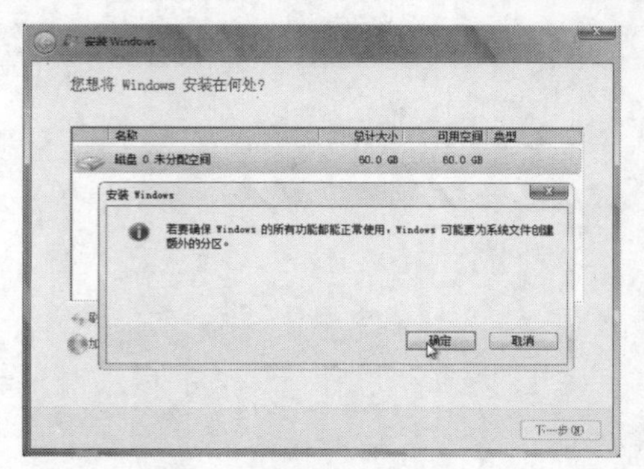

图5-13　系统创建额外分区

说明　文本框输入的是要分区的系统盘的大小，此处输入 20480 表示 20 480MB 也就是 20GB，用户可以根据自己电脑硬盘大小调整系统盘的大小。

11. 出现分区结束窗口，一共 3 个分区，选择【磁盘 0 分区 2】选项，选择 19.9GB 的主分区，再选择 格式化(F) 选项，如图 5-14 所示。
12. 弹出格式化警告对话框，单击 确定 按钮，几秒钟后格式化完毕，单击 下一步(N) 按钮，如图 5-15 所示。

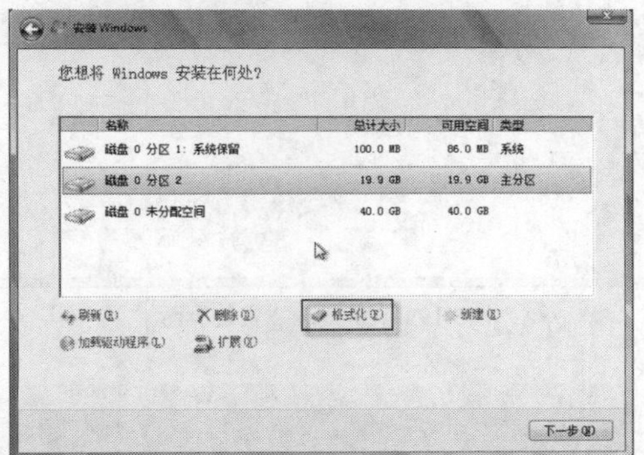

图5-14　选择主分区

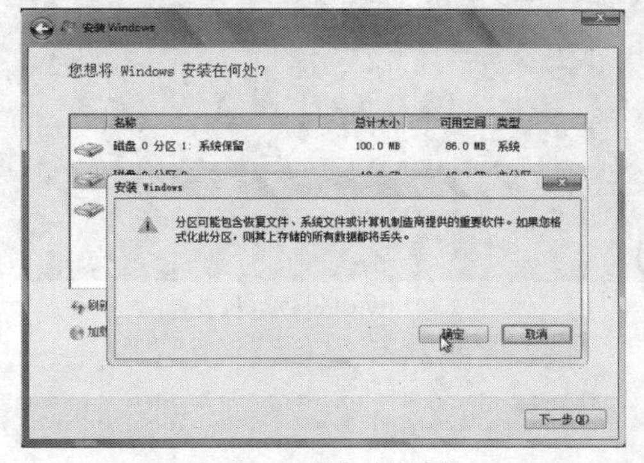

图5-15　对硬盘的格式化

说明　这里只需先划分出用于安装操作系统的主分区即可，将扩展分区划分为逻辑分区的操作可以待操作系统安装完成后，使用 Windows 7 下的磁盘管理器功能来实现，更加方便快捷。

13. 出现 Windows 自动安装窗口，等待 Windows 7 复制文件及安装。安装过程中不要取出安装光盘，否则安装失败。如图 5-16 所示。
14. 安装更新后，计算机将会重启，此时可以取出光盘。如图 5-17 所示。
15. 电脑重新启动后将看到漂亮的 Windows 7 启动界面，并进行注册表设置，如图 5-18 所示。
16. 注册表设置好以后，进入安装界面继续安装，如图 5-19 所示。
17. 在安装过程中，计算机将重启多次，直到出现如图 5-20 所示的窗口，在【键入用户名】文本框输入用户名，在【键入计算机名称】文本框输入计算机名，再单击 下一步(N) 按钮。
18. 出现账户设置密码窗口，在【键入密码】文本框输入密码，并在【再次键入密码】文本框再次输入密码，在【键入密码提示】文本框填写密码提示，单击 下一步(N) 按钮，如图 5-21 所示。

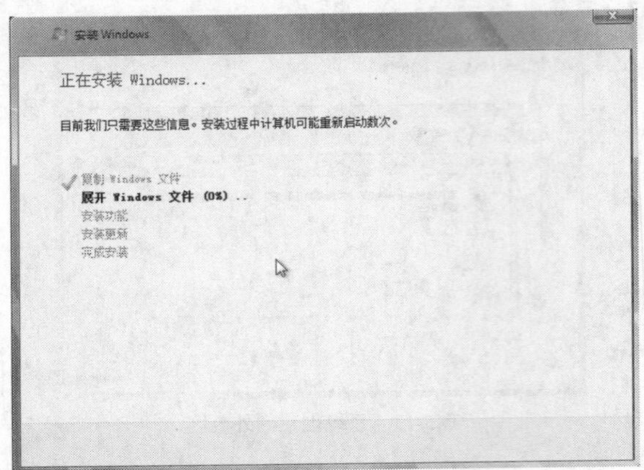

图5-16　Windows 自动安装

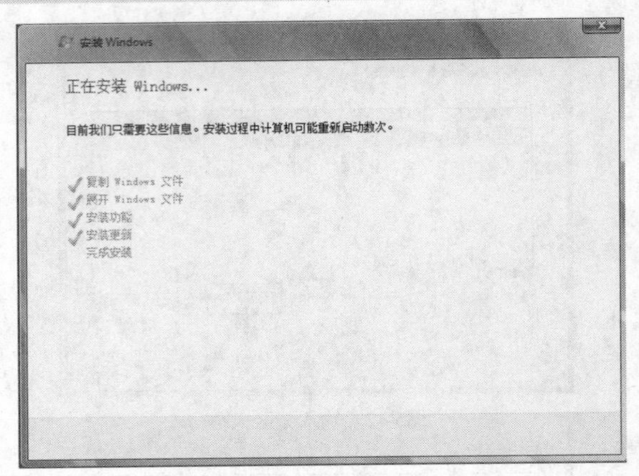

图5-17　复制展开文件

图5-18　Windows7 开机设置

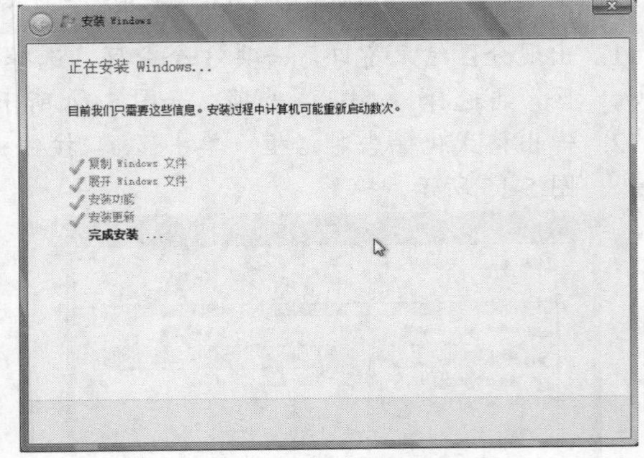

图5-19　Windows 7 安装界面

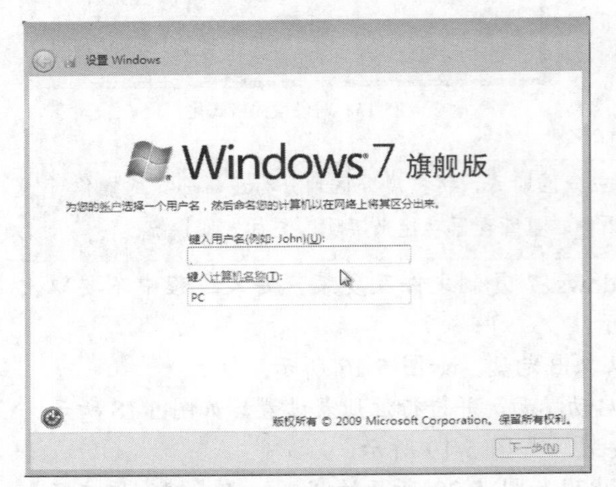

图5-20　键入计算机名和用户名

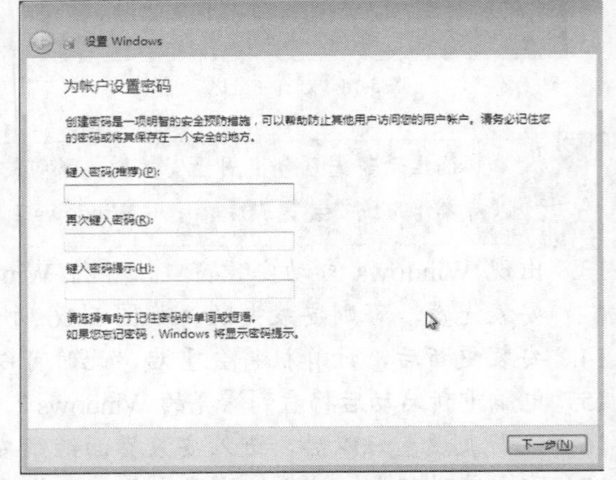

图5-21　设置账户密码

说明：在此处可以不设置密码，而直接单击 下一步(N) 按钮，可以在以后的控制面板用户账户管理中设置密码。

19. 出现产品密钥窗口，在产品密钥文本框输入 Windows 7 旗舰版密钥，选中【当我联机时自动激活】复选框，单击 下一步(N) 按钮，如图 5-22 所示。
20. 出现更新设置窗口，选中【使用推荐设置】选项，Windows 7 将自动为我们安装更新，如图 5-23 所示。

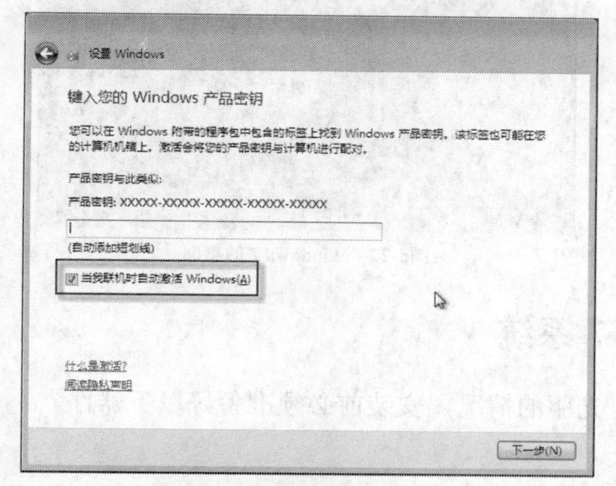

图5-22 键入产品密钥

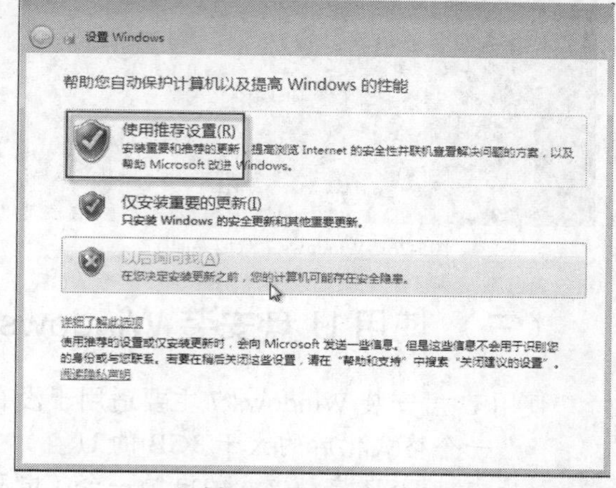

图5-23 选择安全级别

说明

在此处可以不输入产品密钥，而直接单击 下一步(N) 按钮，这样将会安装试用版本，可以在安装好后再输入密钥激活。

21. 出现时间设置窗口，在【市区】下拉列表选择（UTC+08:00）北京选项，【日期】栏设置日期，【时间】文本框输入时间。单击 下一步(N) 按钮，如图 5-24 所示。
22. 出现网络设置窗口，根据不同的地方选择所需网络，这里选择【家庭网络】选项。如图 5-25 所示。

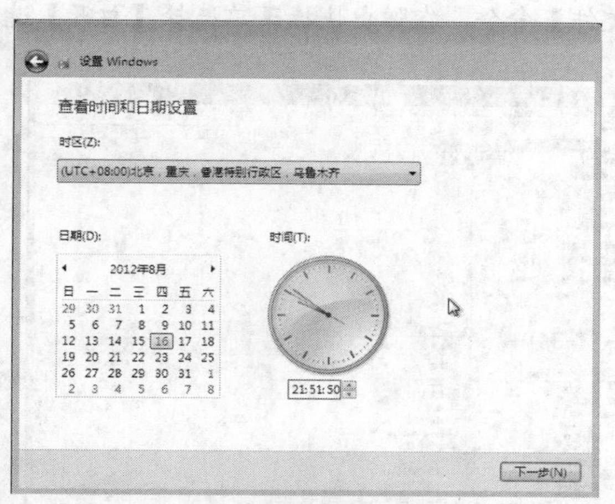

图5-24 设置系统时间

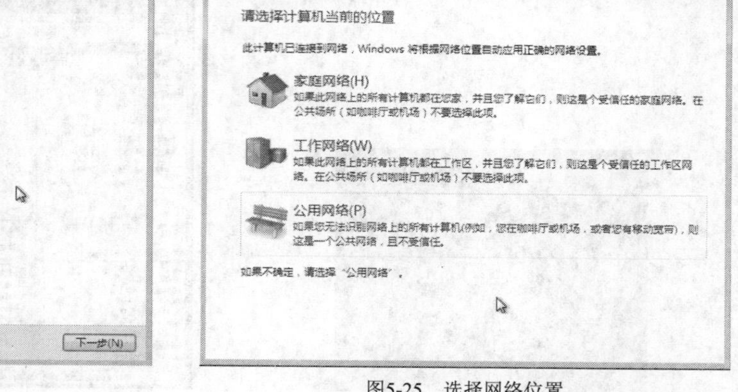

图5-25 选择网络位置

23. 出现欢迎界面，完成 Windows 7 基本设置，如图 5-26 所示。
24. 一段时间后出现 Windows 7 桌面，完成 Windows 7 安装，如图 5-27 所示。

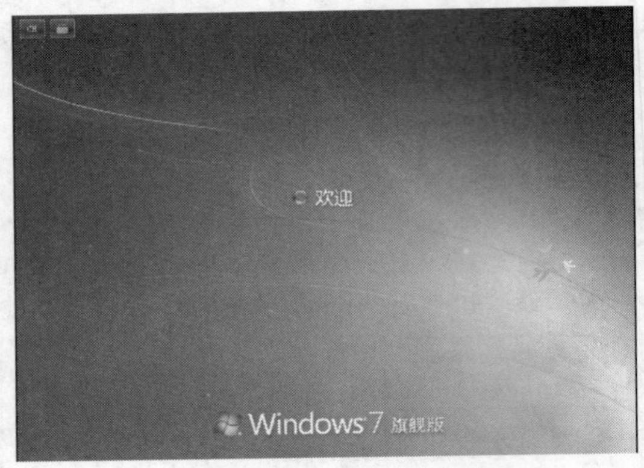

图5-26　Windows 7 欢迎界面

图5-27　Windows 7 的桌面

（三）使用 U 盘安装 Windows 7 系统

使用 U 盘安装 Windows 7 主要适用于没有光驱的情况，安装前必须准备好以下器件。

- 一个格式化后的大于 3GB 的 U 盘。
- 支持 USB 启动方式的电脑一台（电脑 A）。
- 一个已安装 Windows 操作系统计算机一台（电脑 B）。
- UltraISO 软件（可以在相关网站下载）。
- Windows 7 镜像文件（可以在相关网站下载）。

本次实例在电脑 A 上面通过 U 盘安装 Windows 7 操纵系统，首先要在电脑 B 上制作启动 U 盘。安装步骤如下。

【操作步骤】

1. 将软件 UltraISO 安装在电脑 B 上，双击桌面 UltraISO 图标，如图 5-28 所示。
2. 弹出 UltraISO 窗口，在菜单栏中选择【文件】命令，在弹出快捷菜单选择【打开】选项，如图 5-29 所示。

图5-28　UltraISO 图标

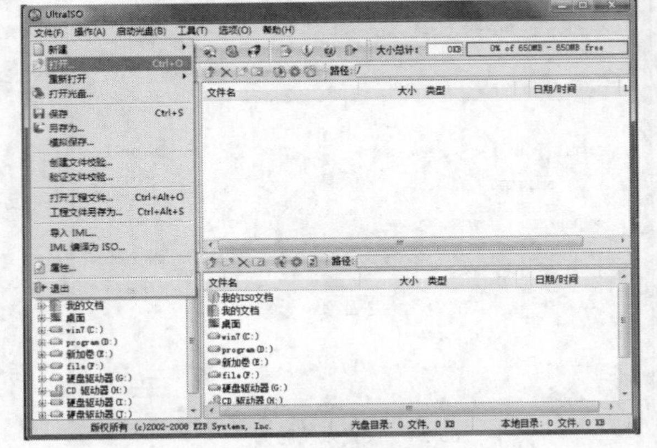
图5-29　UltraISO 窗口

说明

如果电脑 B 使用 Windows 7 或更高系统，此处需用鼠标右键单击 UltraISO 图标，在弹出的快捷菜单选择【以管理员身份运行】选项。否则在后面步骤会弹出错误提示。

3. 弹出打开文件窗口，找到准备好的 Windows 7 镜像文件，然后双击该文件，如图 5-30 所示。

4. UltraISO 软件将出现有关 Windows 7 的一些系统安装文件信息，如图 5-31 所示。

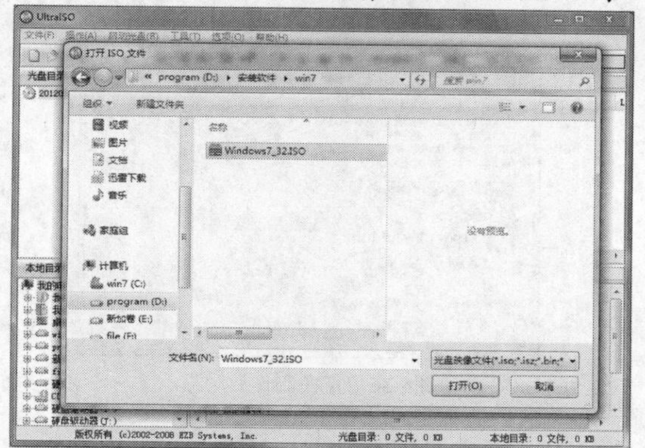

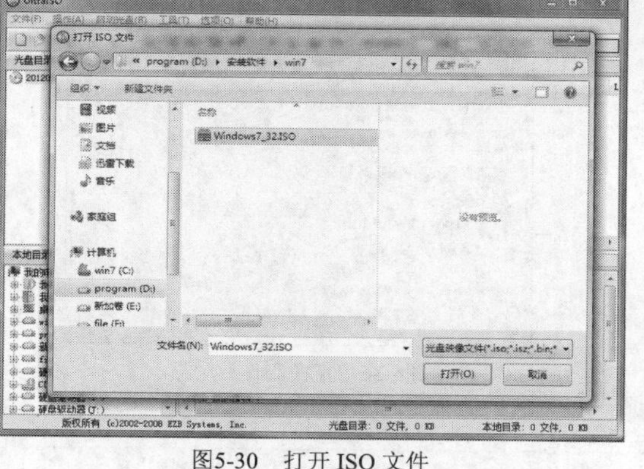

图5-30　打开 ISO 文件

图5-31　打开 Windows 安装镜像

5. 在菜单栏中选择【启动光盘】命令，在弹出的快捷菜单中选择【写入硬盘映像】选项，如图 5-32 所示。

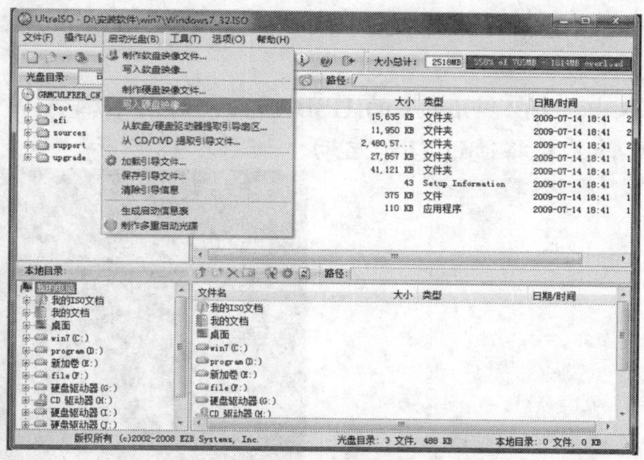

图5-32　写入硬盘映像

6. 弹出写入硬盘映像对话框，在【写入方式】下拉菜单中选择【USB-HDD】选项，如图 5-33 所示。

7. 在写入硬盘映像中单击 写入 按钮，如图 5-34 所示。

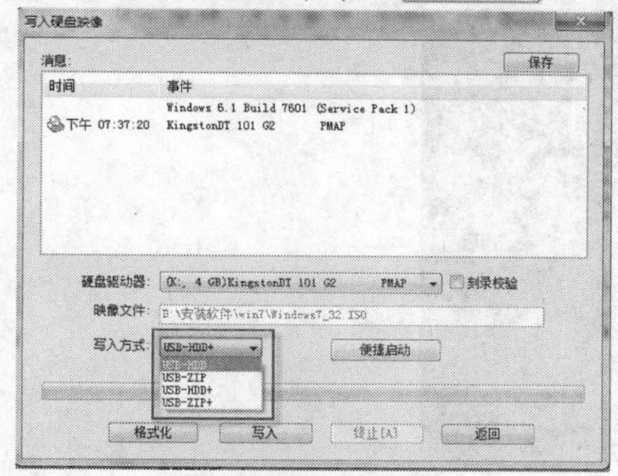

图5-33　选择写入方式

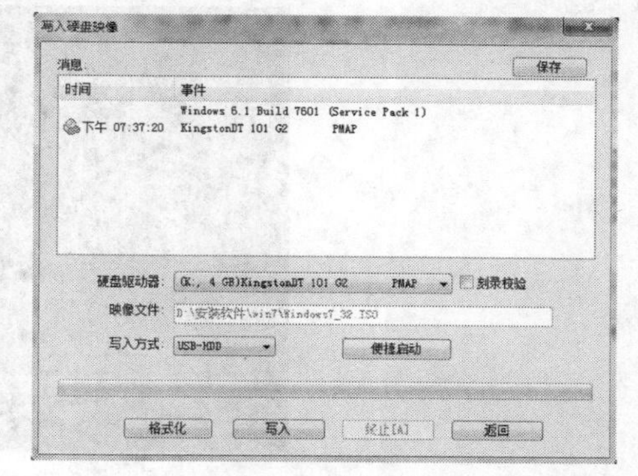

图5-34　确定写入

8. 弹出一个提示窗口，检查【驱动器】是否为 U 盘，确认后单击 是(Y) 按钮，如图 5-35 所示。
9. 软件将自动开始制作启动 U 盘，写入硬盘映像窗口下方显示制作进度。如图 5-36 所示。

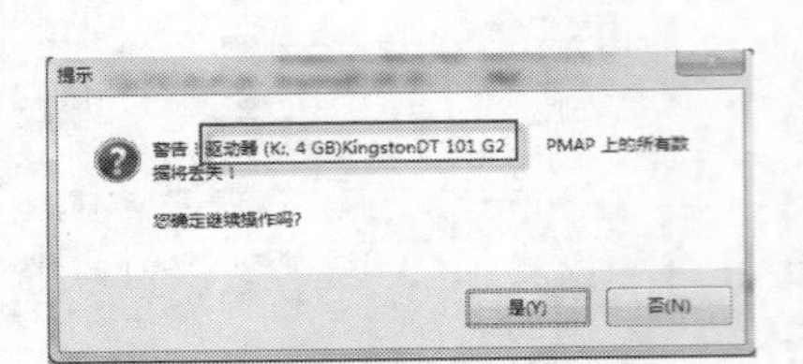

图5-35　提示窗口

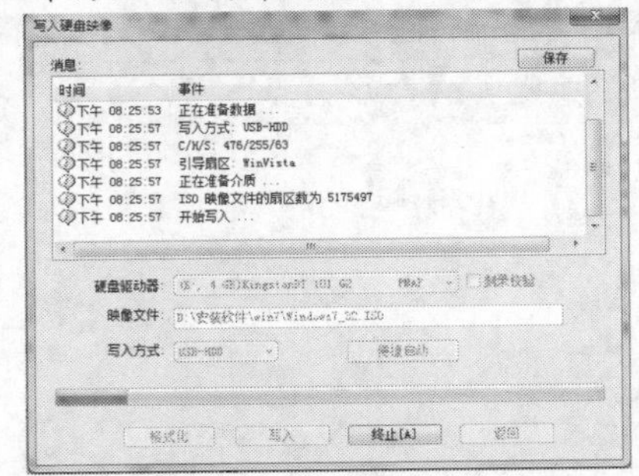

图5-36　正在制作启动盘

说明：此处一定要核对好是否要写入的驱动器是否为自己的 U 盘，因为写入前会将指定的驱动器格式化，误操作可能会格式化其他驱动盘的数据。（K: 4GB）表示驱动器号为 K，容量为 4GB。

10. 一段时间后，如果【消息】对话框提示刻录成功，说明启动 U 盘制作成功。如图 5-37 所示。
11. 将 U 盘从电脑 B 取出，插入电脑 A 的 USB 插孔，启动电脑 A 首先设置 USB 为第一启动，重启电脑 A 后计算机将通过 U 盘启动，如图 5-38 所示。

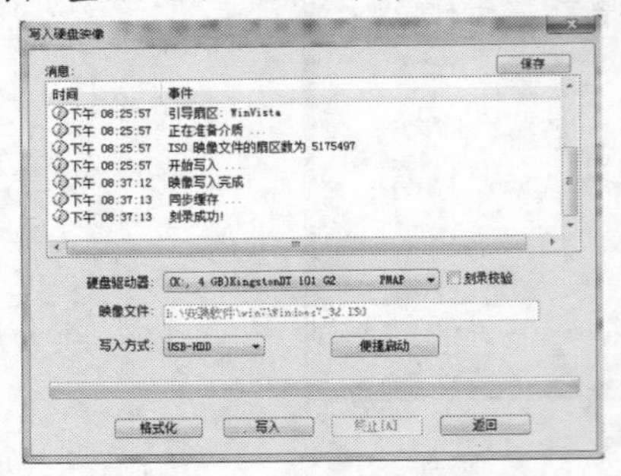

图5-37　启动盘刻录成功

图5-38　成功从 U 盘引导

12. 通过 U 盘成功引导后，会出现和光盘一样的安装界面，后面的操作和光盘安装方式一样。如图 5-39 所示。

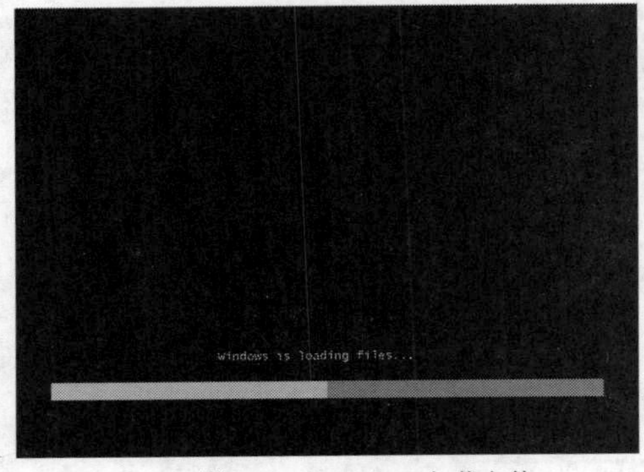

图5-39　Windows 7 加载文件

（四）使用 Windows 7 磁盘管理器新建分区

使用 Windows 7 的磁盘管理器功能可以帮助用户新建更多的分区，其主要步骤如下。

【操作步骤】

1. 在桌面上右键单击“计算机”图标，在弹出的快捷菜单中选择【管理】命令，打开【计算机管理】窗口，然后选择左边的【磁盘管理】选项，打开磁盘管理界面，如图 5-40 所示。

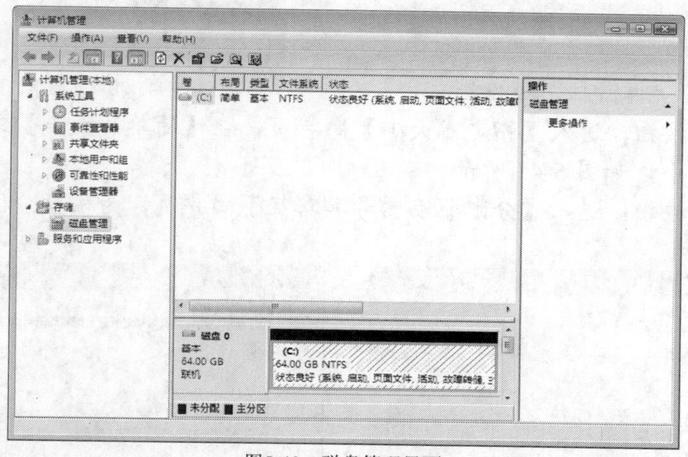

图5-40　磁盘管理界面

2. 右键单击窗口中的 C 盘，在弹出的快捷菜单中选择【压缩卷】命令，弹出【压缩 C:】对话框，如图 5-41 所示。
3. 单击 压缩(S) 按钮，系统将自动压缩 C 盘，并将 C 盘中未分配的空间划分出来，如图 5-42 所示。

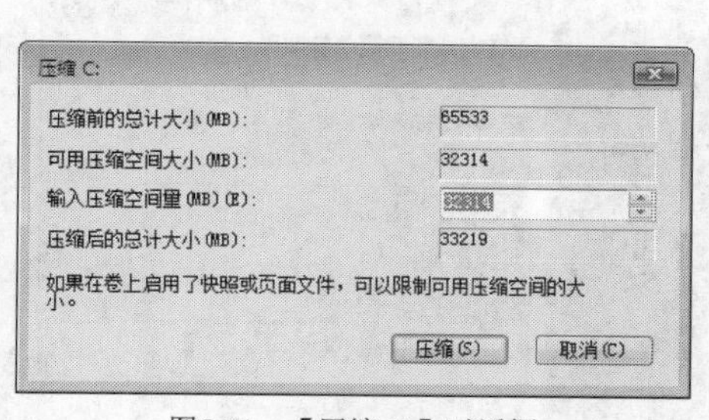

图5-41　【压缩 C:】对话框

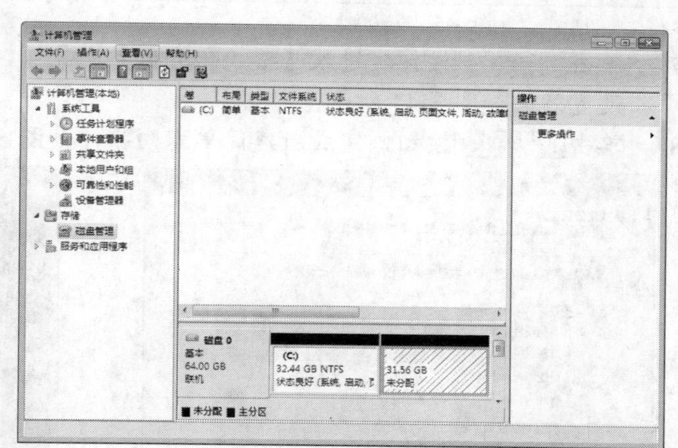

图5-42　划出未分配的空间

4. 右键单击压缩出来的空间，如图 5-43 所示，在弹出的快捷菜单中选择【新建简单卷】命令，弹出【新建简单卷向导】对话框，如图 5-44 所示。

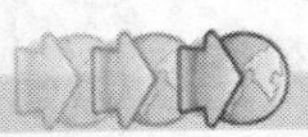

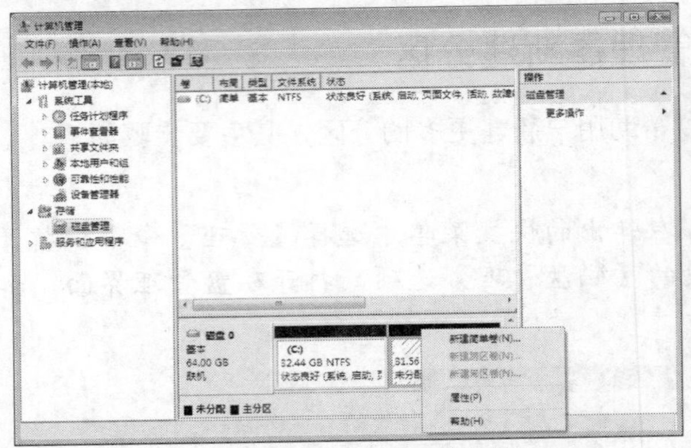

图5-43　右键单击未分配的空间

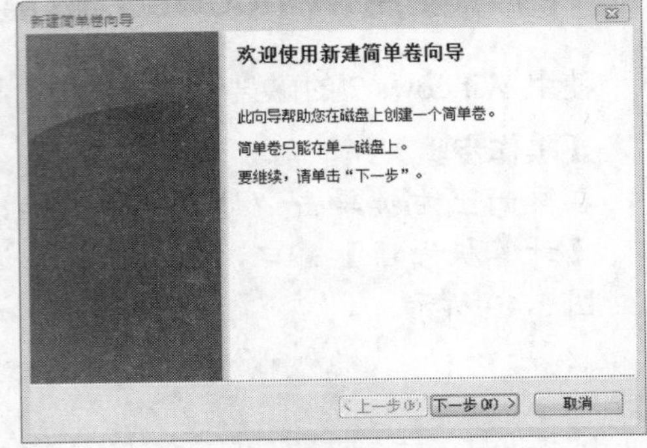

图5-44　【新建简单卷向导】对话框

5. 单击 下一步(N) > 按钮，进入【指定卷大小】向导页，在【简单卷大小】文本框中输入新建磁盘分区的大小，如图 5-45 所示。
6. 单击 下一步(N) > 按钮，进入【分配驱动器号和路径】向导页，为磁盘分区分配驱动器号，如图 5-46 所示。

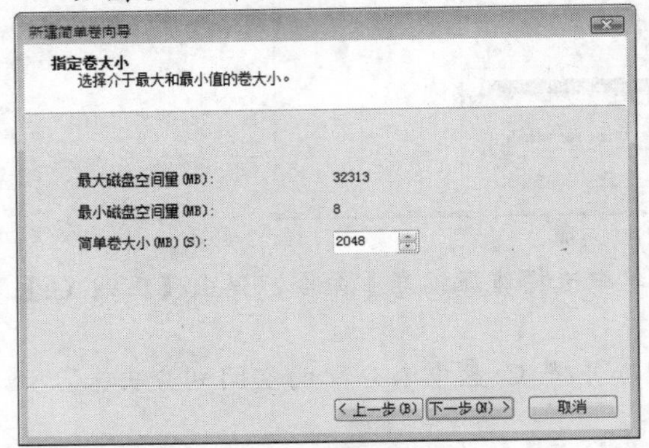

图5-45　设置卷大小

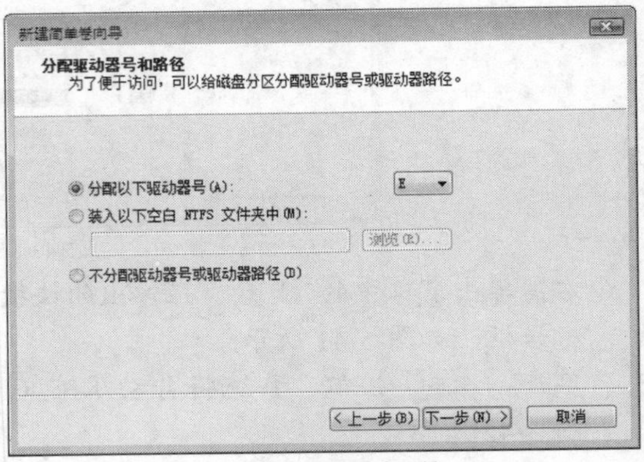

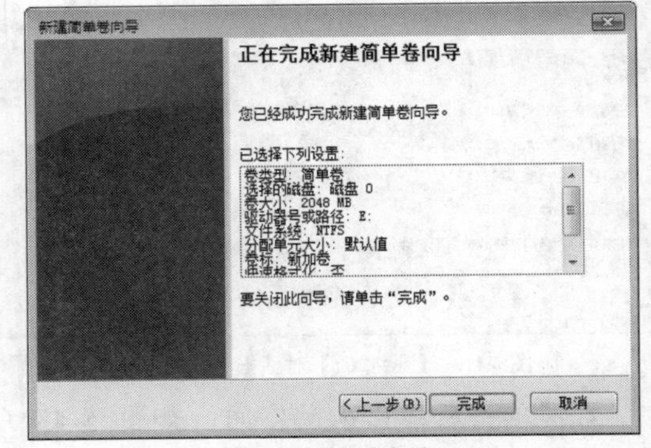

图5-46　分配驱动器号

7. 单击 下一步(N) > 按钮，进入【格式化分区】向导页，用户可选择是否格式化这个卷，最终设置效果如图 5-47 所示。
8. 单击 下一步(N) > 按钮，完成新建简单卷向导，如图 5-48 所示。

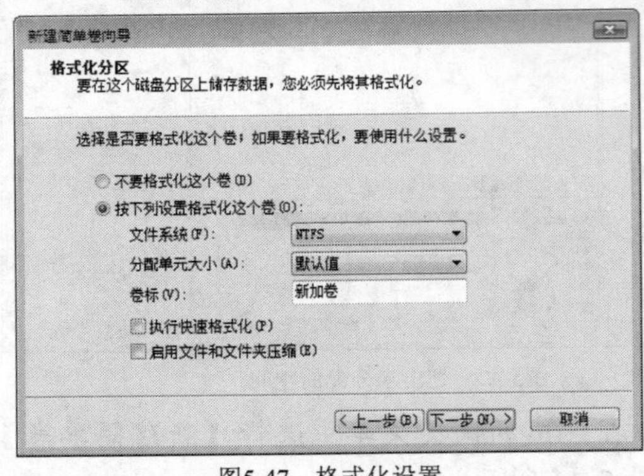

图5-47　格式化设置

图5-48　完成向导

9. 单击 完成 按钮，计算机将新建磁盘分区并将其格式化，如图 5-49 所示。
10. 格式化完成后，便创建了新的分区，如图 5-50 所示。

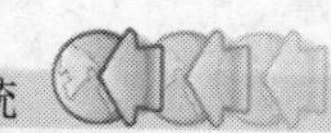

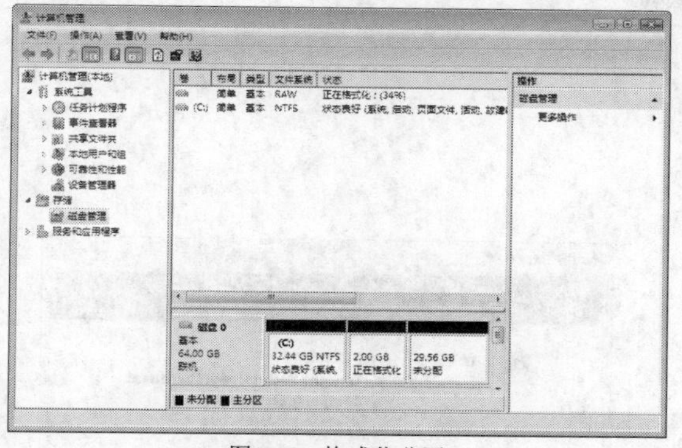
图5-49 格式化分区

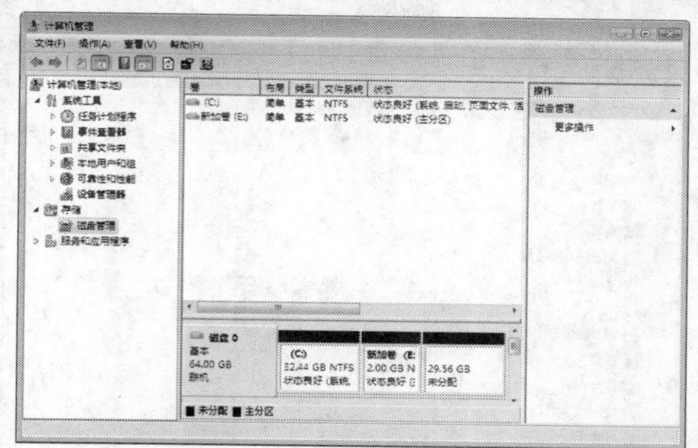
图5-50 新建的分区

任务二 掌握应用程序的安装和管理方法

一台计算机上如果没有安装应用程序，其主要功能将大大受限。应用程序能拓展计算机的应用领域，增强计算机的功能。

（一） 安装应用程序

在 Windows 操作系统平台上能够安装种类丰富的应用程序，每个应用程序的安装过程虽然不尽相同，但是通常需要经历以下几个重要环节。

- 双击软件的安装文件，安装文件的名称一般为 setup.exe 或 install.exe。
- 选择是否接受有关的协议。一般情况下，用户都应选择同意协议。
- 输入用户信息，包括用户名和所在单位名称等。
- 输入软件的安装密钥。
- 确定软件的安装目录。
- 确定软件的安装方式和安装规模。
- 安装程序复制文件。
- 确定是否进行软件注册。

说明：安装应用程序并不是将程序简单的复制到硬盘上即可，而是要把程序“绑定”到 Windows 中，安装过程中需要设置必要的参数，Windows 还要将相关信息记录下来。

下面以在电脑上安装 QQ 软件为例说明应用程序的安装过程。

【操作步骤】

1. 从腾讯官方网站下载 QQ 程序，应用程序包如图 5-51 所示。
2. 双击该程序包，启动安装程序，系统弹出【用户账户控制】对话框，单击 是(Y) 按钮继续安装，如图 5-52 所示。

说明：本例的安装包比较简单，只包含一个文件。对于某些工具软件和大型程序来说，安装软件中会包含许多文件，其中的安装程序名通常为 Setup.exe 或 Install.exe，双击该文件即可进行安装操作了。

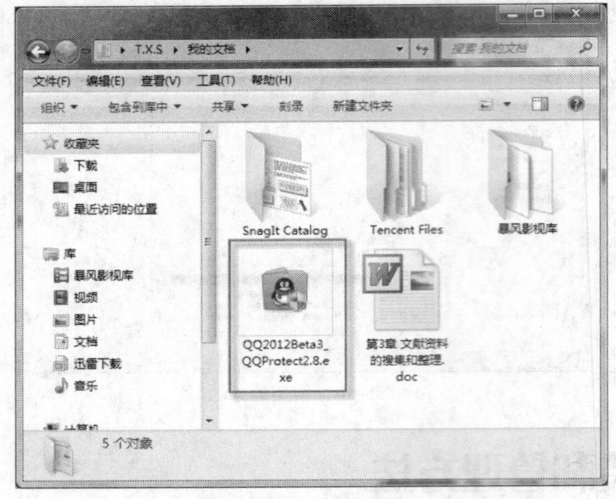

图5-51 下载的文件

图5-52 【用户账户控制】对话框

3. 安装程序开始检测安装环境，如图5-53所示。
4. 在【安装向导】对话框，选中【我已阅读并同意软件许可协议和青少年上网安全指引】复选框，然后单击下一步(N)按钮，如图5-54所示。

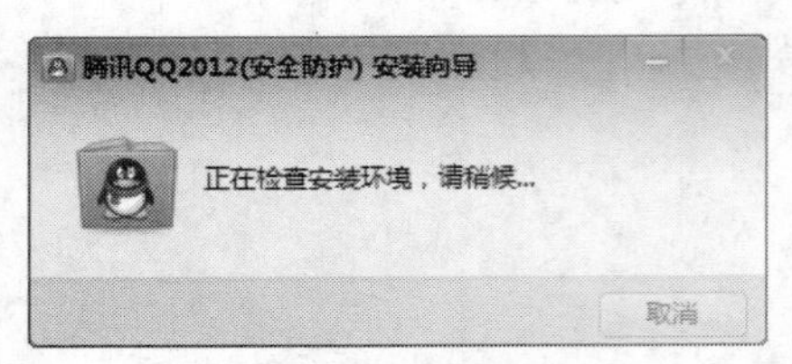

图5-53 检测安装环境

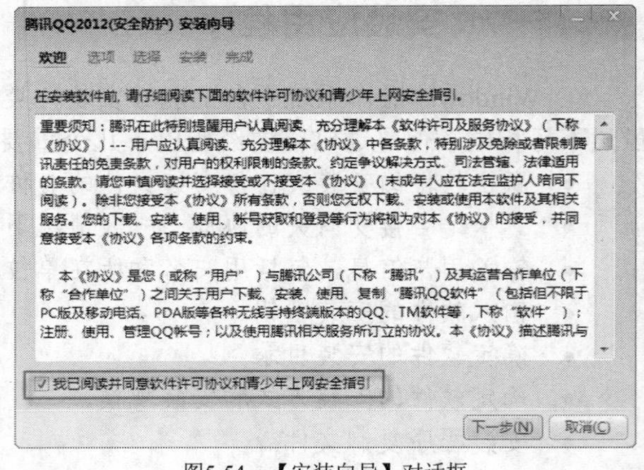

图5-54 【安装向导】对话框

5. 在打开的窗口中选取安装的选项以及创建快捷图标的位置，然后单击下一步(N)按钮，如图5-55所示。

说明 现在很多软件在安装时都会安装一些附加软件，如图5-55所示，这些选项缺省状态下都处于选中状态，如果用户不需要安装这些软件，可以手动将其取消。

6. 在弹出的窗口中设置程序的安装路径（即安装在磁盘上的具体位置）和个人文件夹的保存位置，然后单击安装(I)按钮，如图5-56所示。

说明 默认情况下，系统通常将应用程序安装在“C:\Program Files”目录下。但是为了不增大系统盘的开销，建议将程序安装在其他分区中，这时只需要将“C:”改为“D:”或“F:”即可。并且还建议最好将所有应用程序集中安装在同一分区中，以方便管理。

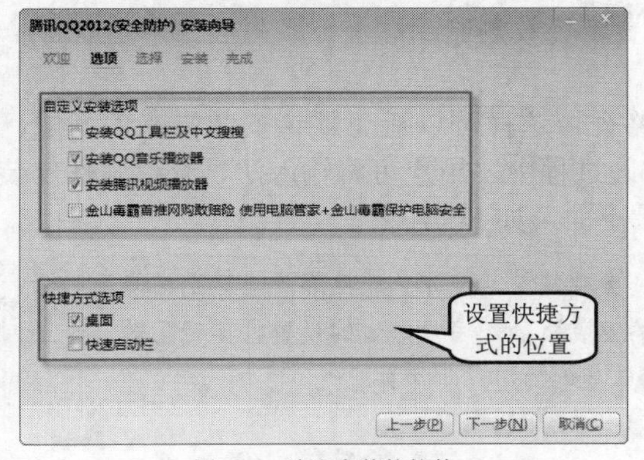

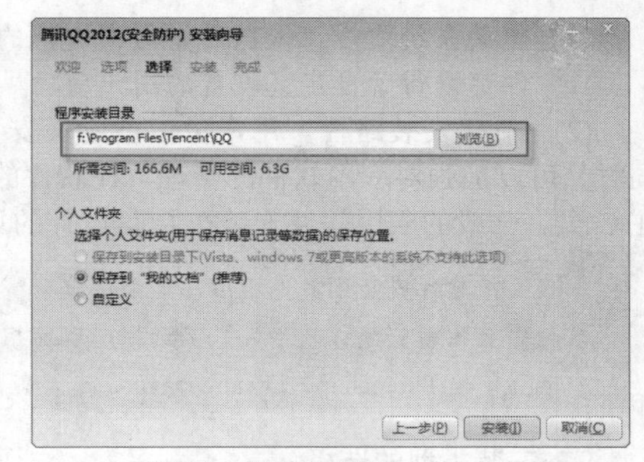

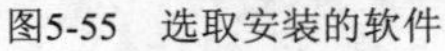

图5-55　选取安装的软件　　　　图5-56　设置安装路径和个人文件夹

7. 安装程序开始安装软件，并显示安装进度，如图 5-57 所示。
8. 安装完成后，选择是否开机时运行 QQ 程序或立即运行程序选项等，最后单击 完成(F) 按钮完成安装过程，如图 5-58 所示。

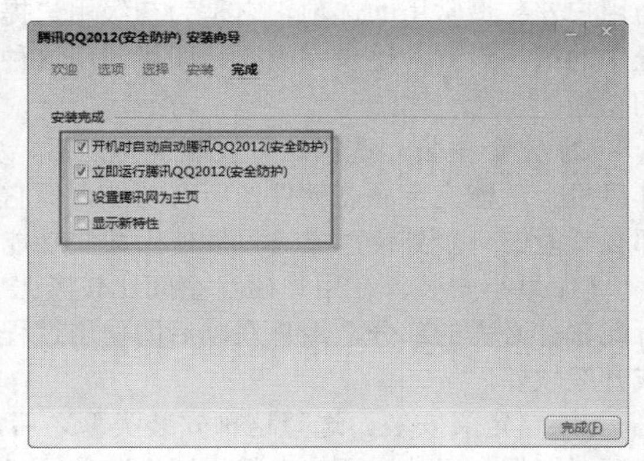

图5-57　显示安装进度　　　　图5-58　安装完成

（二）　软件安装技巧

在软件的安装过程中计算机会为用户提供许多提示信息，以帮助用户快速、顺利地安装软件。许多用户在安装过程中往往会忽略这些提示信息，而给计算机和软件的正常使用带来问题。

1. 安装路径的选择

安装路径的选择可分为保持默认安装路径和新建安装路径两种。

(1) 默认安装路径。一般的应用软件在安装过程中都会将软件的安装路径默认为"C:\Program Files\ ***"，如果直接单击 下一步 按钮继续安装软件，这样的安装方式可能会出现以下的问题。

- 随着大量软件的安装，C 盘的空间将会越来越小，同时由于大量软件在 C 盘安装和卸载，将导致 Windows 的启动和运行速度越来越慢。
- 重装系统之后，用户之前安装的软件都将被删除，很多软件都需要重新安装，非常不便。

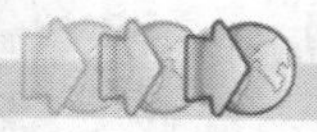

- 重装系统之后，依照用户习惯进行的设置都将被删除，这使许多对各个常用软件都进行了自定义设置的用户前功尽弃。

(2) 新建安装路径。用户可以自定义安装路径，这样可以避免默认安装带来的问题，同时又可以加强对应用软件的管理。在软件的安装过程中，用户可将输入法、杀毒软件安装在 C 盘。一般的应用软件安装在 C 盘以外的目录下面，如 D 盘。

说明：把软件安装到其他盘后，如果重装系统，许多软件尤其是绿色软件都还能够正常使用。即使需要重新安装该软件，只要选择与以前相同的安装路径，用户做过的设置将重新生效，这点对于使用 Photoshop、Dreamweaver、遨游浏览器等软件的用户非常有用。

2. 安装类型的选择

一般来说，当用户安装一个大型软件的时候，会有典型安装、完全安装、最小安装以及自定义安装这几种安装类型供用户选择。

(1) 典型安装。这是一般软件的推荐安装类型，选择这种安装类型后，安装程序将自动为用户安装最常用的选项。它是为初级用户提供的最简单的安装方式，用户只需保持安装向导中的默认设置，逐步完成安装即可。用这种方式安装的软件可以实现各种最基本、最常见的功能。

(2) 完全安装。选择这种安装类型之后，安装程序会把软件的所有组件都安装到用户的计算机上，能完全涵盖软件的所有功能，但它需要的磁盘空间最多。如果选择了完全安装，那么就能够一步到位，省去日后使用某些功能组件的时候需另行安装的麻烦。

(3) 最小安装。在用户磁盘空间比较紧张时，可使用这种安装类型。最小安装只安装运行此软件必需的部分，用户在以后的使用过程中如果需要某些特定的功能，则需要重新安装或升级软件。

(4) 自定义安装。选择这种安装类型之后，安装程序将会向用户提供一个安装列表，用户可以根据自己的需要来选择需要安装的项目。这样既可以避免安装不需要的组件，节省磁盘空间，又能够实现用户需要的功能。

3. 附带软件的选择

大多数应用软件在安装过程中都会附带一些其他软件的安装。这里面包括了很多恶意程序和流氓软件，一旦装上后很难彻底卸载。所以用户在安装过程中一定要注意附带软件的选择，如果不确定软件的性质，建议都不要安装这些插件。

4. 软件安装的注意事项

软件的安装需要注意以下事项。

(1) 是否已经安装过该软件。用户在安装应用软件的时候，要注意以前是否安装过该软件，如果安装过，建议将该软件以前的版本卸载干净后再安装，以防安装出错。如果想同时安装同一个软件的不同版本，在安装时要注意安装路径的选择，不要在安装过程中覆盖了已安装的版本。

(2) 是否会发生软件冲突。所谓软件冲突是指两个或多个软件在同时运行时程序可能出现的冲突，导致其中一个软件或两个软件都不能正常工作，特别是一些杀毒软件，如果重复安装，很容易导致软件冲突，使计算机系统崩溃。

> 说明
>
> 用户在安装软件前要检查计算机内是否已经安装了同类型的软件；认真阅读软件许可协议说明书，它会明确指出会与哪些软件发生软件冲突；注意在软件安装过程中出现的提示信息或警告信息。如发现软件冲突，建议安装其他的版本或删除与其发生冲突的软件。

(3) 是否是绿色版软件。由于软件技术的飞速发展和人们对软件的要求越来越高，绿色软件应运而生。绿色软件不需要安装，双击启动图标就可运行，可以避免安装某些恶意捆绑的软件。绿色软件具有体积小、功能强、安全性比较高、对操作系统无污染以及占用内存小等优点。

（三） 管理应用程序

通过 Windows 7 的【程序和功能】窗口可以查看系统中已经安装的所有应用程序，还可以对选定的程序进行修复和卸载等操作。

【操作步骤】

1. 在【开始】菜单中选取【控制面板】选项打开【控制面板】窗口，使用【类别】查看方式，如图 5-59 所示。
2. 如图 5-60 所示，单击【程序】选项打开【程序】窗口，然后单击【程序和功能】选项，如图 5-61 所示。

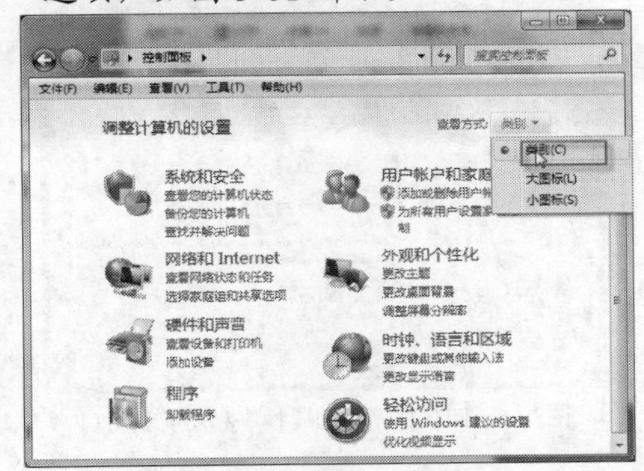

图5-59 【控制面板】窗口

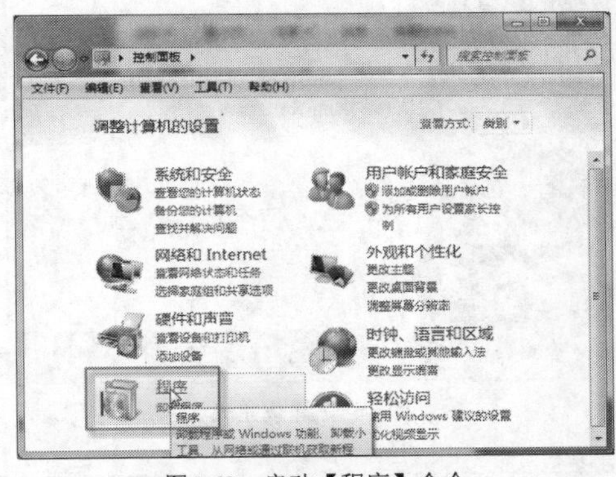

图5-60 启动【程序】命令

3. 在打开的【程序和功能】窗口中可以查看当前已经安装的所有应用程序，如图 5-62 所示。

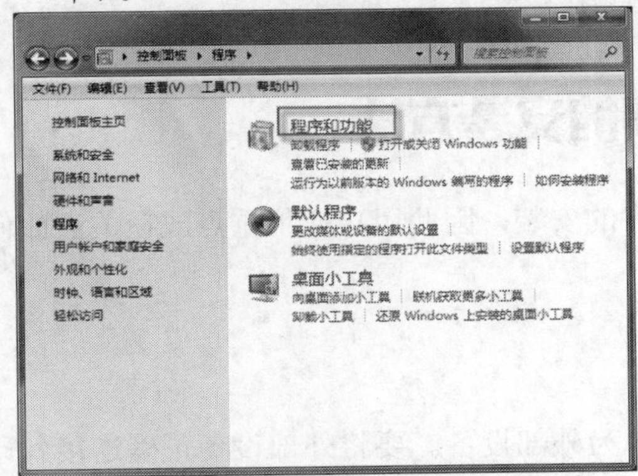

图5-61 启动【程序和功能】命令

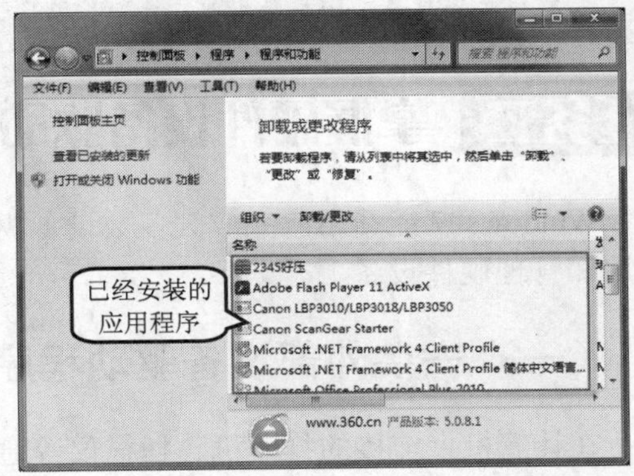

图5-62 【程序管理】窗口

4. 如图 5-63 所示，选中应用程序（例如 QQ 游戏）后，单击卸载/更改按钮，随后打开卸载程序窗口，如图 5-64 所示（对于不同的程序，弹出的窗口可能不同），单击卸载(U)按钮开始卸载程序。

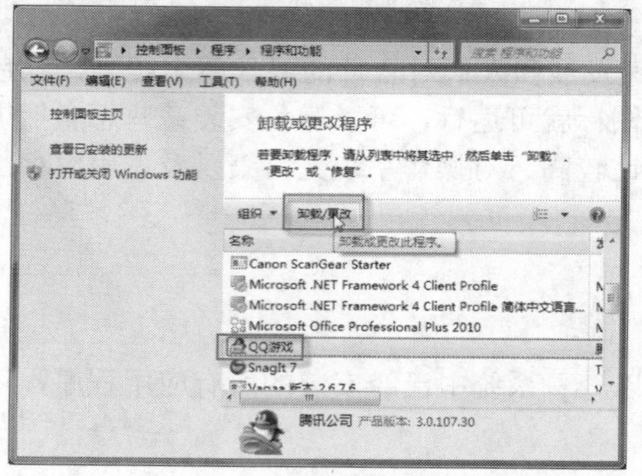

图5-63 启动【卸载】命令

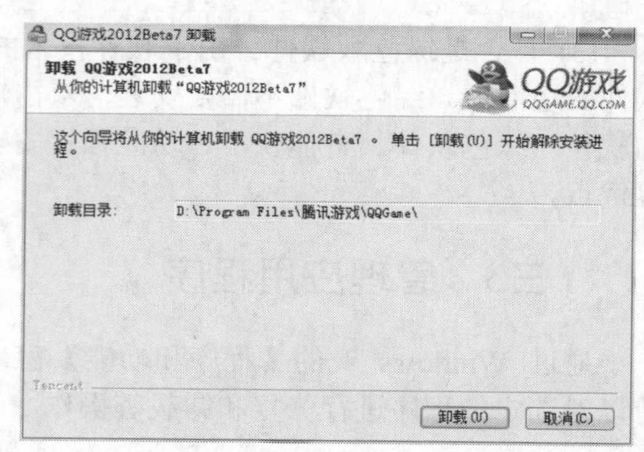

图5-64 卸载程序

5. 卸载完成后弹出如图 5-65 所示的对话框，单击完成(F)按钮，完成程序卸载，返回程序窗口可以看到程序列表中已经没有"QQ 游戏"程序了，如图 5-66 所示（与图 5-63 对比）。

图5-65 卸载完成

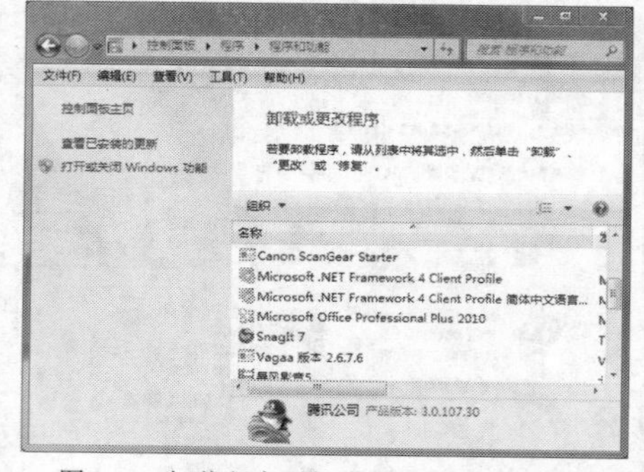

图5-66 卸载程序后的【程序和功能】窗口

说明

当某个应用程序不再使用时，应该将其从系统中卸载（移除），这样可以节省磁盘空间，节省系统资源。卸载程序不是简单地把安装在硬盘上的文件删除，还要删除系统注册表中的注册信息以及【开始】菜单或任务栏中的快捷方式或图标等。

任务二 掌握硬件设备驱动程序的安装方法

Windows 7 能帮用户完成大多数设备驱动程序的安装，因此用户应将重点放在关注如何使用和管理硬件设备上。

（一）安装外部设备驱动程序

在计算机上连接的打印机、扫描仪等通常被称为外部设备。要将外部设备正确连接到计算机上，除了硬件上的线路连接外，还要安装驱动程序。

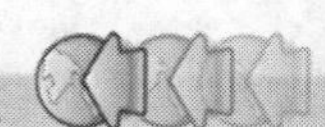

1. 认识驱动程序

驱动程序是一种特殊程序，相当于硬件的接口，操作系统通过这个接口访问硬件设备。有了驱动程序，外围设备才能跟操作系统之间正常交流和沟通，同时也能最大程度发挥硬件的功能。相对于其他应用程序，驱动程序运行在系统的最底层，将用户发给计算机的指令传递给硬件设备，最终实现用户希望的操作。

> **说明**
> 在启动应用程序后，Windows 将通过主板驱动程序来协调 CPU、芯片组、硬盘和内存协同工作；通过声卡驱动程序来控制声卡的输出音量大小；通过显卡驱动程序来控制屏幕分辨率和刷新频率；通过外设驱动程序接收来自鼠标和键盘的输入信息。

2. Windows 7 对驱动程序的管理

与 Windows 其他早期版本相比，Windows 7 在驱动程序的管理上有了非常大的改进，这不仅增加了系统运行的稳定性，还简化了用户的操作。

在 Windows 7 中，驱动程序在用户模式下加载，如果用户手动安装设备驱动程序，一般不需要重新启动系统即可正常使用设备。

完成 Windows 7 安装后，只要用户安装好网卡驱动程序，利用系统的 Windows Update 检查更新，可以通过微软的服务器下载并安装新近发布设备的驱动程序。

下面介绍在 Windows 7 中安装和设置打印机的方法。

【操作步骤】

1. 将打印机的 USB 接口插入电脑的 USB 接口中，并接通电源。
2. 在【开始】菜单中选择【设备和打印机】选项打开【设备和打印机】窗口。
3. 单击工具栏上的 添加打印机 按钮，如图 5-67 所示。
4. 在弹出的【添加打印机】对话框中选择【添加本地打印机】选项，如图 5-68 所示。

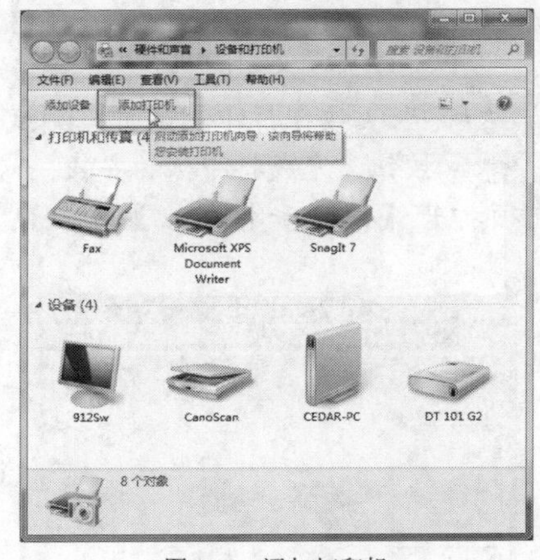

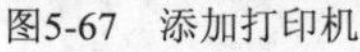
图5-67　添加打印机

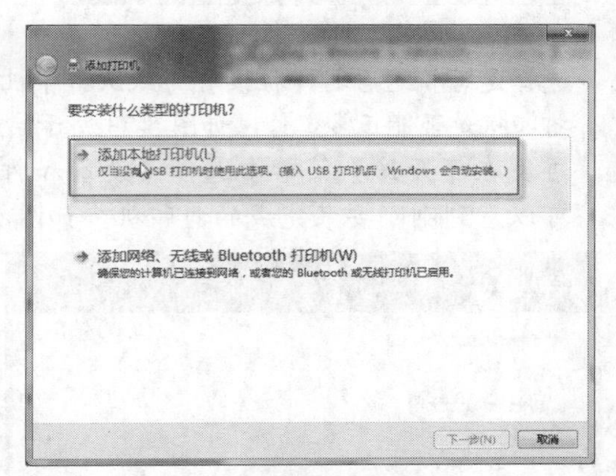

图5-68　添加本地打印机

5. 在弹出的【添加本地打印机】对话框中选取打印机端口，如图 5-69 所示，目前大多数打印机都是 USB 端口，然后单击 下一步(N) 按钮。
6. 从打开的【安装打印机驱动程序】列表中选取正确的打印机厂商和打印机型号（例如 Cannon LBP3010），然后单击 下一步(N) 按钮，如图 5-70 所示。

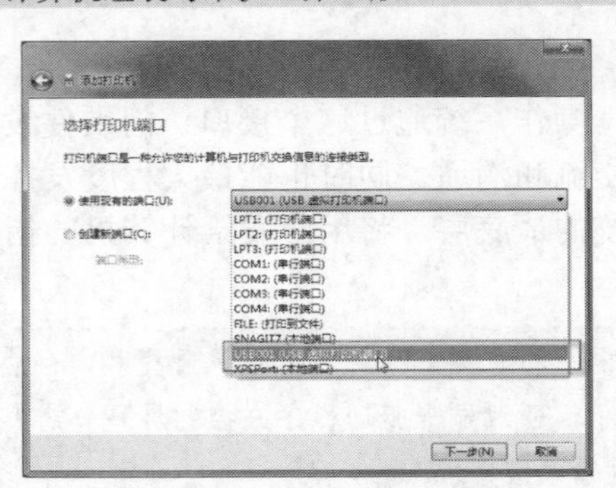

图5-69　选取接口

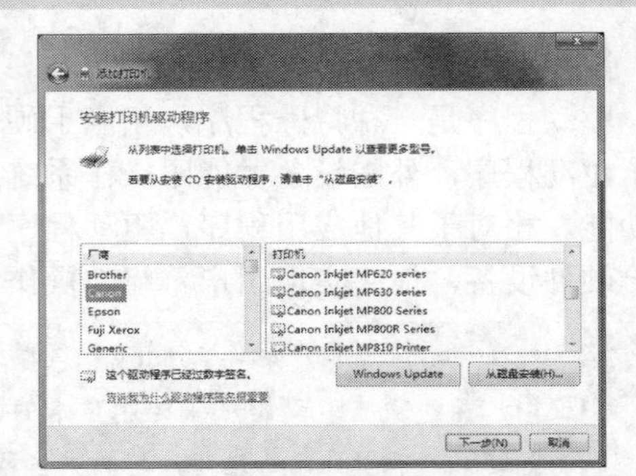

图5-70　选取打印机品牌和型号

如果列表中没有当前安装的打印机信息，则单击 从磁盘安装(H)... 按钮，再选取打印机驱动程序所在的路径。不过 Windows 7 收集了大部分打印机的驱动程序，能满足大多数打印机的安装要求。

7. 在图 5-71 所示的【键入打印机名称】文本框中输入打印机名称，然后单击 下一步(N) 按钮。
8. 系统开始安装驱动程序，如图 5-72 所示。

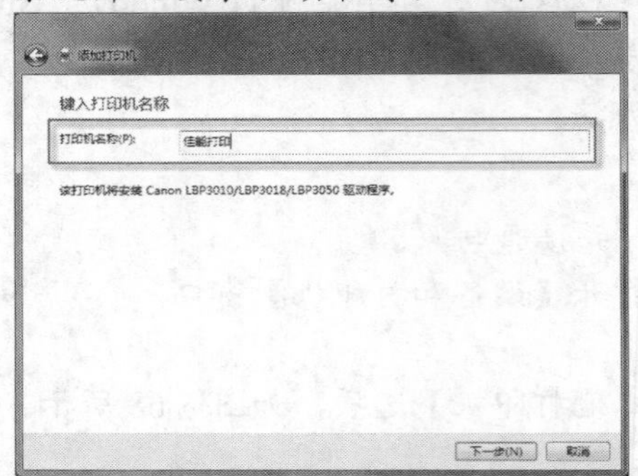

图5-71　设置打印机名称

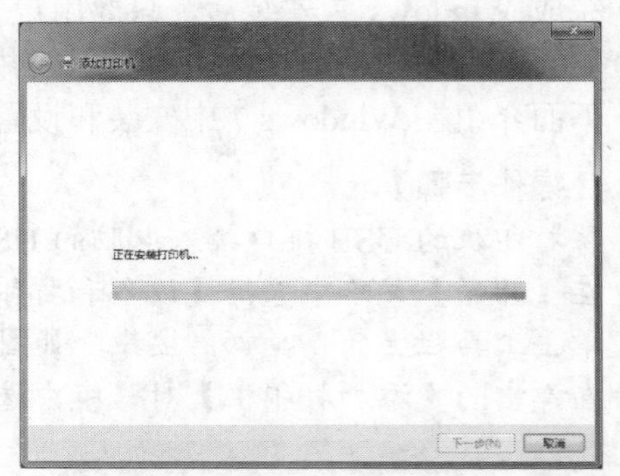

图5-72　安装打印机

9. 选择是否将这台打印机设置为默认打印机，单击 打印测试页(P) 按钮打印测试页，测试打印机是否能正常工作，如图 5-73 所示。最后单击 完成(F) 按钮，完成打印机的安装。
10. 再次在【开始】菜单中选择【设备和打印机】选项打开【设备和打印机】窗口，可以看到刚刚安装完成的打印机，如图 5-74 所示。

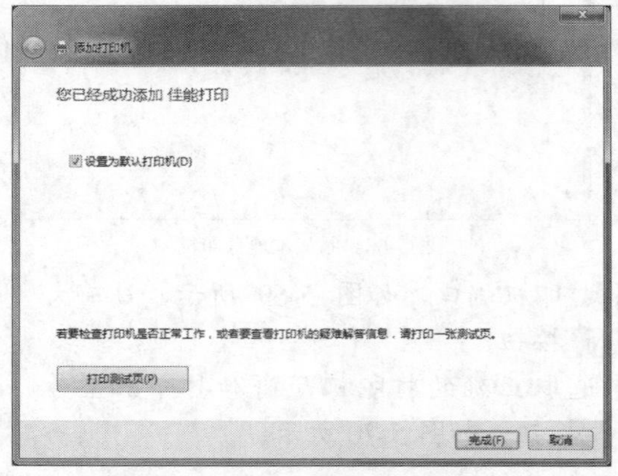

图5-73　设置默认打印机和打印测试

图5-74　完成打印机安装

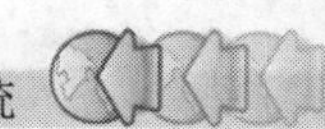

（二）手动安装驱动程序

虽然 Windows 7 能智能安装大部分硬件设备的驱动程序，但是对于一些特殊设备以及高端设备，Windows Update 检查更新并不一定能正确安装，这时就需要用户手动安装。

下面以蓝牙设备通用驱动程序的安装为例说明手动安装驱动程序的方法和步骤。

【操作步骤】

1. 以“蓝牙通用驱动程序”为关键字，搜索并下载安装软件。
2. 双击驱动程序安装文件“setup.exe”，启动程序安装，如图 5-75 所示。
3. 在【用户账户控制】对话框中单击 是(Y) 按钮，如图 5-76 所示。

图5-75　启动安装程序

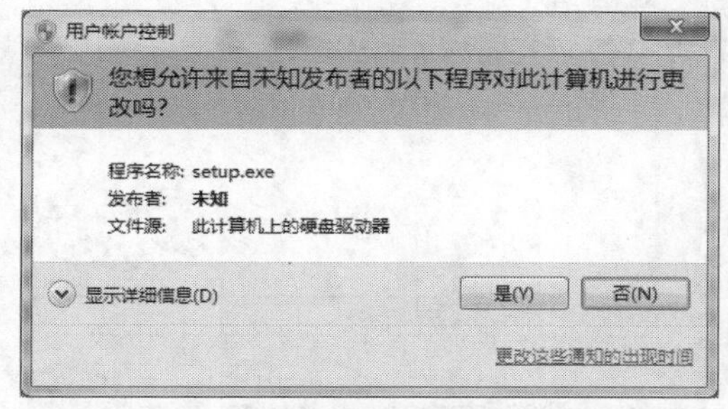

图5-76　【用户账户控制】对话框

4. 系统开始启动安装程序，如图 5-77 所示。
5. 在弹出的安装向导对话框中单击 下一步(N) > 按钮，如图 5-78 所示。

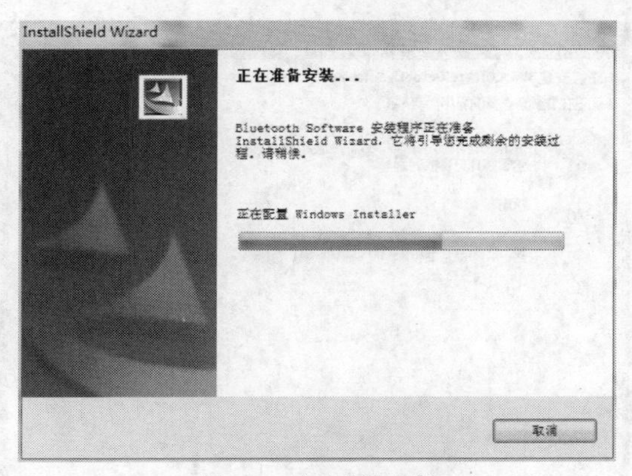

图5-77　启动安装程序

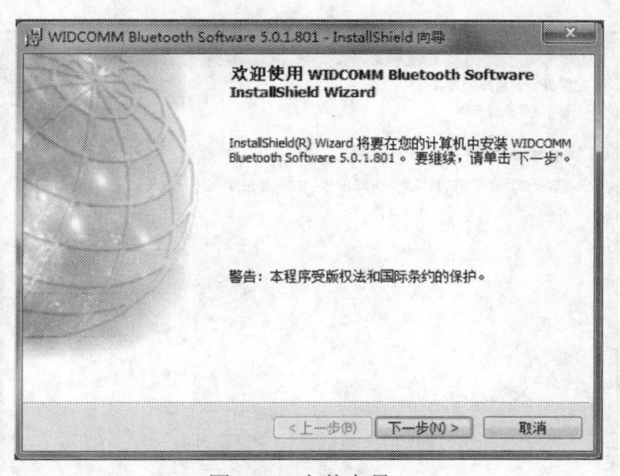

图5-78　安装向导 1

6. 在弹出的对话框中选中【我接受该许可协议中的条款】，如图 5-79 所示。
7. 在弹出的对话框中单击 更改(C)... 按钮，如图 5-80 所示。
8. 在弹出的对话框中设置安装路径（通常只需要修改磁盘分区即可，例如将“C:”改为“F:”），然后单击 确定 按钮，如图 5-81 所示。
9. 在弹出的安装向导对话框中单击 下一步(N) > 按钮，如图 5-82 所示。

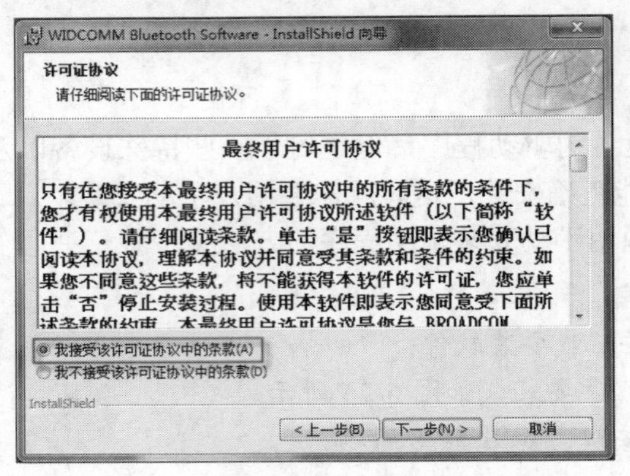

图5-79　安装向导 2

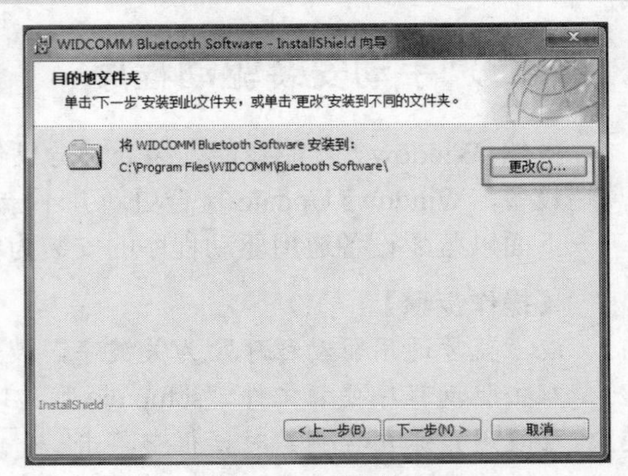

图5-80　安装向导 3

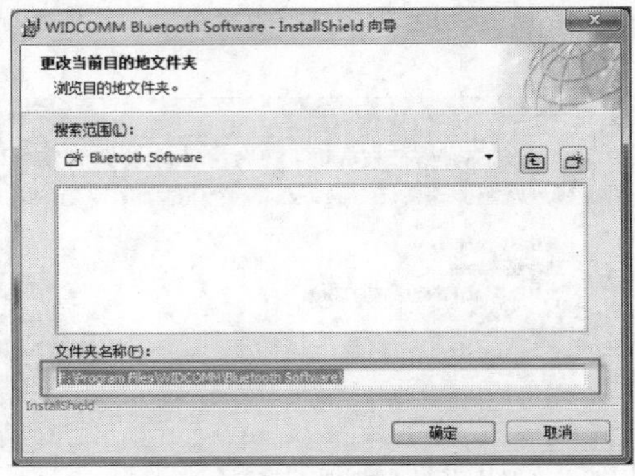

图5-81　安装向导 4

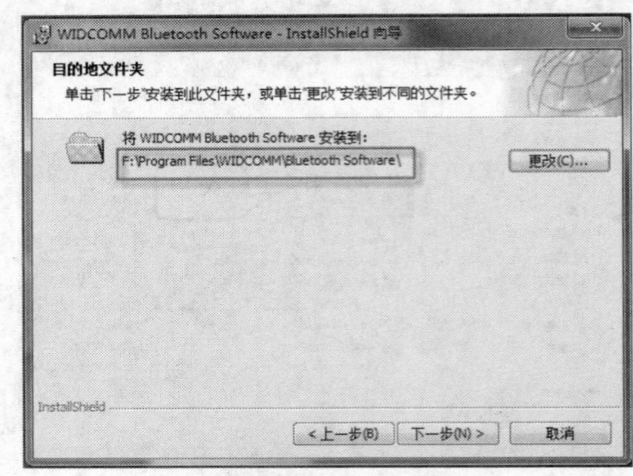

图5-82　安装向导 5

10. 在弹出的对话框中单击 安装(I) 按钮开始安装，如图 5-83 所示。
11. 系统开始安装启动程序，并显示安装进度，如图 5-84 所示。

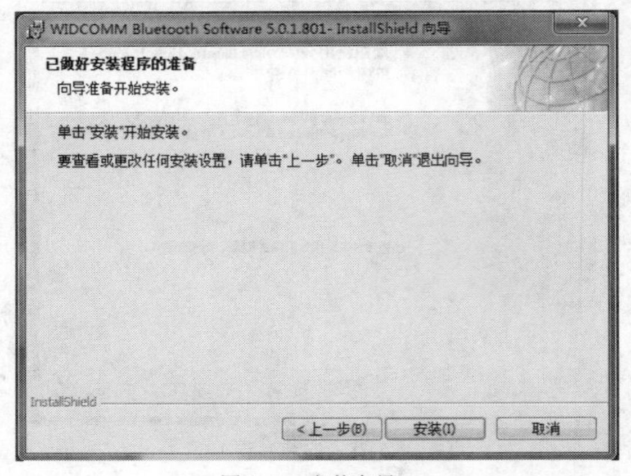

图5-83　安装向导 6

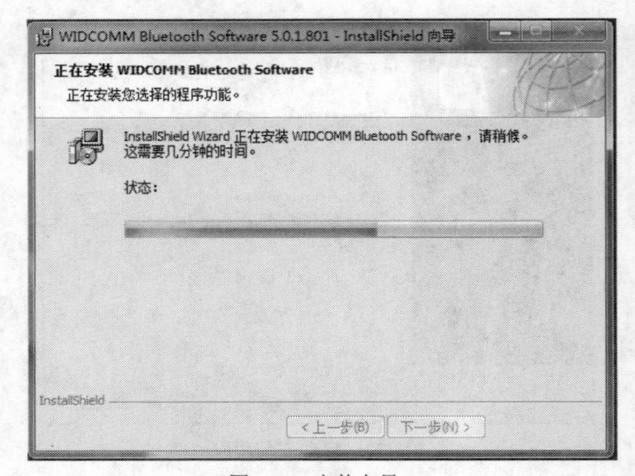

图5-84　安装向导 7

12. 系统多次弹出【Windows 安全】对话框，选择【始终安装此驱动程序软件】选项，如图 5-85 所示。
13. 安装完成后，在图 5-86 中单击 完成(F) 按钮。

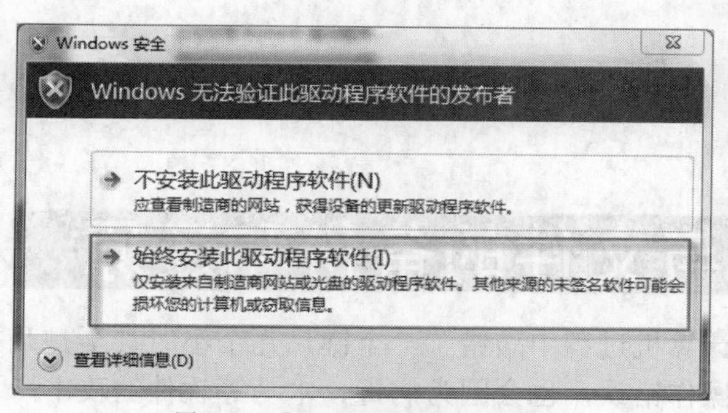

图5-85　【Windows 安全】对话框

图5-86　完成安装

项目实训　安装系统软件和应用软件

【实训目的】

掌握应用软件的安装步骤及其注意事项。

【操作步骤】

1. 制作 U 盘安装盘。
2. 使用 U 盘安装 Windows 7 操作系统。
3. 安装 Office 2010。
4. 根据需要安装其他应用程序。

项目小结

本项目详细介绍了操作系统的安装、硬件驱动程序的安装及常用应用程序的安装和卸载方法，为读者展示了为计算机系统构建软件系统的一般方法，只要读者掌握了本项目中涉及的知识，就可以对计算机软件的安装和卸载进行操作。通过合理地安装计算机软件，就能使用计算机完成各种各样的数据处理工作，从而满足用户的需求。

思考与练习

1. 谈谈操作系统在计算机系统中起到的作用。
2. 硬件驱动程序有何用途？
3. 使用独立显卡的计算机，如果不安装显卡驱动将会有怎样的结果？
4. 独立完成 Windows 7 操作系统的安装，并清楚各个安装步骤所完成的工作。
5. 从网站下载最新版本的迅雷软件，将其安装到本地计算机。

项目六

系统与文件的备份和还原

计算机用户都会有这样的经历，在使用计算机过程中敲错了一个键，几个小时甚至是几天的工作成果便会付之东流。就算是不出现操作错误，也会因为病毒、木马等软件的攻击，使用户的计算机出现无缘无故的死机、运行缓慢等症状。随着计算机和网络的不断普及，确保系统数据信息安全，并使计算机能保持高效率的运行就显得尤为重要。在这种情况下，就需要定期对计算机进行备份与优化。本项目将介绍对计算机进行备份与优化的方法。

学习目标

熟悉备份与恢复系统的方法与技巧。
掌握使用软件备份与还原系统的方法与技巧。
熟悉备份与恢复文件的方法与技巧。
掌握利用恢复被删除文件的方法与技巧。

任务一 掌握系统备份与恢复的方法

利用 Windows 系统的系统恢复功能，用户（系统管理员和所有者）在遇到问题时可将机器还原到以前的状态。系统恢复功能自动监控系统文件和某些应用程序文件的更改，记录或存储更改之前的状态。

（一） 使用 GHOST 备份操作系统

一键 GHOST 是一款硬盘克隆软件，它将硬盘的分区中的所有资料克隆成一个 GHO 文件，并通过引导来进行还原，在不需要登录 Windows 情况下进行还原，可以解决很多系统崩溃、无法启动、系统中毒等问题。

下面先介绍使用 GHOST 备份系统的方法。

【操作步骤】

1. 下载安装“一键 GHOST”软件，安装好后双击桌面图标打开软件，首先选中【一键备份系统】单选框，然后单击 备份 按钮，如图 6-1 所示。
2. 弹出重启提示窗口，单击 确定 按钮重启计算机进行备份系统。如图 6-2 所示。

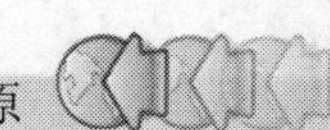

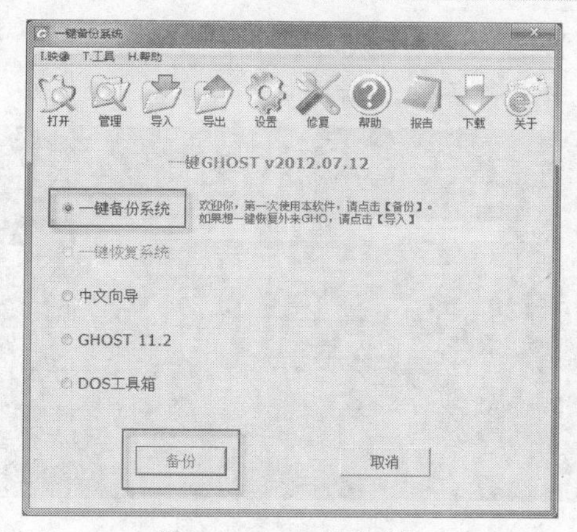

图6-1　GHOST 选择功能

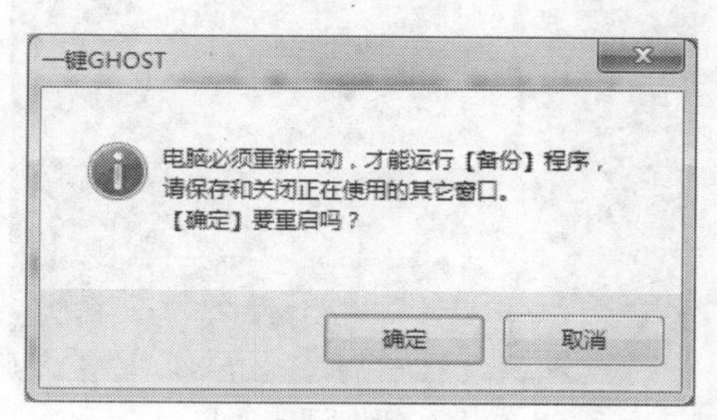

图6-2　关机重启提示

3. 此时计算机将会自动重启，重启后在进入 Windows 之前会出现 Windows 启动管理器，选择【一键 GHOST】选项，如图 6-3 所示。
4. 出现 GRUB 菜单，选择【GHOST，DISKGEN，MHDD，DOS】选项（程序会自动选择），如图 6-4 所示。

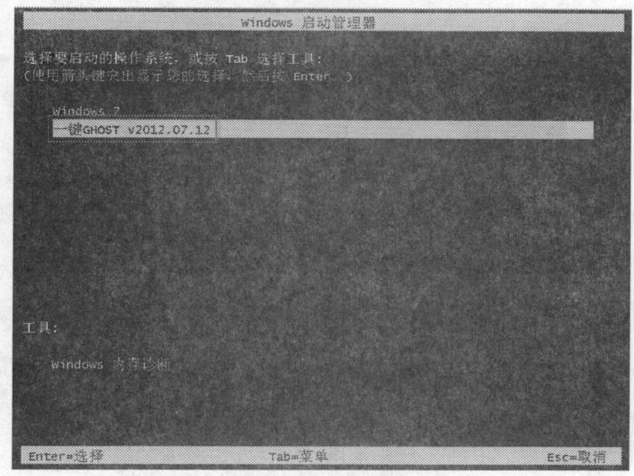

图6-3　启动管理菜单

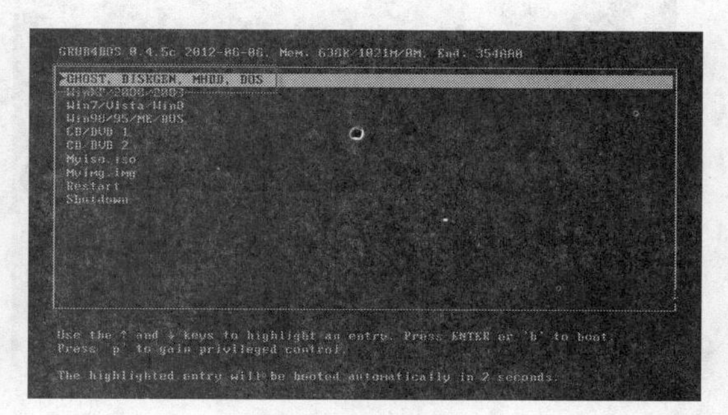

图6-4　GRUB 菜单

5. 出现 DOS 一级菜单，选择【1KEY GHOST 11.2】选项（程序会自动选择），如图 6-5 所示。
6. 出现 DOS 二级菜单，选择【IDE/SATA】选项（程序会自动选择），如图 6-6 所示。

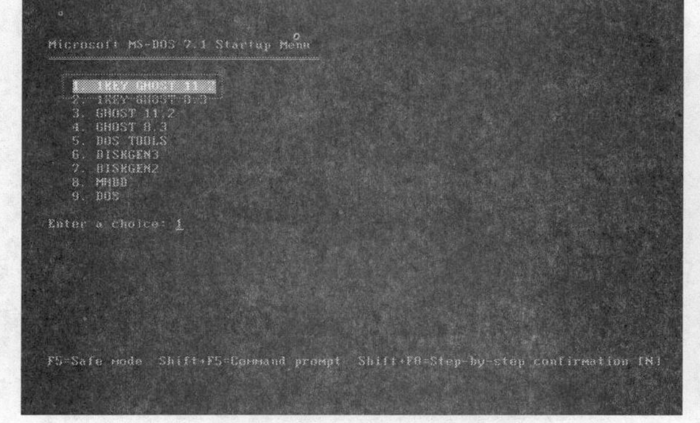

图6-5　DOS 一级菜单

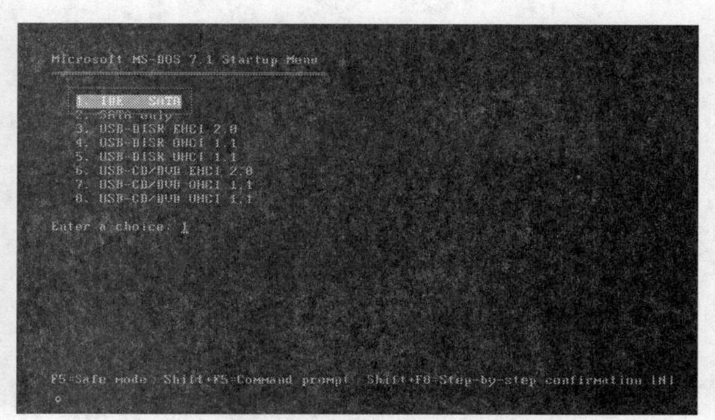

图6-6　DOS 二级菜单

7. 出现一键 GHOST 窗口，选取【一键备份系统】选项，如图 6-7 所示。
8. 出现一键备份系统警告窗口，单击 备份(B) 按钮进行备份，如图 6-8 所示。

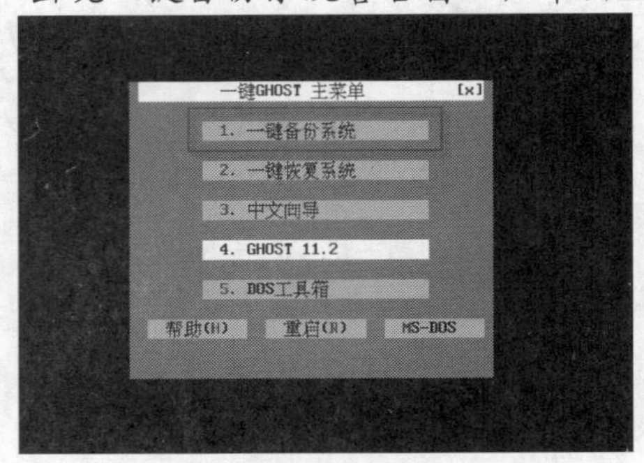

图6-7 GHOST 主菜单

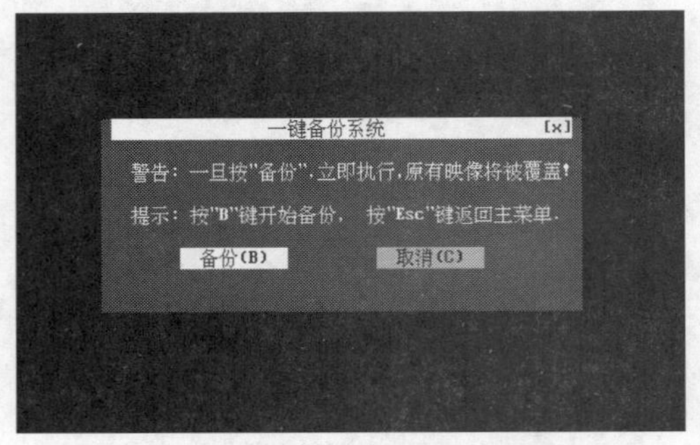

图6-8 一键备份窗口

9. 此时 GHOST 将会自动进行备份，可以通过进度条查看备份进度，这可能需要几十分钟时间，如图 6-9 所示。
10. 一段时间后备份结束，弹出备份成功提示窗口，单击 重启(R) 按钮重启计算机。如图 6-10 所示。

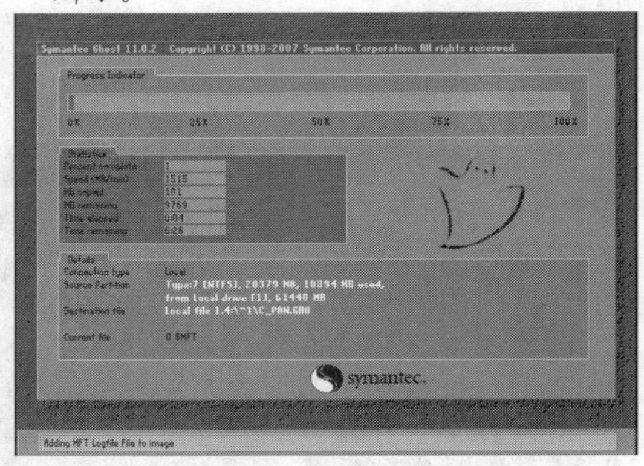

图6-9 GHOST 自动备份

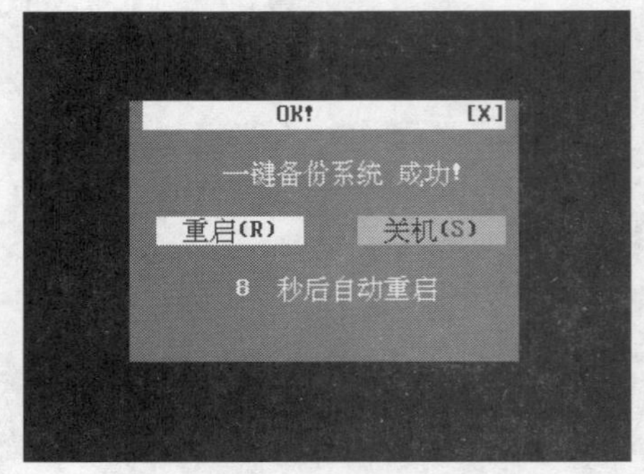

图6-10 备份成功

11. 系统重启后打开 F 盘，可以看到【~1】文件夹。该文件夹是备份系统所产生的。如图 6-11 所示。
12. 打开【~1】文件夹，里面存放着 C_PAN.GHO 备份文件，该文件存储着刚刚系统备份的信息，如图 6-12 所示。

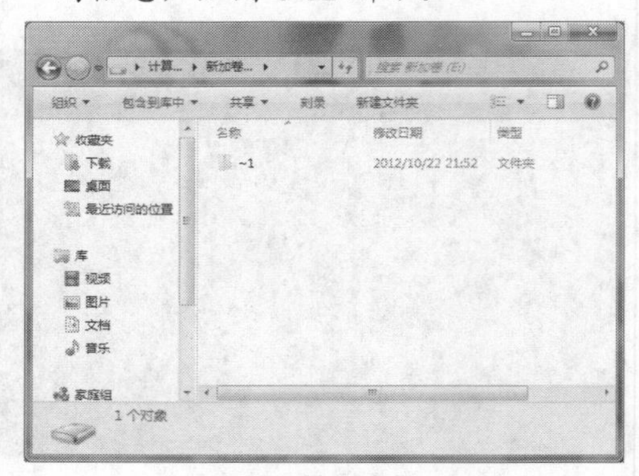

图6-11 备份安装目录

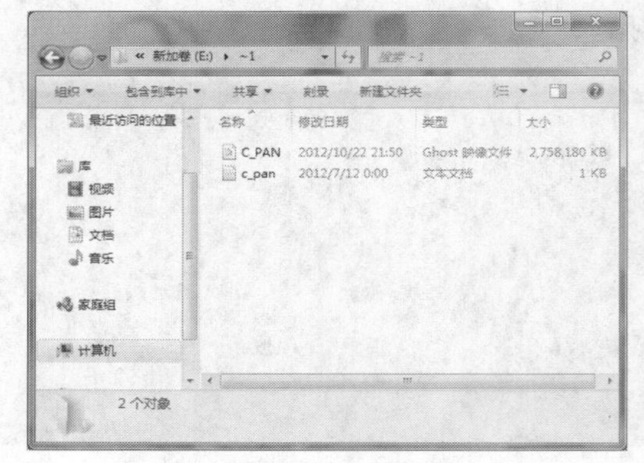

图6-12 备份好的文件

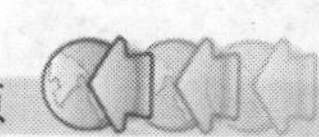

说明　一般镜像文件放在第一个硬盘的最后一个分区中，这里这个盘是 F 盘，GHO 存放的路径为【F:\~1\C_PAN.GHO】。一般情况下，为了防止用户误操作删除该文件，因此该文件默认是隐藏文件，用户是查看不了的，可以通过文件夹选项选择【查看所有文件及文件夹】选项后，才能看到该文件。

（二）　使用 GHOST 还原操作系统

下面介绍使用 GHOST 还原系统的方法。

【操作步骤】

1. 双击运行【一键 GHOST】软件，首先选中【一键还原系统】单选框，然后单击 恢复 按钮，如图 6-13 所示。
2. 弹出重启提示窗口，单击 确定 按钮重启计算机进行恢复系统。如图 6-14 所示。

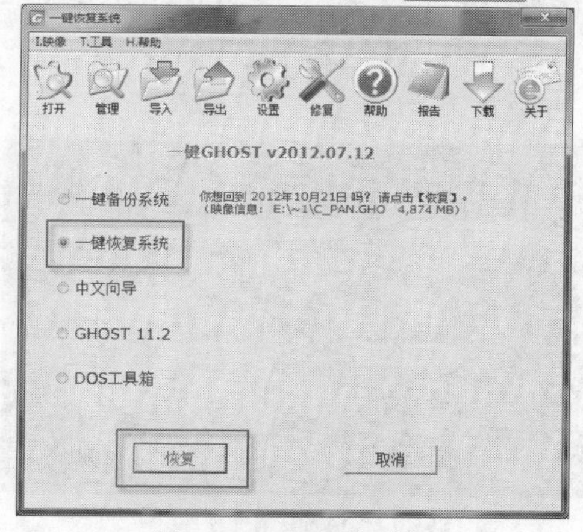

图6-13　GHOST 选择功能

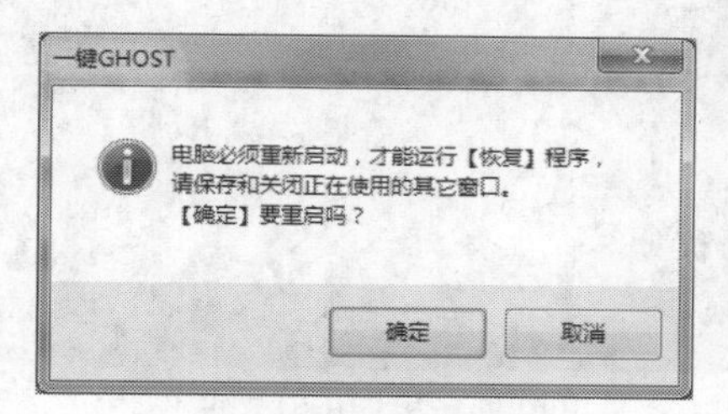

图6-14　关机重启提示

3. 此时计算机将会自动重启，重启后在进入 Windows 之前会出现 Windows 启动管理器，选择【一键 GHOST】选项，如图 6-15 所示。
4. 出现 GRUB 菜单，选择【GHOST，DISKGEN，MHDD，DOS】选项（程序会自动选择），如图 6-16 所示。

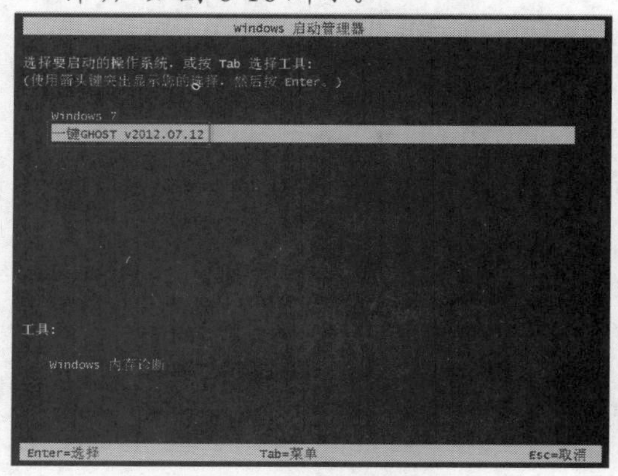

图6-15　启动管理菜单

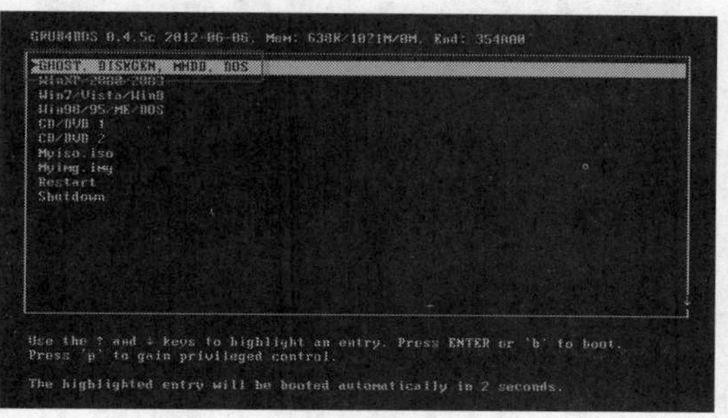

图6-16　GRUB 菜单

5. 出现 DOS 一级菜单，选择【1KEY GHOST 11.2】选项（程序会自动选择），如图 6-17 所示。
6. 出现 DOS 二级菜单，选择【IDE/SATA】选项（程序会自动选择），如图 6-18 所示。

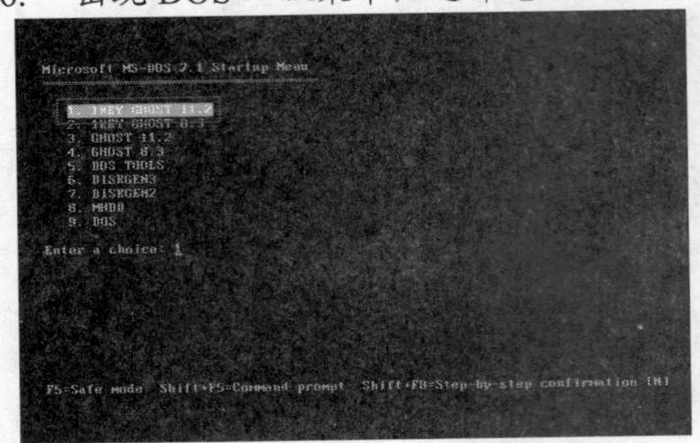

图6-17　DOS 一级菜单

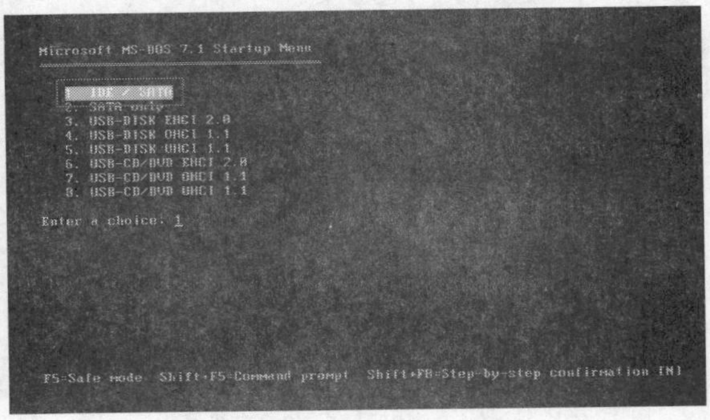

图6-18　DOS 二级菜单

7. 出现【一键 GHOST 主菜单】窗口，选取【一键恢复系统】选项，如图 6-19 所示。
8. 出现一键恢复系统警告窗口，单击 恢复(R) 按钮进行还原，如图 6-20 所示。

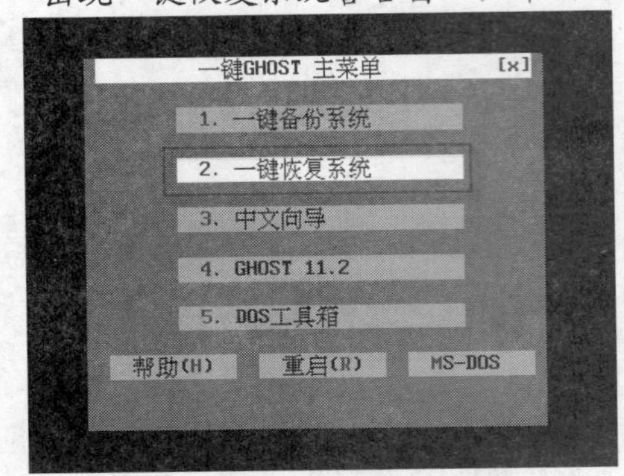

图6-19　一键 GHOST 主菜单

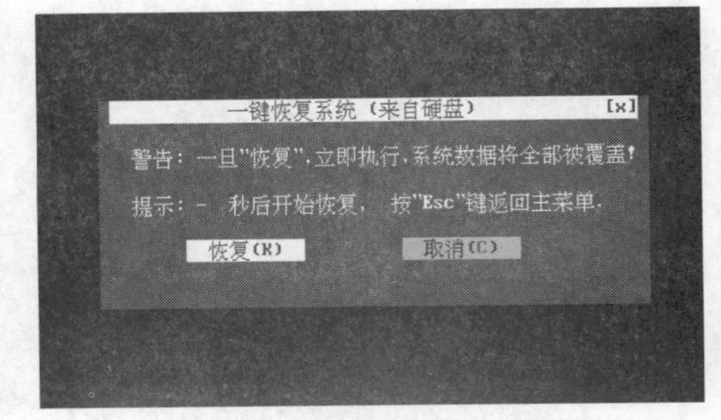

图6-20　一键恢复系统警告窗口

9. 此时 GHOST 将会自动进行恢复，可以通过进度条查看恢复进度，这可能需要几十分钟时间，如图 6-21 所示。
10. 一段时间后，一键恢复成功，弹出一键恢复成功对话框，单击 重启(R) 按钮重启计算机，进入操作系统后发现已经将系统进行了恢复，如图 6-22 所示。

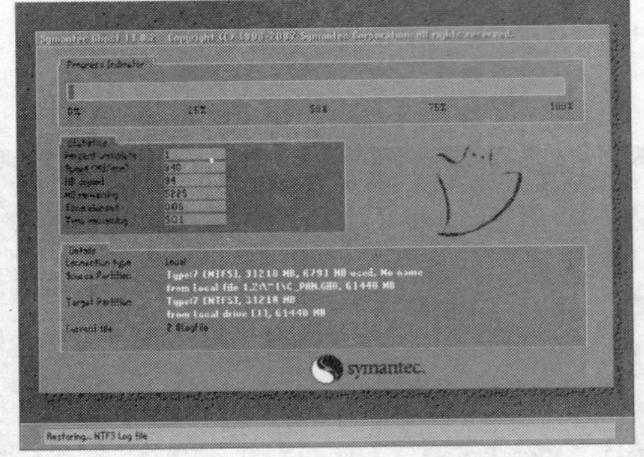

图6-21　GHOST 正在恢复

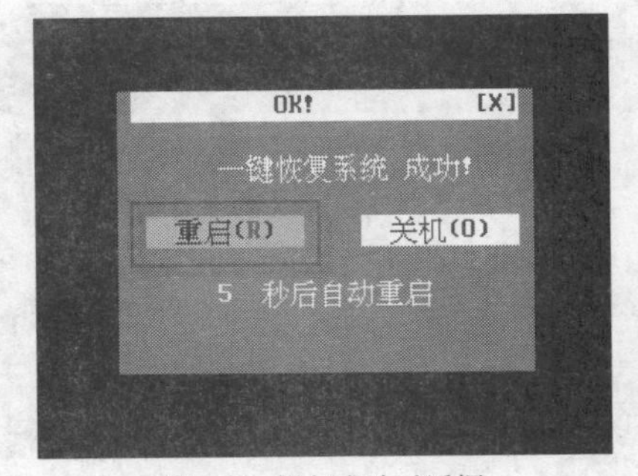

图6-22　恢复成功对话框

（三） 创建系统还原点

Windows 系统自带有【系统还原】功能，可以通过记录还原点设置，来记录用户对系统的修改，当系统出现故障时，可以通过系统还原从而还原到上一个状态，使用 Windows 还原点比较占用系统分区空间，并且必须在 Windows 能启动的情况下才能进行还原。

【操作步骤】

1. 右键单击计算机桌面上的计算机图标，在弹出的菜单中选择【属性】命令，如图 6-23 所示。
2. 弹出属性窗口，在左侧单击【系统保护】选项，如图 6-24 所示。

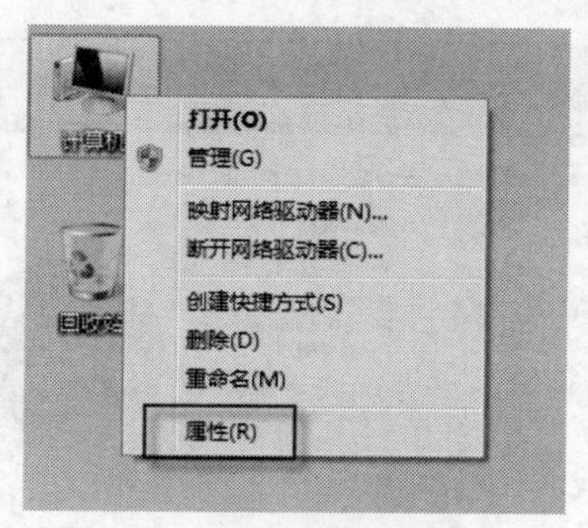

图6-23　进入属性窗口

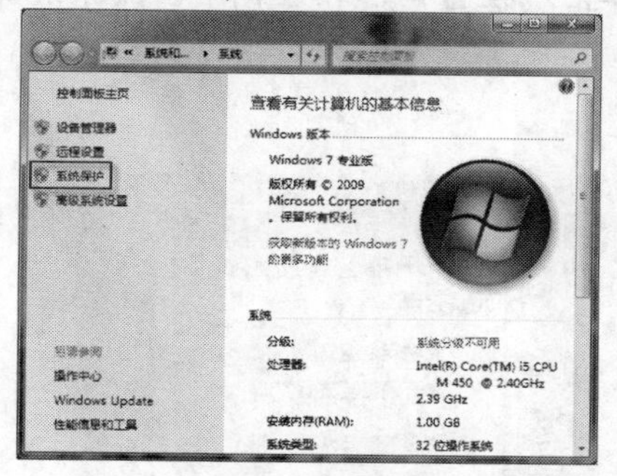

图6-24　属性窗口

3. 弹出系统属性窗口，在保护设置选项栏中单击 创建(C)... 按钮，如图 6-25 所示。
4. 弹出创建还原点窗口，在文本框中输入对还原点的描述，然后单击 创建(C) 按钮，如图 6-26 所示。

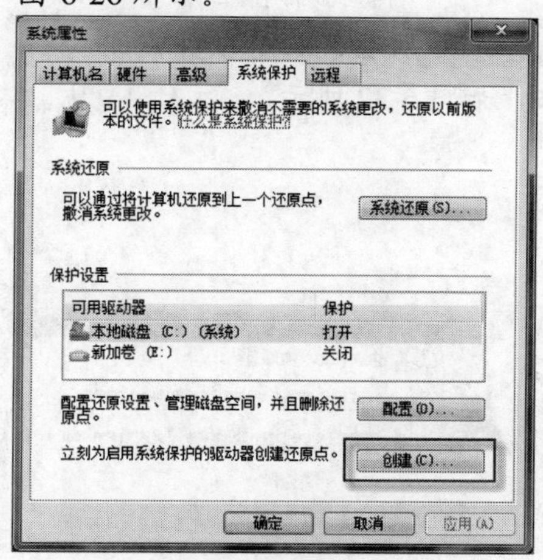

图6-25　系统属性

图6-26　创建还原点

5. 弹出正在创建还原点窗口，系统将自动创建还原点，如图 6-27 所示。
6. 一段时间后，系统完成还原点创建，单击 关闭(O) 按钮关闭窗口，如图 6-28 所示。

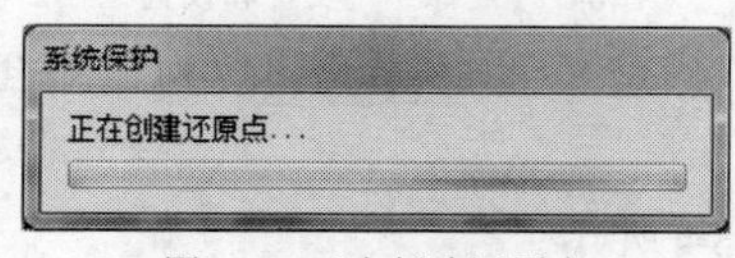

图6-27　正在创建还原点

图6-28　完成还原点创建

（四）还原系统

创建还原点后，计算机出现故障或者运行缓慢时，可以将系统还原到刚刚创建的还原点状态。

【操作步骤】

1. 用鼠标右键单击电脑桌面上的计算机图标，在弹出的菜单中选择【属性】命令，如图 6-29 所示。
2. 弹出属性窗口，在左侧单击【系统保护】选项，如图 6-30 所示。

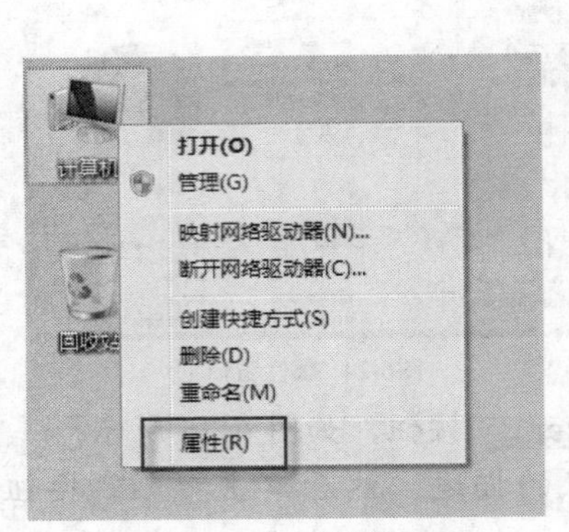

图6-29 进入属性窗口

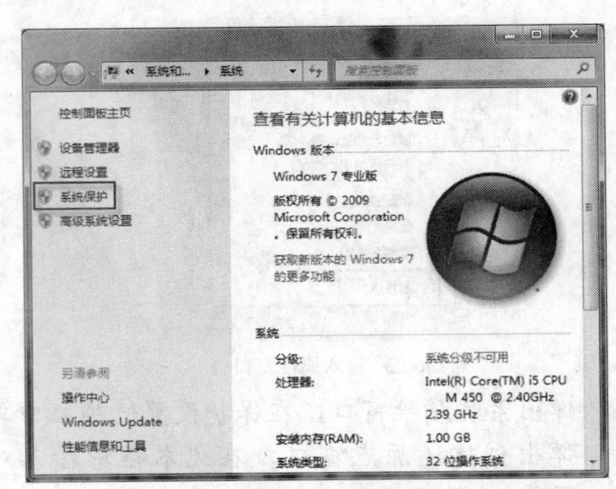

图6-30 属性窗口

3. 弹出系统属性窗口，在系统还原选项栏中单击 系统还原(S)... 按钮，如图 6-31 所示。
4. 弹出还原系统文件和设置窗口，单击 下一步(N) > 按钮，如图 6-32 所示。

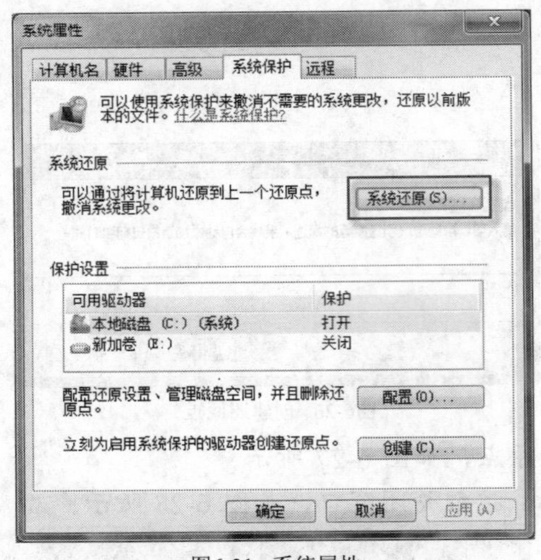

图6-31 系统属性

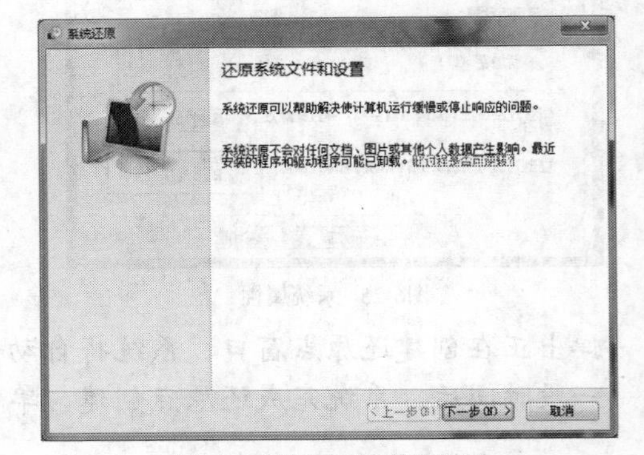

图6-32 还原系统文件和设置

5. 弹出选择还原点窗口，在列表框里面选择还原点，然后单击 下一步(N) > 按钮，如图 6-33 所示。
6. 弹出确认还原点窗口，单击 完成 按钮，如图 6-34 所示。

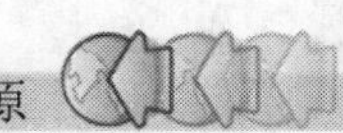

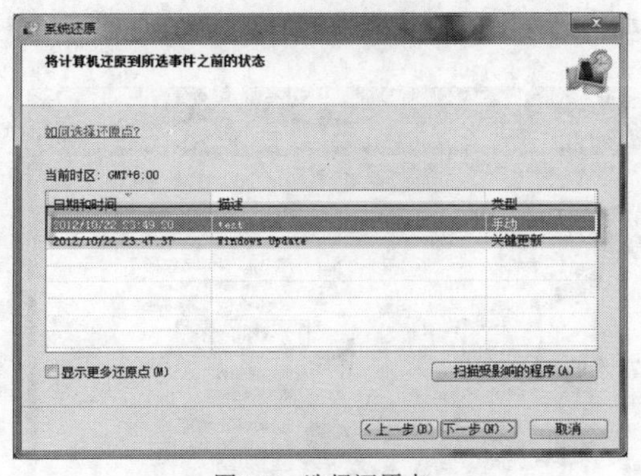

图6-33　选择还原点

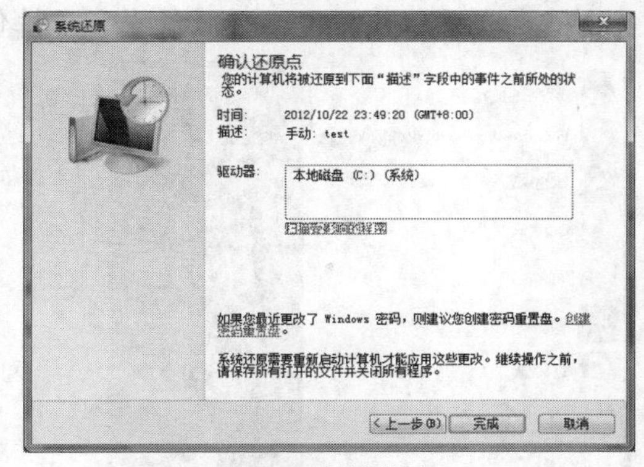

图6-34　确认还原点

7.　弹出还原警告窗口，单击 是 按钮，如图 6-35 所示。

8.　还原程序将做还原的准备工作，如图 6-36 所示。

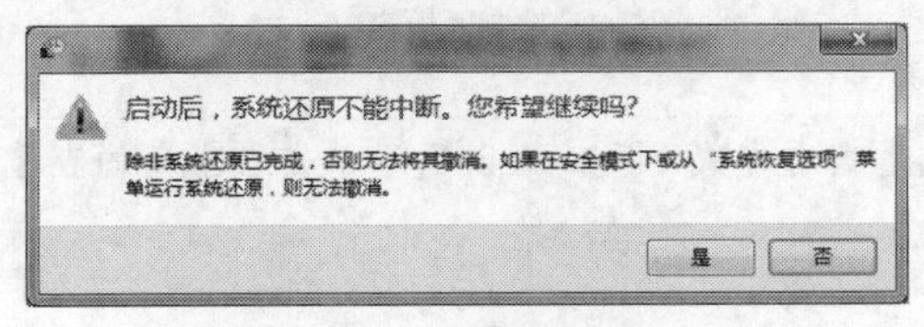

图6-35　还原提示窗口

图6-36　准备还原

9.　一段时间后，系统会自动还原到指定的还原点，如图 6-37 所示。

10.　一段时间后，还原完成，此时计算机会自动重启，重启后会弹出还原成功的提示窗口，如图 6-38 所示。

图6-37　正在还原

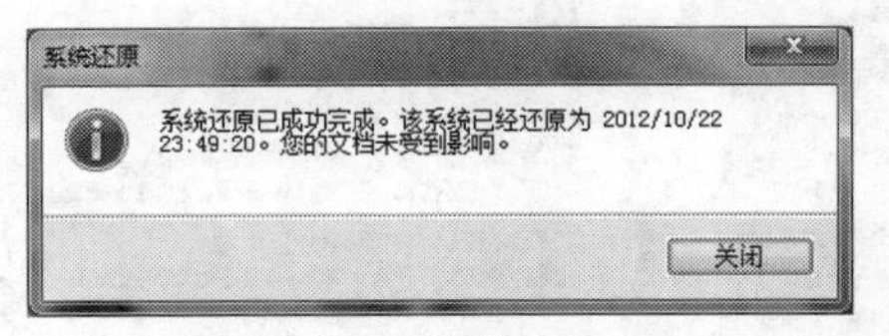

图6-38　还原完成

任务二　掌握文件的备份与还原方法

计算机用户一般都是将数据保存在硬盘上面，因此可能会出现一些故障导致数据的丢失，通过数据的备份与还原可以有效地避免这种情况。

（一）　备份与还原字体

Windows 的字体文件都是保存在 Windows 下 fonts 文件下面，为了避免字体丢失，可以通过保存该文件夹的字体到其他分区中，重装系统后可以进行恢复。

【操作步骤】

1.　在【开始】菜单中选择【控制面板】选项，如图 6-39 所示。

2. 弹出控制面板窗口，选择【外观和个性化】选项，如图 6-40 所示。

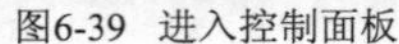

图6-39 进入控制面板

图6-40 控制面板窗口

如果控制面板窗口和这个窗口不一样，可能是查看方式不同，可以通过单击右上角的查看方式下拉框，选择【类别】选项即可。

3. 出现外观和个性化窗口，单击【字体】选项，如图 6-41 所示。
4. 弹出字体窗口，选中所需字体，然后单击鼠标右键，在弹出的菜单中选择【复制】命令，如图 6-42 所示。

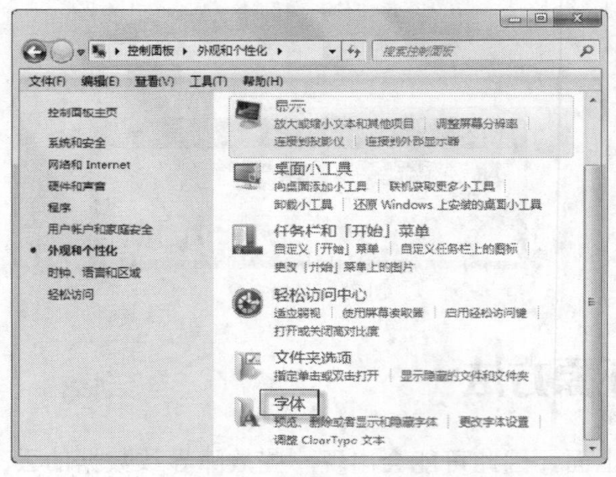

图6-41 外观和个性化窗口

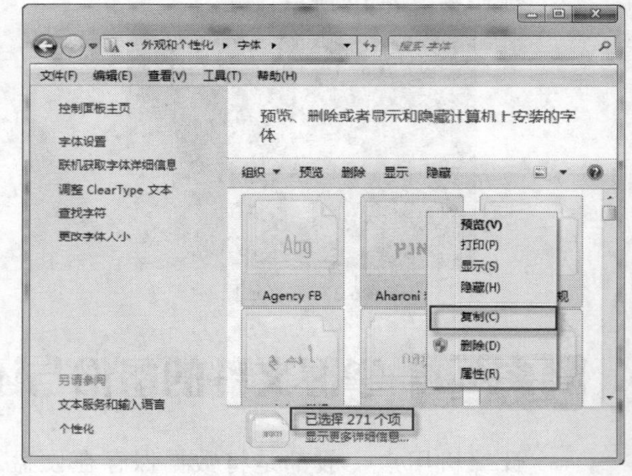

图6-42 复制所有字体文件

5. 将这些字体文件复制到备份的一个目录下面，这里在 E 盘新建一个【字体】目录，将备份字体放在里面，如图 6-43 所示。
6. 当出现故障而引起字体丢失时，可以通过下面方法进行还原。和上面操作一样，打开控制面板，选择【外观和个性化】选项，然后在右侧栏选择【字体】选项，弹出字体窗口，将刚刚备份的字体全部拷贝到当前目录即可。如果出现字体已安装提示，单击 否(N) 按钮即可。如图 6-44 所示。

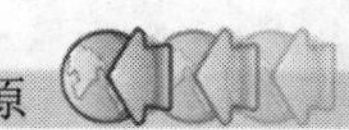

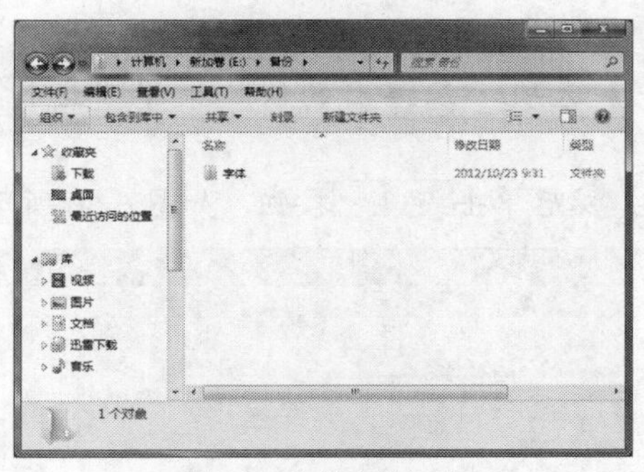

图6-43　备份字体目录

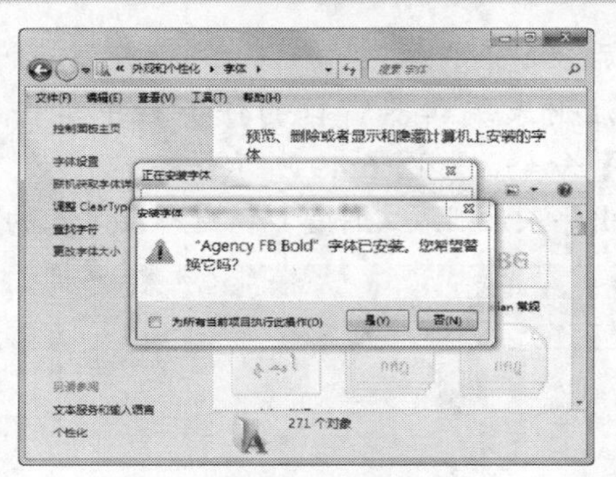

图6-44　还原字体

（二）　备份与还原注册表

注册表存放着各种参数，控制着 Windows 的启动、硬件驱动、软件设置等，注册表出现错误可能会导致某些软件异常，更严重可以导致系统崩溃，因此备份好注册表可以有效地避免这种情况发生。备份注册表可以通过软件进行备份，也可以使用 Windows 自带备份功能进行。

【操作步骤】

1.　备份注册表。

(1)　在【开始】菜单的【搜索程序和文件】文本框输入“regedit”然后回车，如图 6-45 所示。

(2)　弹出注册表编辑器窗口，在左侧选择要备份的注册表目录，如图 6-46 所示。

图6-45　打开注册表管理器

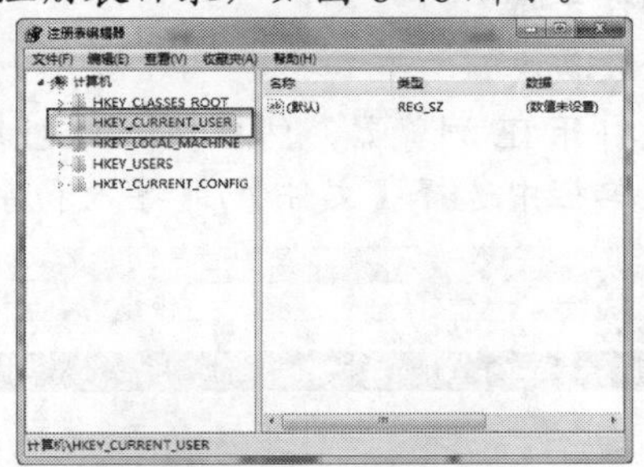

图6-46　注册表管理器

(3)　在任务栏单击【文件】选项，在弹出的菜单中选择【导出】命令，如图 6-47 所示。

(4)　弹出导出注册表文件窗口，在保存在下拉框选择保存目录，再在文件名文本框输入保存注册表文件名，然后单击 保存(S) 按钮。如图 6-48 所示。

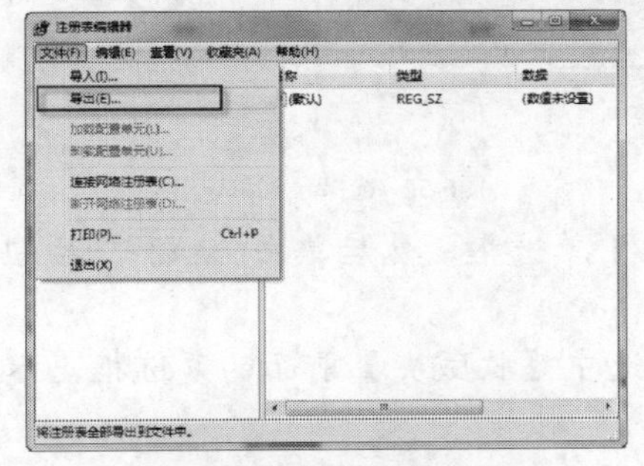

图6-47　选择【导出】命令

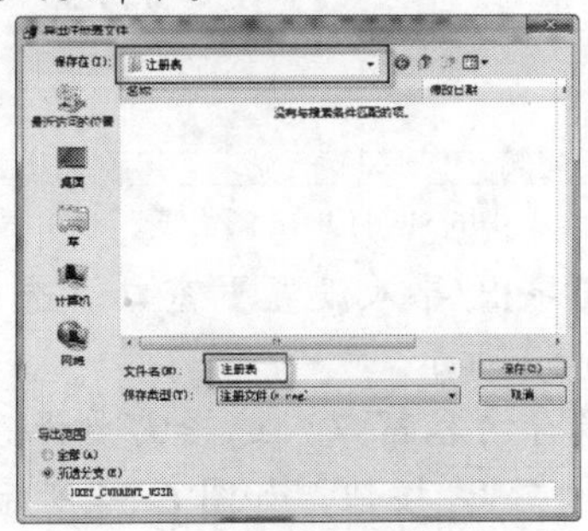

图6-48　选择导出位置

2. 还原注册表。

(1) 在注册表编辑器窗口的任务栏中单击【文件】选项，在弹出的快捷菜单中选择【导入】命令，如图6-49所示。

(2) 弹出导入注册表文件窗口，选择要导入的注册表，然后单击打开(O)按钮，如图6-50所示。

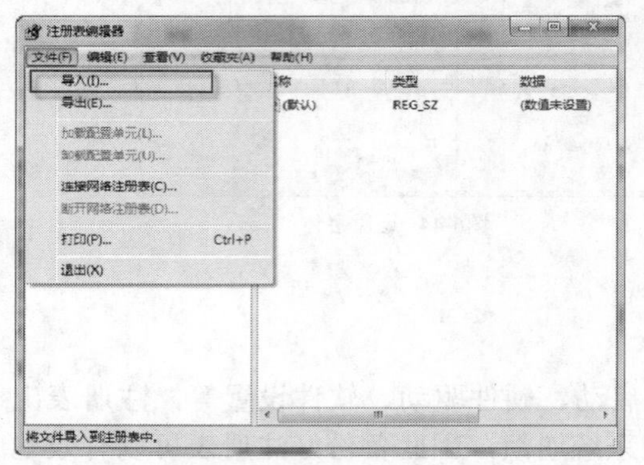

图6-49 选择【导入】命令

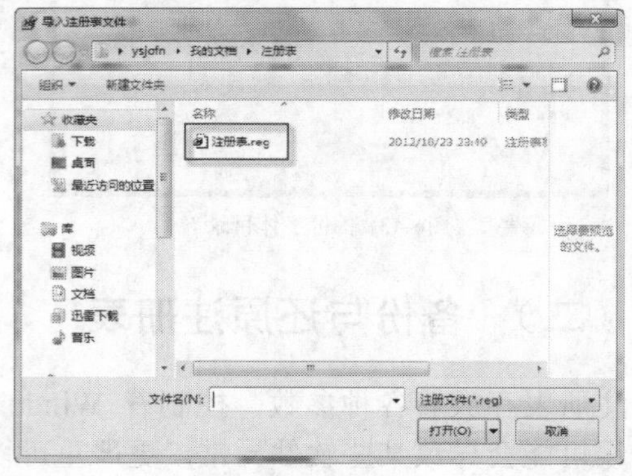

图6-50 还原注册表

（三） 备份与还原IE收藏夹

IE收藏夹用于保存用户常访问的网站，如果重装系统会丢失这些信息，因此备份IE收藏夹可以有效避免这种情况。首先介绍备份IE收藏夹的方法。

【操作步骤】

1. 备份收藏夹。

(1) 首先打开IE浏览器，然后按Alt键激活菜单栏，如图6-51所示。

(2) 在菜单栏中选择【文件】/【导入和导出】命令，如图6-52所示。

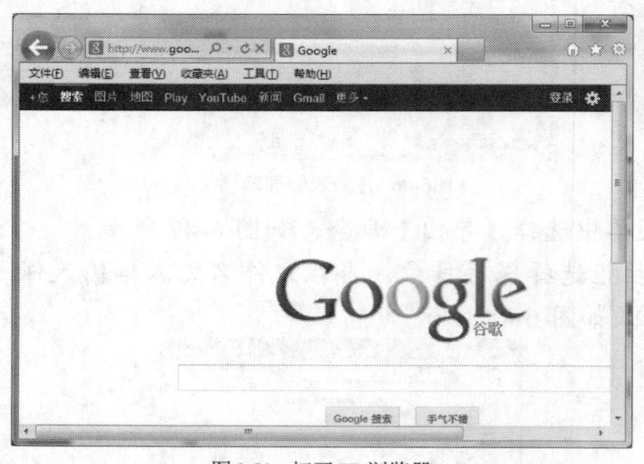

图6-51 打开IE浏览器

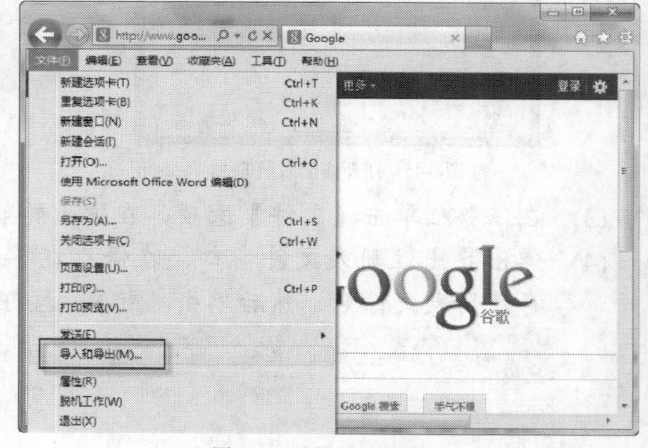

图6-52 选择导入和导出

(3) 弹出【导出/导入设置】窗口，选中【导出到文件】单选框，然后单击下一步(N) >按钮，如图6-53所示。

(4) 弹出保存内容窗口，选择需要保存的内容，这里选中【收藏夹】前面的复选框，然后单击下一步(N) >按钮，如图6-54所示。

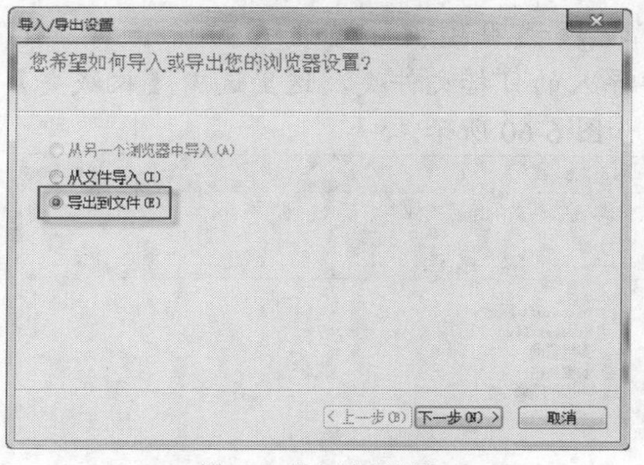

图6-53　导入导出设置

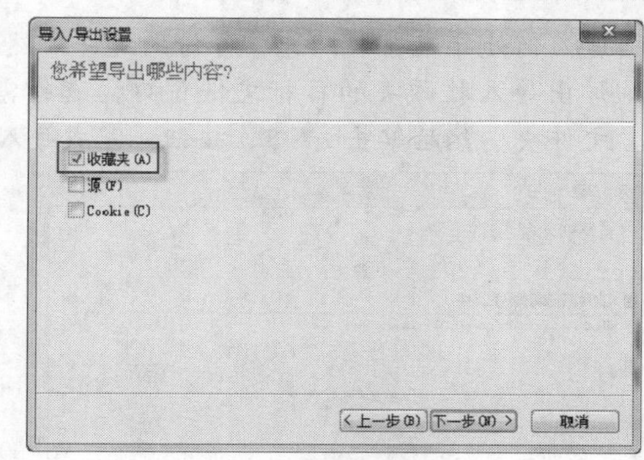

图6-54　选择导出内容

(5) 弹出从哪个文件夹导出收藏夹对话框，选中【收藏夹】文件夹，然后单击下一步(N) >按钮，如图 6-55 所示。

(6) 弹出保存目录窗口，选择需要保存的目录，然后单击导出(E)按钮，完成导出，如图 6-56 所示。

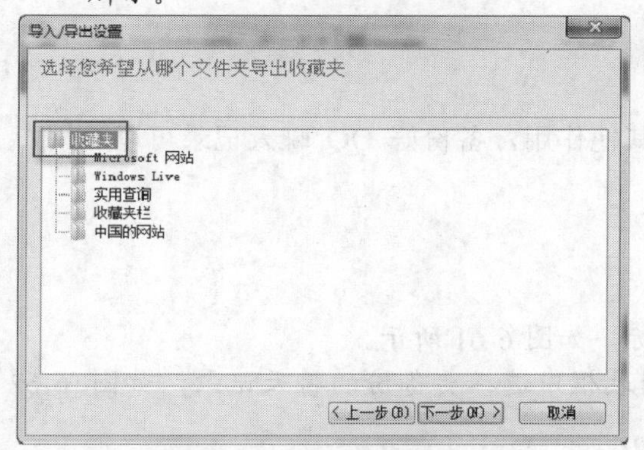

图6-55　选择导出收藏夹

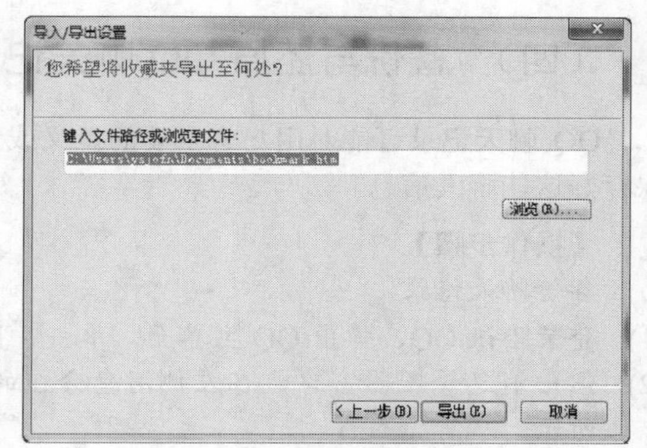

图6-56　选择导出位置

2.　还原收藏夹。

(1) 进入【导出/导出设置】窗口，选中【从文件导入】单选框，然后单击下一步(N) >按钮，如图 6-57 所示。

(2) 弹出导入内容窗口，选择需要导入的内容，这里选中【收藏夹】前面的复选框，然后单击下一步(N) >按钮，如图 6-58 所示。

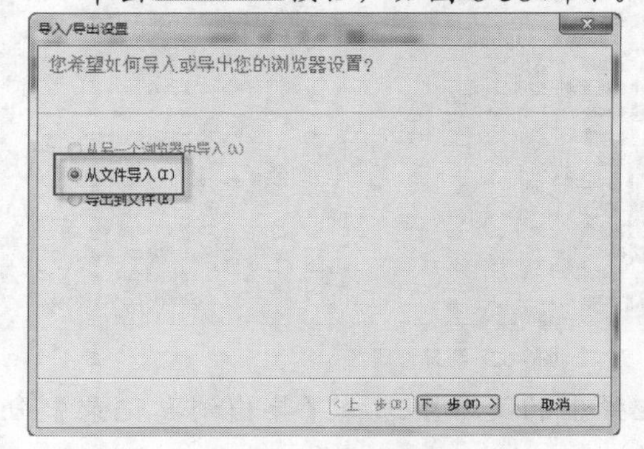

图6-57　导入导出设置

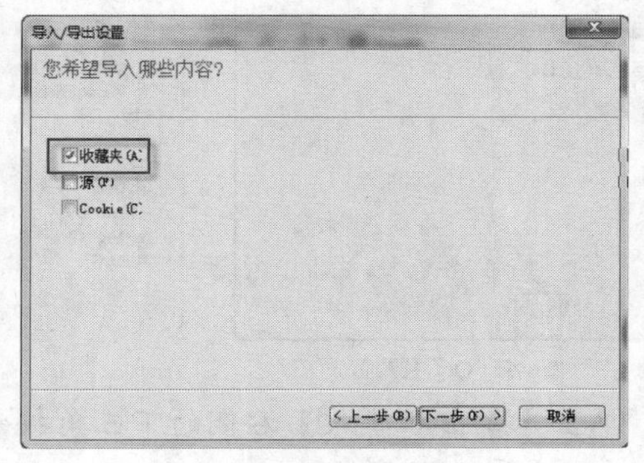

图6-58　选择导入内容

(3) 进入何处导入窗口，选中备份的文件，然后单击下一步(N) >按钮，如图 6-59 所示。

(4) 弹出导入收藏夹的目标文件窗口，选择需要导入的目标文件夹，这里选中【收藏夹】文件夹，然后单击导入(I)按钮，完成导入，如图 6-60 所示。

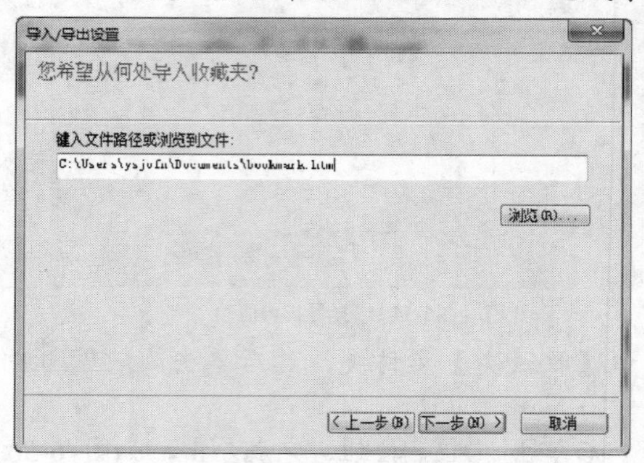

图6-59 选择导入文件

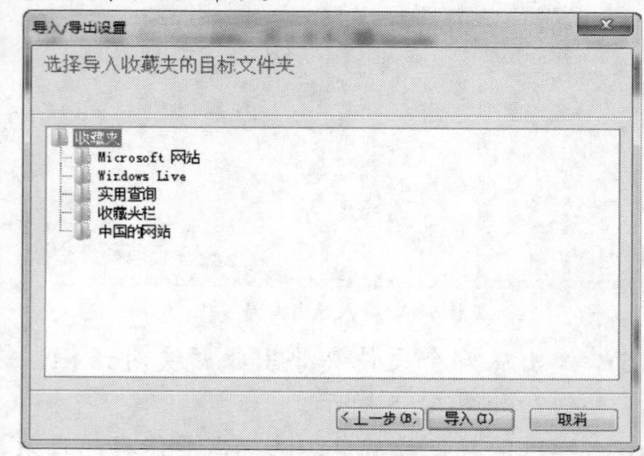

图6-60 选择导入目标文件夹

（四） 备份与还原 QQ 聊天记录

QQ 聊天记录可能对用户有重要的意义或者其他作用，备份好 QQ 聊天记录可以让用户保存好这些聊天信息。

【操作步骤】

1. 备份聊天记录。

(1) 登录腾讯 QQ，弹出 QQ 主界面，单击图标，如图 6-61 所示。

(2) 弹出消息管理器窗口，在左侧消息分组的列表框中选择要备份的聊天记录，如图 6-62 所示。

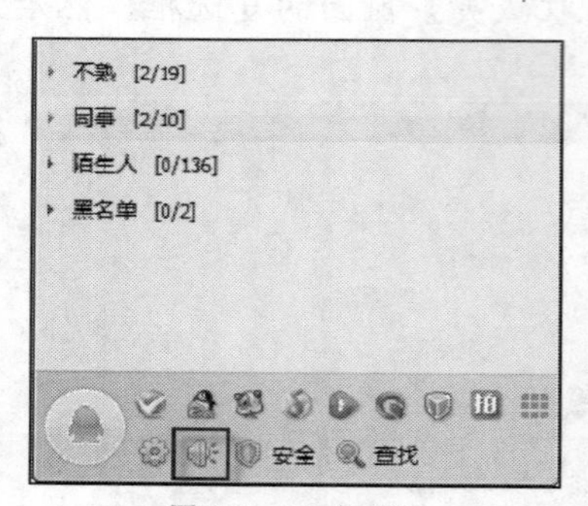

图6-61 QQ 主界面

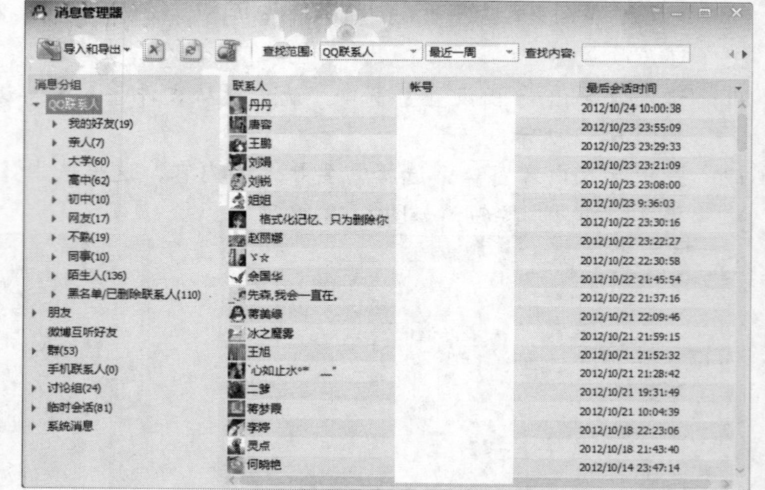

图6-62 消息管理器

(3) 单击【导出和导入】右侧的下三角按钮，在弹出的菜单中选择【导出消息记录】命令，如图 6-63 所示。

(4) 弹出另存为窗口，选择需要保存的目录，在文件名文本框输入保存聊天记录的文件名，然后单击 保存(S) 按钮，如图 6-64 所示。

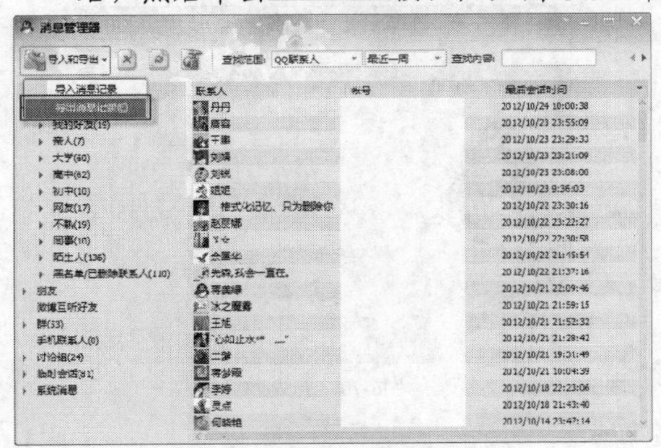

图6-63　选择导入导出选项

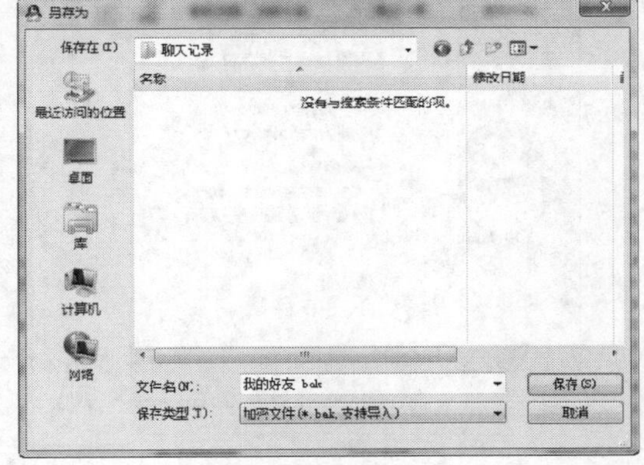

图6-64　选择保存目录

2. 恢复聊天记录。

(1) 打开消息管理器，单击 导入和导出 按钮，如图 6-65 所示。

(2) 弹出导入导出工具窗口，选择导入内容，在【消息记录】前的复选框打钩，如图 6-66 所示。

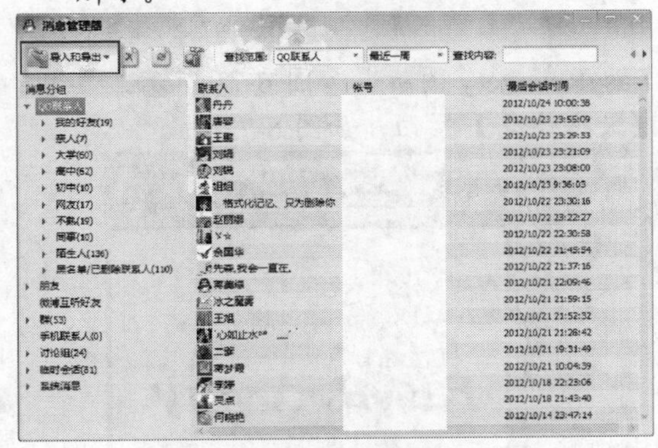

图6-65　选择导入导出选项

图6-66　选择导入内容

(3) 选择导入方式，在【从指定文件导入】单选框前打钩，如图 6-67 所示。

(4) 弹出文件浏览窗口，选择要导入的文件，然后单击 打开(O) 按钮，如图 6-68 所示。

图6-67　选择导入方式

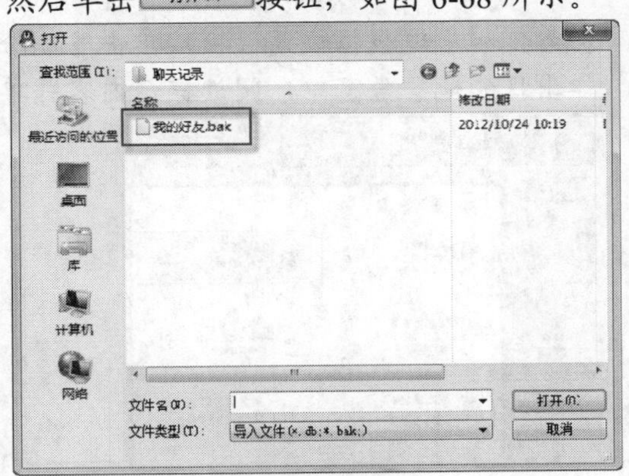

图6-68　打开目录

(5) 回到导入导出工具窗口，然后单击 导入 按钮，如图 6-69 所示。

(6) 弹出完成导入窗口，单击 完成 按钮退出数据导入向导，如图 6-70 所示。

图6-69 选择导入方式

图6-70 导入成功

（五） 使用 EasyRecovery 还原数据

EasyRecovery 是一款很强大的数据恢复软件，可以恢复用户删除或者格式化后的数据，并且操作简单，用户只需要按照它的向导即可完成数据恢复的操作。

【操作步骤】

1. 恢复被删除后的文件。

(1) 下载并安装 EasyRecovery 软件，双击打开 EasyRecovery 图标，如图 6-71 所示。

(2) 弹出 EasyRecovery 主界面，在左侧栏单击【数据恢复】按钮，如图 6-72 所示。

图6-71 打开 EasyRecovery

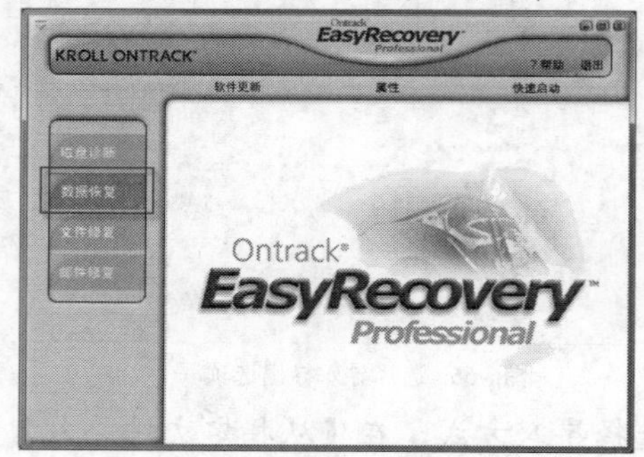

图6-72 EasyRecovery 主界面

(3) 在右侧栏出现数据恢复选项，单击【删除恢复】选项，如图 6-73 所示。

(4) 弹出目的地警告窗口，阅读提示内容并单击 确定 按钮，如图 6-74 所示。

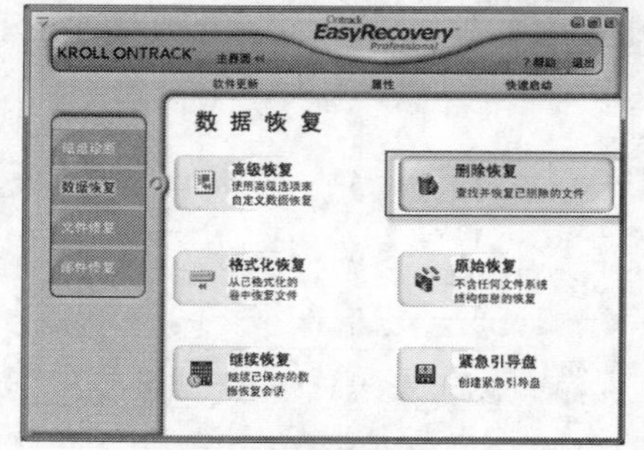

图6-73 选择删除恢复选项

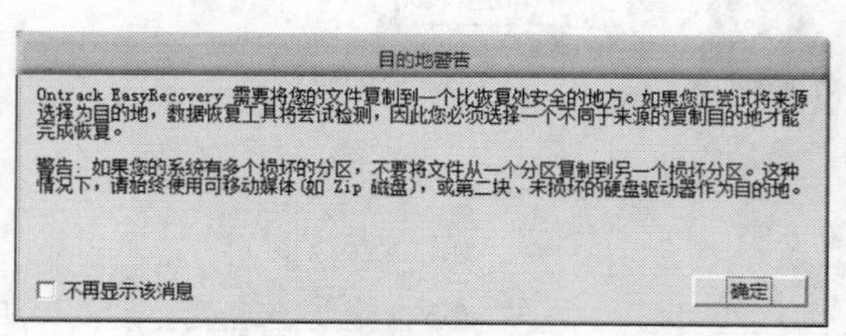

图6-74 目的地警告窗口

(5) 在左侧选择要恢复的分区盘，然后单击下一步按钮，如图 6-75 所示。

(6) 恢复程序将扫描该分区上面的文件，如图 6-76 所示。

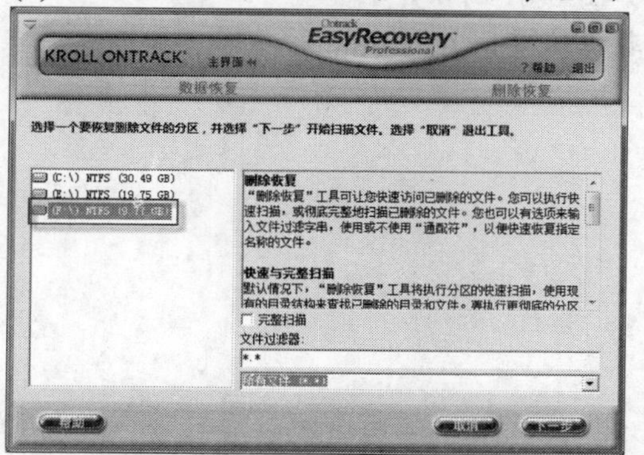

图6-75　选择恢复的分区

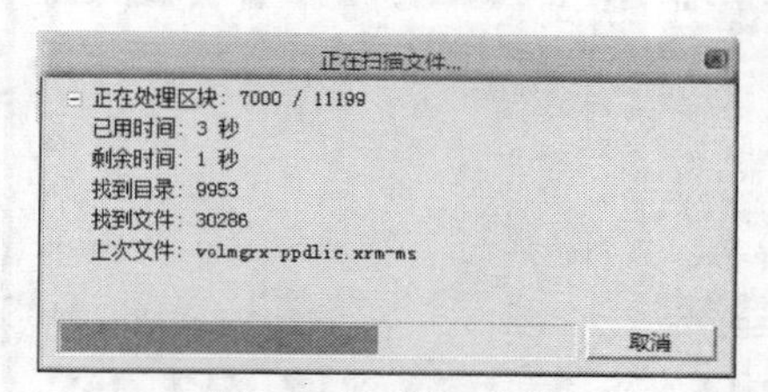

图6-76　扫描分区文件

(7) 一段时间后，会将被删除的文件显示出来，在左侧显示被删除文件的目录，在右侧显示该目录下的文件，在要恢复的文件或者目录前的复选框打钩，然后单击下一步按钮，如图 6-77 所示。

(8) 弹出数据恢复目的地选项，单击浏览按钮，如图 6-78 所示。

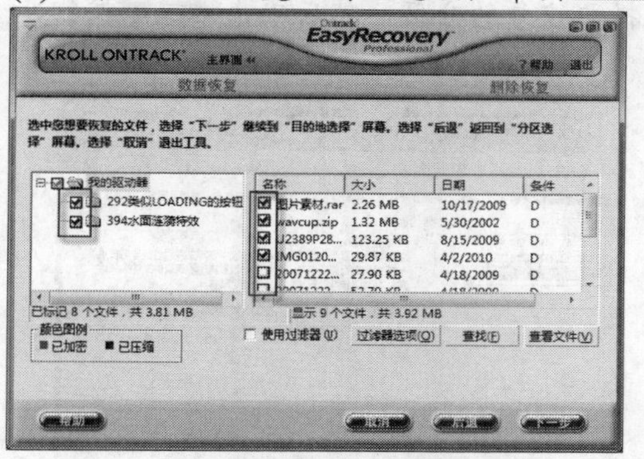

图6-77　选择要恢复的文件

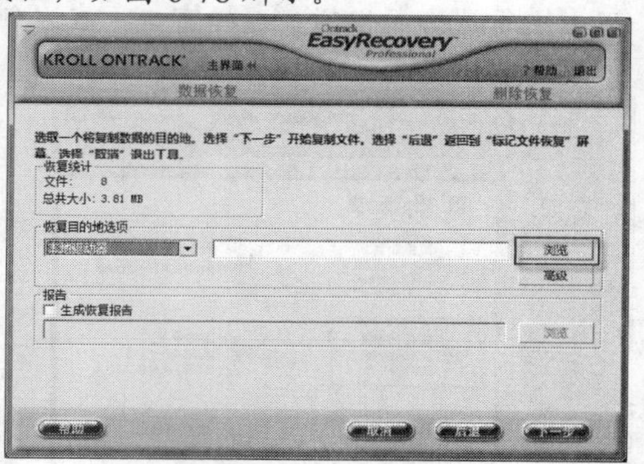

图6-78　选择文件保存位置

(9) 弹出保存位置选择窗口，在浏览文件夹窗口选择要保存的目录，然后单击确定按钮，如图 6-79 所示。

(10) 回到 EasyRecovery 主窗口，单击下一步按钮，如图 6-80 所示。

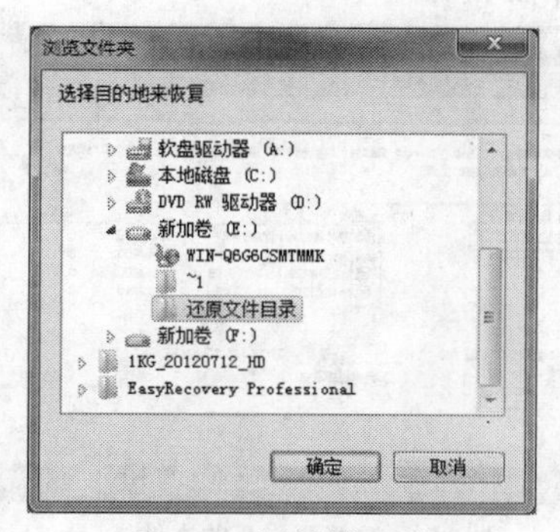

图6-79　选择保存目录

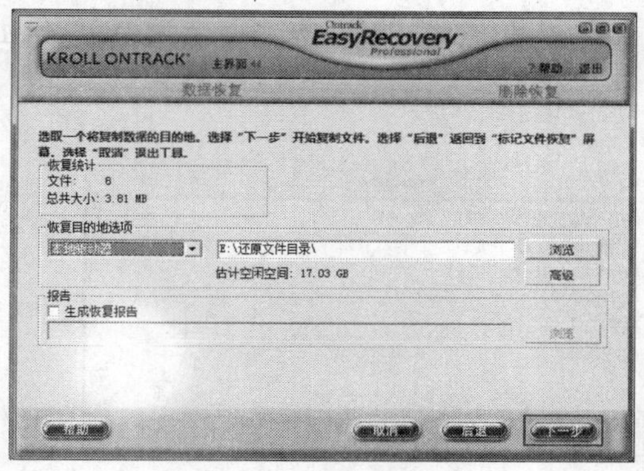

图6-80　完成目录设置

(11) 一段时间后，安装向导将完成恢复，并弹出数据恢复成功窗口，此时可以在刚刚选择的目录下看到还原的文件，单击 完成 按钮，如图6-81所示。

(12) 出现保存恢复提示窗口，单击 否 按钮完成数据恢复，如图6-82所示。

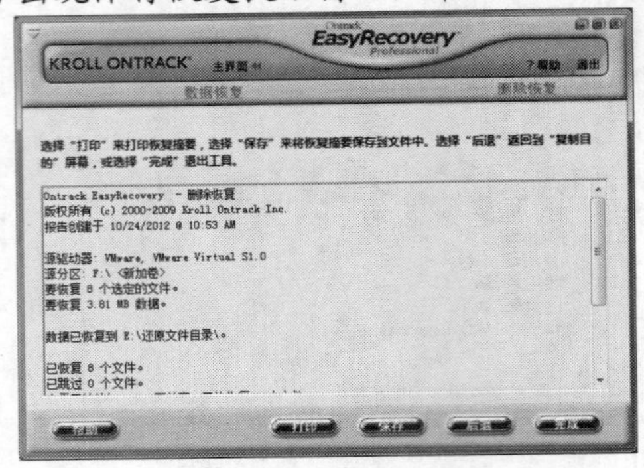

图6-81　完成数据恢复

图6-82　保存恢复提示

2. 恢复被格式化的硬盘。

(1) 进入 EasyRecovery 主界面，在左侧窗口选择【数据恢复】选项，然后在右侧选择【格式化恢复】选项，如图6-83所示。

(2) 弹出恢复被格式化磁盘选择窗口，在左侧栏选择要恢复的分区，然后单击 下一步 按钮，如图6-84所示。

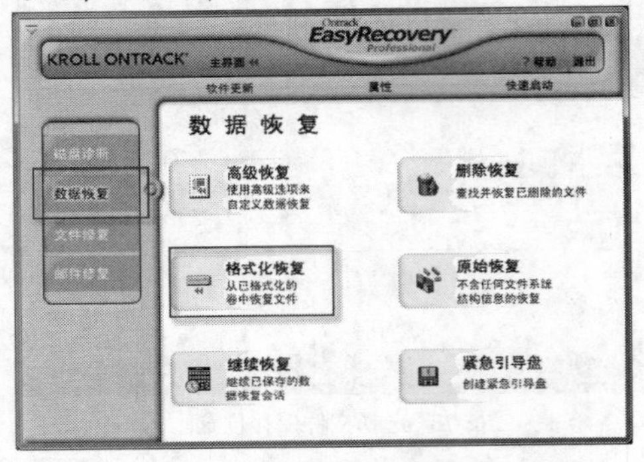

图6-83　EasyRecovery主界面

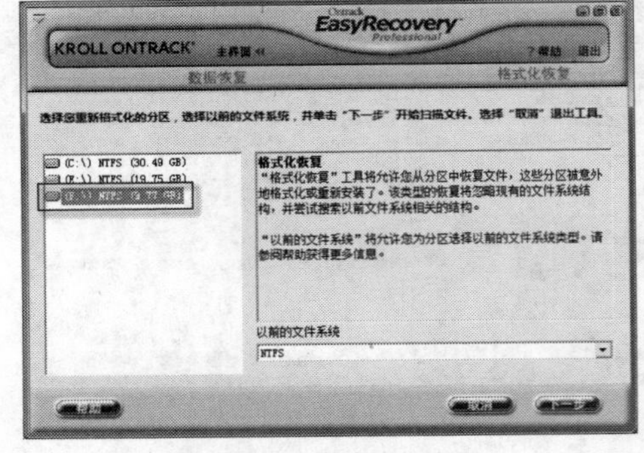

图6-84　选择被格式化分区

(3) 恢复程序会自动扫描格式化硬盘的文件，如图6-85所示。

(4) 一段时间后，扫描结束，所有丢失的文件将全部显示出来，在要恢复的文件或文件夹前面的复选项打钩，然后单击 下一步 按钮，如图6-86所示。

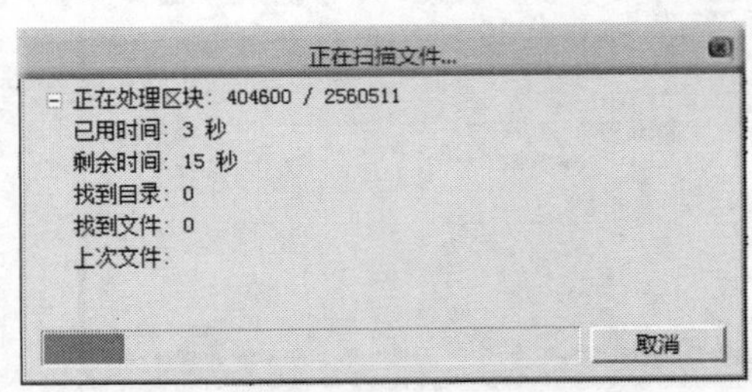

图6-85　扫描格式化分区文件

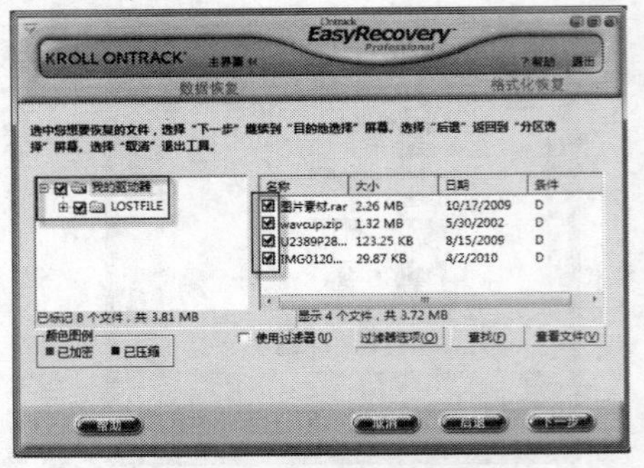

图6-86　选择要恢复的文件

(5) 弹出数据恢复目的地选项，单击 浏览 按钮，如图 6-87 所示。

(6) 弹出保存位置选择窗口，在浏览文件夹窗口选择要保存的目录，然后单击 确定 按钮，如图 6-88 所示。

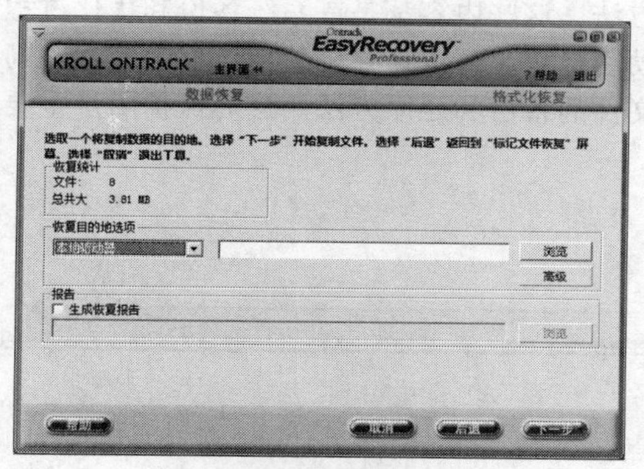

图6-87　选择恢复目标

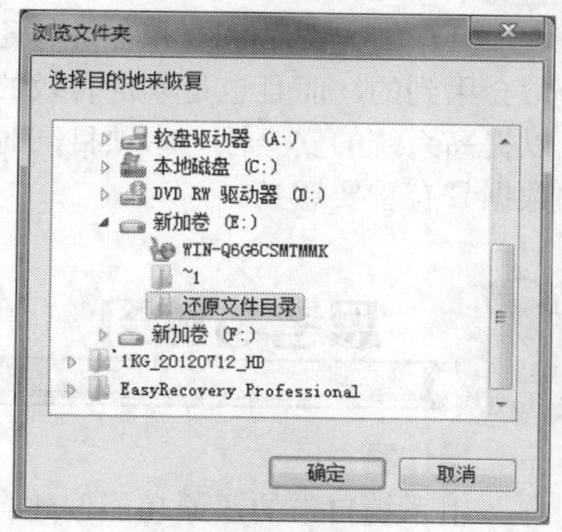

图6-88　选择恢复目录

(7) 回到 EasyRecovery 主窗口，单击 下一步 按钮，如图 6-89 所示。

(8) 一段时间后，安装向导将完成恢复，并弹出数据恢复成功窗口，此时可以在刚刚选择的目录下看到还原的文件，单击 完成 按钮。如图 6-90 所示。

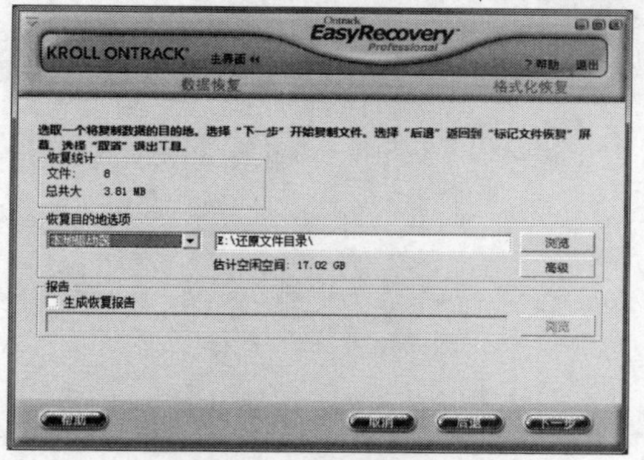

图6-89　完成目录选择

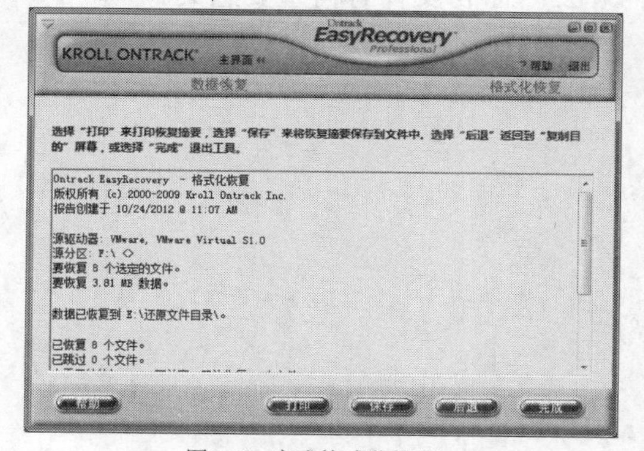

图6-90　完成格式化恢复

项目实训　练习多种系统与文件的备份还原方法

【实训目的】

总结本项目所学知识，练习各种系统与文件的备份和还原方法。

【操作步骤】

1. 练习使用 GHOST 软件备份系统。
2. 练习备份注册表。
3. 使用 EasyRecovery 还原刚删除的文件。

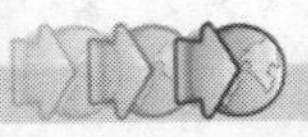

项目小结

本项目详细介绍了系统和备份与还原的具体方法。这些内容都是在系统备份和优化过程中经常会用到的，而且也是非常有效的，可以帮助用户快速解决计算机使用过程中的相关问题，以提高系统的安全性。本项目同时还介绍了文件的备份和还原方法，这对保护用户重要文件数据具有重要意义。

思考与练习

一、操作题

1. 用系统自带的还原功能创建自己的还原点。
2. 练习备份 QQ 聊天记录。

二、思考题

1. 简要总结系统备份和还原的基本方法有哪些。
2. 备份文件有何重要意义。

项目七 计算机软件故障的诊断

在计算机的使用过程中难免会出现各种各样的软件故障，如何快速定位故障并排除故障是广大用户关心的问题。本项目将讲解计算机故障产生的原因及判断和处理计算机软件故障的方法，让用户掌握一些常见软件故障的解决方法与技巧。

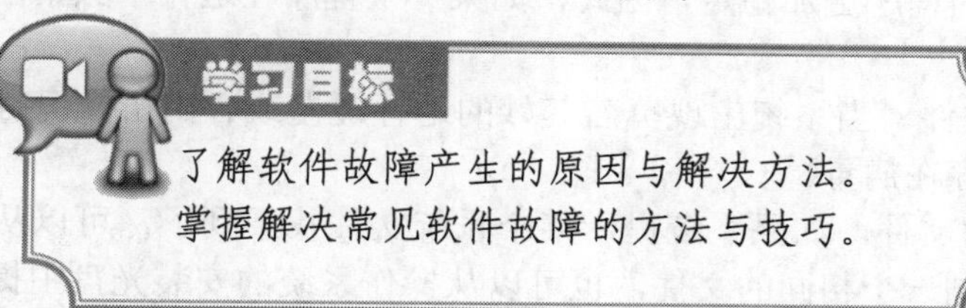

任务一 了解软件故障产生的原因与解决方法

软件故障主要是指由操作系统和应用软件的错误引发的故障。常用的软件故障有程序错误、设置错误、病毒感染破坏和误操作等。系统发生软件故障时常表现为显示出错信息、应用软件无法运行、系统运行不稳定或者运行程序缺失文件，严重时用户无法进入系统。快速诊断和排除软件故障对保证系统正常运行非常重要。本任务主要来了解软件故障产生的原因与解决方法。

（一） 了解软件故障产生的原因

软件故障常由下面一些原因造成。

(1) 非法操作。非法操作是由于人为操作不当造成的。如卸载程序时不使用程序自带的卸载程序，而直接将程序所在的文件夹删除，或因感染了病毒后，被杀毒软件删除了程序的部分文件导致系统故障，这样一般不能完全卸载该程序，反而会给系统留下大量的垃圾文件，成为系统产生故障的隐患。

(2) 病毒的破坏。计算机病毒会给系统带来难以预料的破坏，有的病毒会感染硬盘中的可执行文件，使其不能正常运行；有的病毒会破坏系统文件，造成系统不能正常启动；还有的病毒会破坏计算机的硬件，使用户蒙受更大的损失。

(3) 软件不兼容。有些软件在运行时与其他软件有冲突，相互不能兼容。如果这两个不能兼容的软件同时运行，可能会中止程序的运行，严重的将会使系统崩溃。比较典型的例子是杀毒软件，如果系统中存在多个杀毒软件，很容易造成系统运行不稳定。

(4) 误操作。误操作是指用户在使用计算机时，误将有用的系统文件删除或者执行了格

式化命令，这样会使硬盘中重要的数据丢失。

（二） 掌握软件故障的解决方法

软件故障的种类非常多，但是只要解决软件故障的思路正确，那么应付故障就比较轻松了。下面将讲解解决软件故障的方法。

(1) 重新安装应用程序。如果是应用程序运行时出错，可以将这个程序卸载后重新安装，多数情况下，重新安装程序可以解决很多程序出错的故障。同样，重新安装驱动程序也可修复设备因驱动程序出错而发生的故障。

(2) 注意提示。软件故障发生时，系统一般都会给出错误提示，仔细阅读提示，根据提示来处理故障常常可以事半功倍。

(3) 升级软件版本。有些低版本的程序存在漏洞，容易在运行时出错。一般来说，高版本的程序比低版本的程序更加稳定，因此，如果一个程序在运行中频繁出错，可以升级该程序的版本。

(4) 利用杀毒软件。当系统出现莫名其妙的运行缓慢或者出错情况时，应当运行杀毒软件扫描系统看是否存在病毒。

(5) 寻找丢失的文件。如果系统提示某个系统文件找不到了，可以从其他使用相同操作系统的计算机中复制一个相同的文件，也可以从操作系统的安装光盘中提取原始文件到相应的系统文件夹中。

任务二 掌握解决常见的软件故障的方法与技巧

下面将介绍一些常见的软件故障排除实例，希望读者举一反三，轻松处理使用计算机时遇到的软件故障。

（一） 解决 Windows 7 中不能安装软件的故障

【故障描述】

一台安装了 Windows 7 的计算机在运行了一段时间后，无法再安装其他软件，每次安装的时候都会提示出错。

【故障解析】

出现这种故障一般是由于系统盘中的临时文件太多，占据了大量的磁盘空间，使得安装软件所需要的硬盘空间不足。可运行磁盘清理程序，将系统盘的临时文件夹清空来解决。

【故障排除】

1. 选择【开始】/【所有程序】/【附件】/【系统工具】/【磁盘清理】命令，打开磁盘清理程序，如图 7-1 所示。
2. 在【驱动器】的下拉列表框中选择要清理的驱动器，本操作选择 C 盘。单击 确定 按钮，程序将自动计算可以在 C 盘上释放多少空间，如图 7-2 所示。

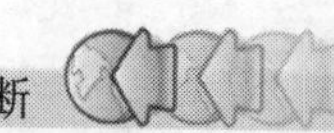

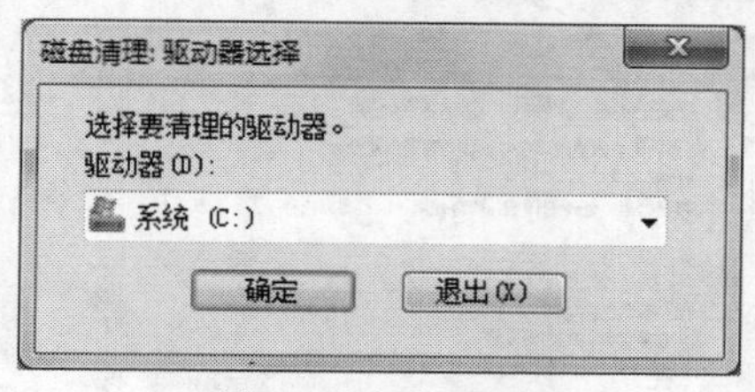

图7-1　磁盘清理程序

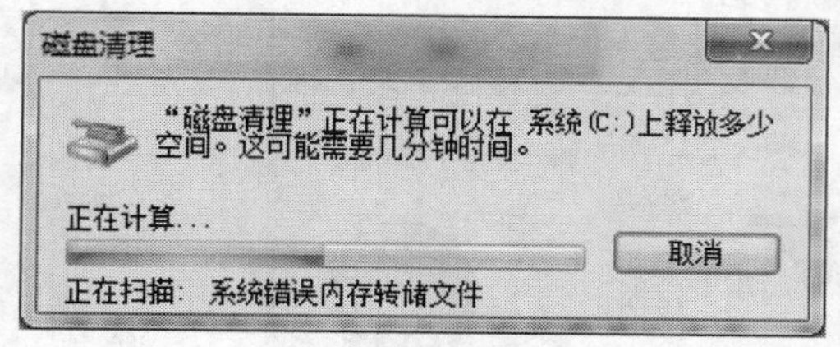

图7-2　计算释放空间

3. 计算完成后将弹出【系统(C:)的磁盘清理】对话框，如图 7-3 所示，在【要删除的文件】列表框列出了可以删除的文件。

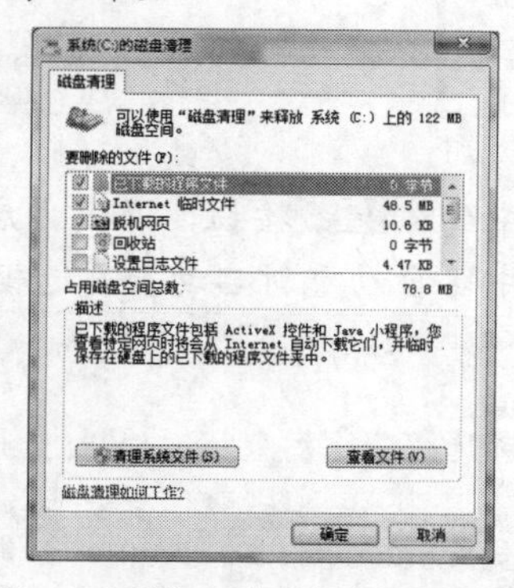

图7-3　【系统(C:)的磁盘清理】对话框

4. 把【要删除的文件】列表框中的所有选项都勾选，单击确定按钮，弹出【确认】对话框，如图 7-4 所示。
5. 单击删除文件按钮，磁盘清理程序就会自动开始清理磁盘直至清理完成，如图 7-5 所示。

图7-4　【确认】对话框

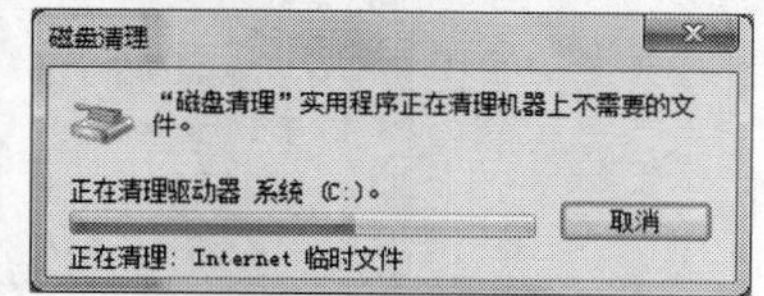

图7-5　正在清理磁盘

（二）　关闭 Windows 7 后系统却重新启动

【故障描述】

关闭 Windows 7 系统后，系统又自动重新启动。

【故障分析】

在默认情况下，当系统出现错误时，计算机会自动重新启动。这样，当用户关机时出现错误，系统也会自动重新启动，将该功能关闭往往可以解决自动重新启动的故障。

【故障排除】

1. 右键单击【计算机】图标，在弹出的快捷菜单中选择【属性】命令，弹出【控制面板】对话框，单击【高级系统设置】选项，如图 7-6 所示。
2. 在弹出的【系统属性】对话框中选中【高级】选项卡，如图 7-7 所示。

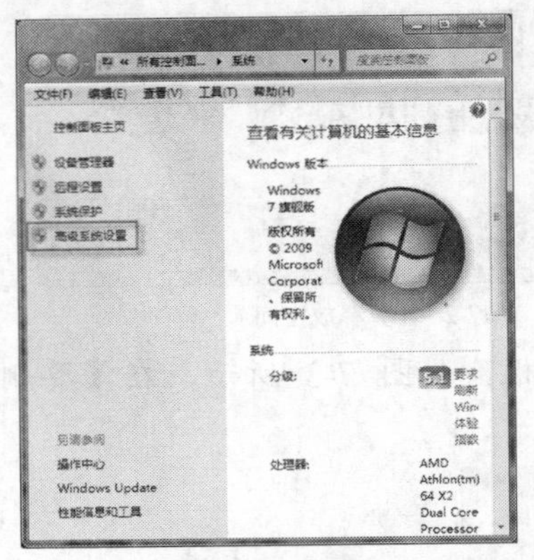

图7-6 控制面板

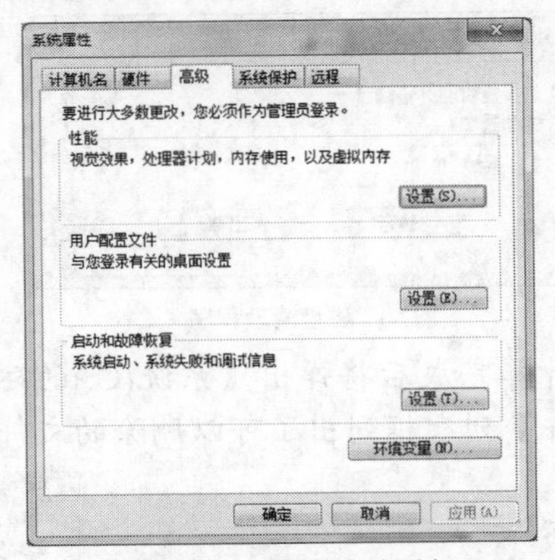

图7-7 打开【高级】选项卡

3. 单击【启动和故障恢复】栏中的 设置(T)... 按钮，弹出【启动和故障恢复】对话框。
4. 在【系统失败】栏中取消选中【自动重新启动】复选框，如图7-8所示。

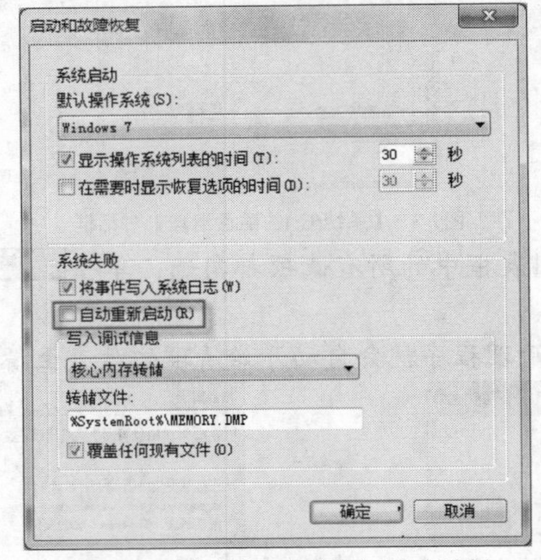

图7-8 取消选中【自动重新启动】复选框

（三） Windows 7系统运行多个任务时速度突然下降

【故障描述】

计算机启动后，当同时使用Word、QQ和游戏等多个软件时，计算机速度会明显下降，并经常提示虚拟内存不足。

【故障分析】

正常情况下，目前电脑配置的内存运行多个软件不会对系统速度有太大的影响，更不会出现内存不足的情况，因此初步判断是因为虚拟内存设置不当引起的故障。一般Windows系统预设的是由系统自行管理虚拟内存，它会因应用程序所需而自动调节驱动器页面文件的大小，但这样的调节会给系统带来额外的负担，有可能导致系统运行速度变慢。

【故障排除】

1. 右键单击【计算机】图标，在弹出的快捷菜单中选择【属性】命令，弹出【控制面板】对话框，单击【高级系统设置】选项。

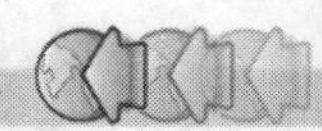

2. 在弹出的【系统属性】对话框中选中【高级】选项卡。
3. 单击【性能】栏中的 设置(S) 按钮，弹出【性能选项】对话框，再切换到【高级】选项卡，如图 7-9 所示。单击【虚拟内存】栏中的 更改(C) 按钮弹出【虚拟内存】对话框。
4. 选择驱动器为 C 盘，在【每个驱动器的分页文件大小】栏中选中【自定义大小】单选按钮，然后设置页面文件的初始大小和最大值。最大值一般为初始大小的 1～2 倍，如图 7-10 所示。

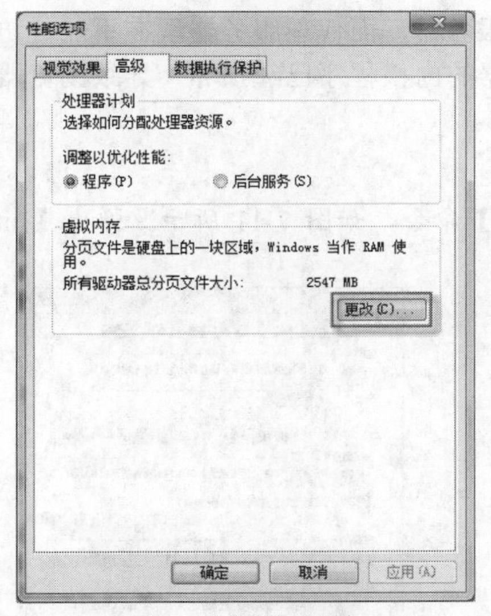

图7-9 【高级】选项卡

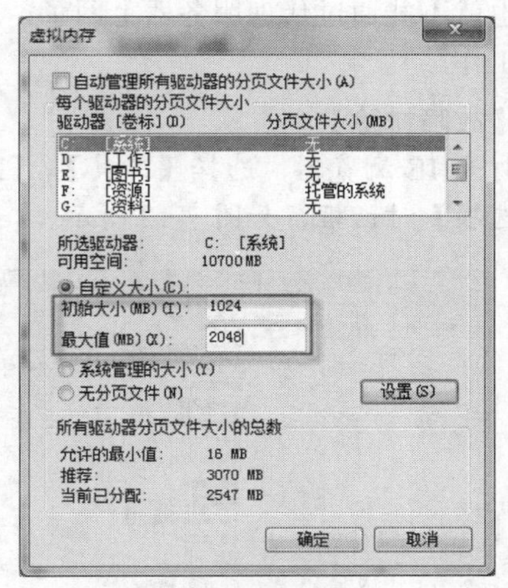

图7-10 【虚拟内存】对话框

（四） 解决 Windows 运行时出现蓝屏的故障

【故障描述】

在 Windows 启动时或在 Windows 中运行一些软件时经常出现蓝屏。

【故障解析】

出现此类故障是由于用户操作不当使 Windows 系统损坏造成的，这种故障具体表现为以安全模式引导时不能正常进入系统，出现蓝屏故障。以下几种原因可能引发该故障。

(1) CPU 原因。由于 CPU 原因引发此类故障的现象比较少见，一般常见于 Cyrix 的 CPU。

(2) 内存原因。由于内存原因引发该故障的现象较为常见，一般是由于芯片质量不好。

(3) 系统原因。操作系统的一些文件被破坏或者丢失，造成系统运行不稳定。

【故障排除】

针对引发该故障的几种原因，提出以下排除方法。

(1) CPU 原因。降低 CPU 频率，看能否解决，如不行，则只有更换 CPU 了。

(2) 内存原因。通过修改 CMOS 设置中的延迟时间 CAS 可解决该问题，倘若不行，则更换内存条。

（五） 解决无法浏览网页的故障

【故障描述】

局域网中所有的计算机都可以互相访问，都可以浏览网页，但是有一台计算机使用 IE 浏览器浏览网页时总提示找不到网址。

【故障解析】

这有可能是因为不能上网的计算机设置了代理服务器，而代理服务器现在不能被访问，因此也就不能通过代理服务器上网了，或 IE 浏览器的内核程序已经损坏，导致浏览器无法正常工作。

【故障排除】

1. 打开 IE 浏览器，选择【工具】/【Internet 选项】命令，如图 7-11 所示。弹出【Internet 选项】对话框，如图 7-12 所示。

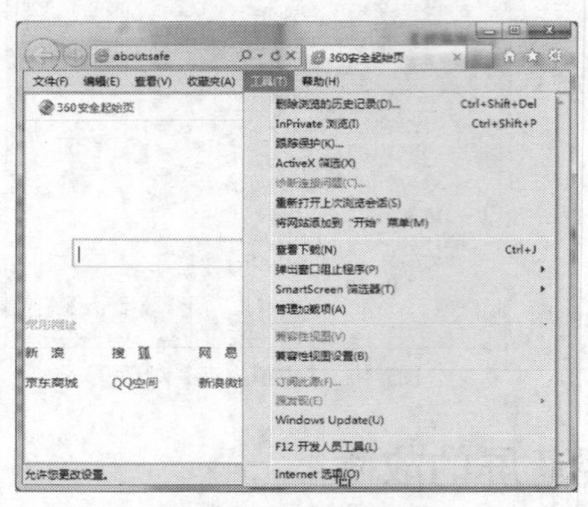

图7-11 【工具】选项

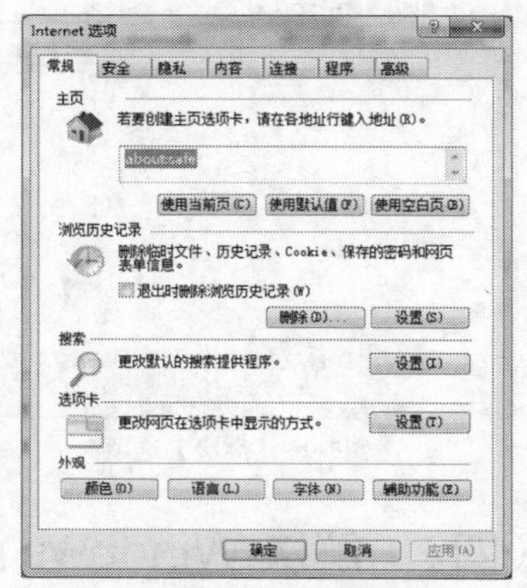

图7-12 【Internet 选项】对话框

2. 切换到【连接】选项卡，如图 7-13 所示。
3. 单击 局域网设置(L) 按钮，弹出【局域网（LAN）设置】对话框，如图 7-14 所示。

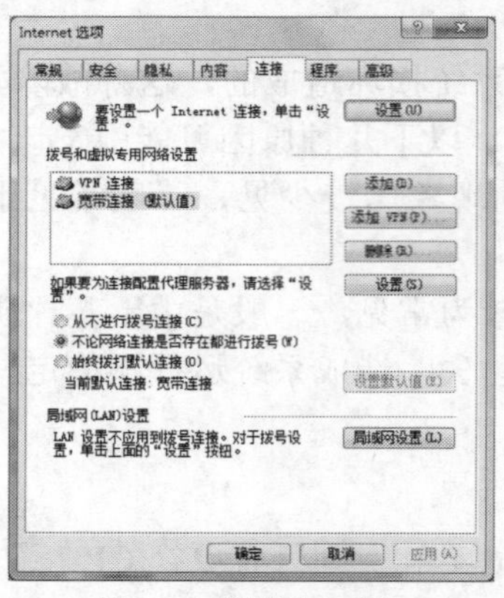

图7-13 【连接】选项卡

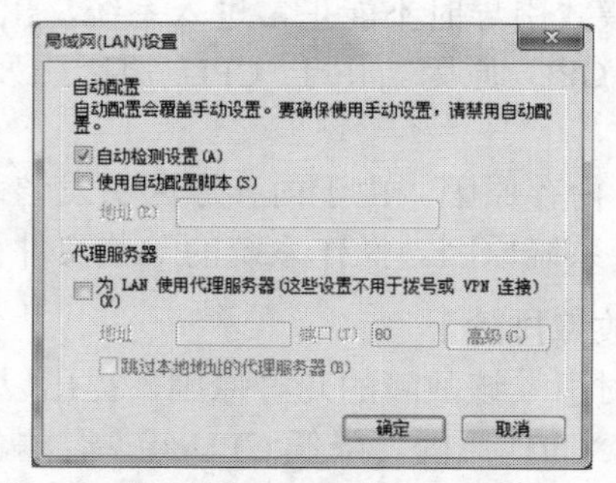

图7-14 【局域网（LAN）设置】对话框（1）

4. 勾选【为 LAN 使用代理服务器】复选框，如图 7-15 所示。
5. 单击 高级(C) 按钮，弹出【代理服务器设置】对话框，填写代理服务器，如图 7-16 所示。

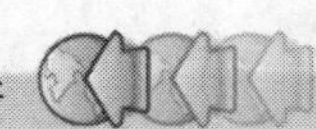

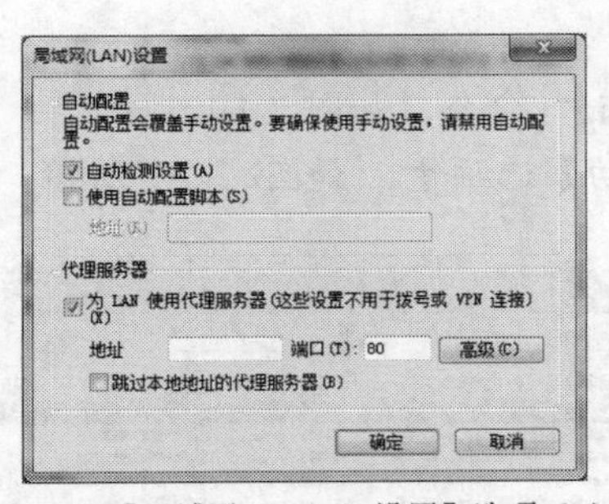

图7-15　【局域网（LAN）设置】选项（2）

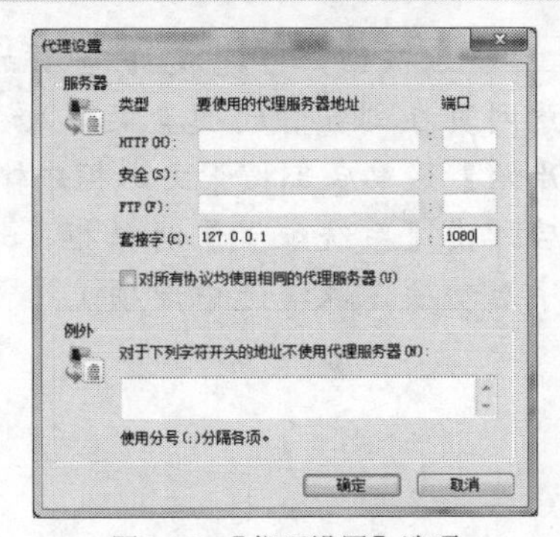

图7-16　【代理设置】选项

6.　单击 确定 按钮，完成代理服务器设置，即可上网。

说明：如果是因为 IE 损坏导致的故障，则可以重新下载新的 IE 浏览器覆盖原来的 IE 浏览器，或者安装其他的浏览器软件，来解决问题。

（六）　解决 IE 被恶意修改的问题

【故障描述】

修改 IE 的标题栏，即在 IE 最上方的蓝色横条里做广告，而不是显示默认的“Microsoft Internet Explorer”。

【故障解析】

出现此故障的原因可能是有人恶意地修改了 IE 标题栏，或者是浏览网页时被恶意代码修改了 IE 标题栏。

【故障排除】

针对引发该故障的两种原因，提出以下解决方法。

1.　被人恶意修改。

(1)　打开 Internet 浏览器，选择【工具】/【Internet 选项】命令，弹出【Internet 选项】对话框，如图 7-17 所示。

(2)　单击 使用空白页(B) 按钮，可将 IE 首页改为空白页，如图 7-18 所示。

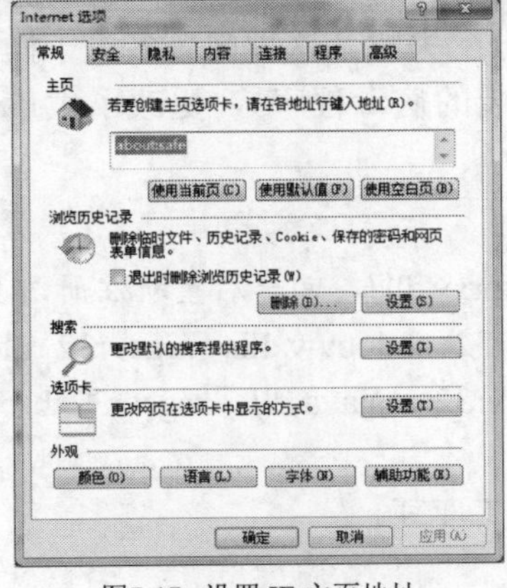

图7-17　设置 IE 主页地址

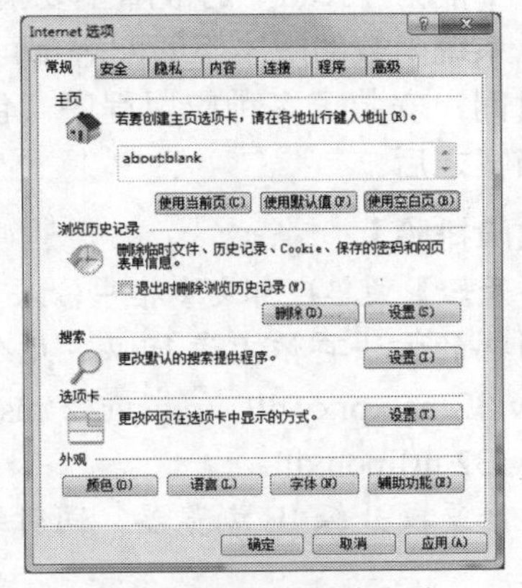

图7-18　设置首页为空白页

(3) 单击确定按钮，可完成 IE 首页的修改。

2. 被恶意网页在浏览者的硬盘里写入程序。

(1) 在【开始】菜单底部搜索文本框中输入“msconfig”命令，如图 7-19 所示。

(2) 回车后弹出【系统配置】对话框，切换到【启动】选项卡，如图 7-20 所示，禁用可疑的程序启动项（取消选中该项）。

图7-19 【运行】对话框

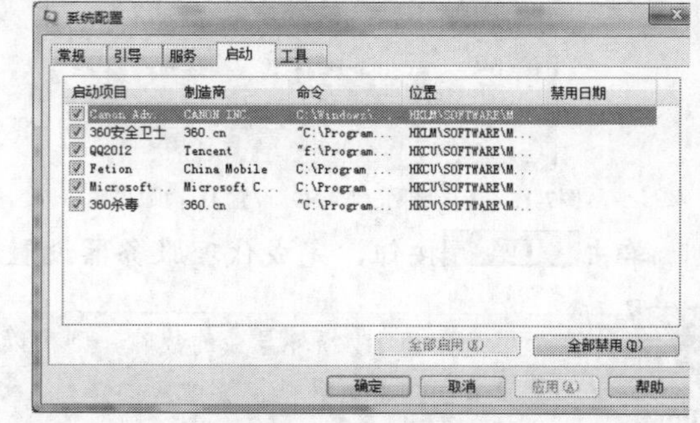

图7-20 【启动】选项卡

(3) 单击确定按钮，然后选择【重启计算机】。

(4) 重启计算机后，再改回 IE 首页。

（七） 内存不能为“read”的故障

【故障描述】

在使用 IE 浏览器时，有时会弹出【iexplore.exe - 应用程序错误】提示对话框，显示“0x70dcf39f”指令引用的“0x00000000”内存（或者“0x0a8ba9ef”指令引用的“0x03713644”内存）不能为“read”，如图 7-21 所示。单击确定按钮后，又出现“发生内部错误，您正在使用的其中一个窗口即将关闭”的提示对话框，关闭该提示信息后，IE 浏览器也被关闭。

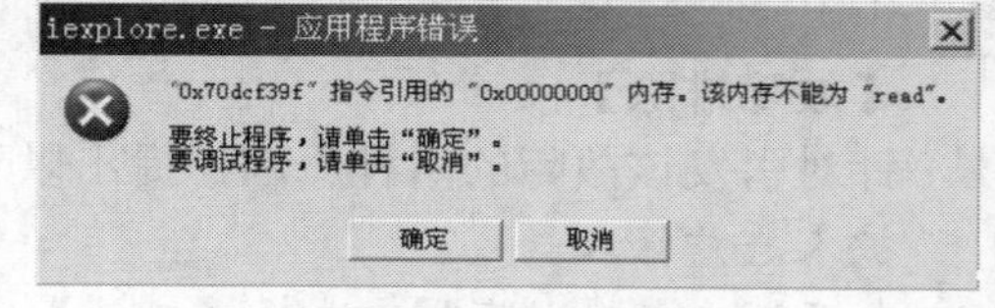

图7-21 应用程序错误

【故障分析】

内存不能为“read”的故障主要由内存分配失败引起的，造成这种问题的原因很多，内存不够、系统函数的版本不匹配等都可能导致内存分配失败。这种问题多见于操作系统使用了很长时间，安装了多种应用程序（包括无意中安装的病毒程序），更改了大量的系统参数和系统档案之后。

【故障排除】

1. 在【开始】菜单底部文本框中输入“regsvr32 actxprxy.dll”，回车后重新注册该 DLL 文件。
2. 用同样的方法再依次运行以下几个命令：regsvr32 shdocvw.dll、regsvr32 oleaut32.dll、regsvr32 actxprxy.dll、regsvr32 mshtml.dll、regsvr32 msjava.dll、regsvr32 browseui.dll 和 regsvr32 urlmon.dll。
3. 最后修复或升级 IE 浏览器，同时给系统打上补丁即可。

（八）　安装程序启动安装引擎失败

【故障描述】

在安装软件时提示“安装程序启动安装引擎失败：不支持此接口”。

【故障分析】

引起安装程序无法启动的原因比较多，但最可能的原因是软件安装需要的 Windows Installer 服务出现了问题。

【故障排除】

1. 在【开始】底部文本框中输入“服务”，然后回车，打开【服务】窗口。
2. 找到【Windows Installer】选项，然后启动该服务，如图 7-22 所示。

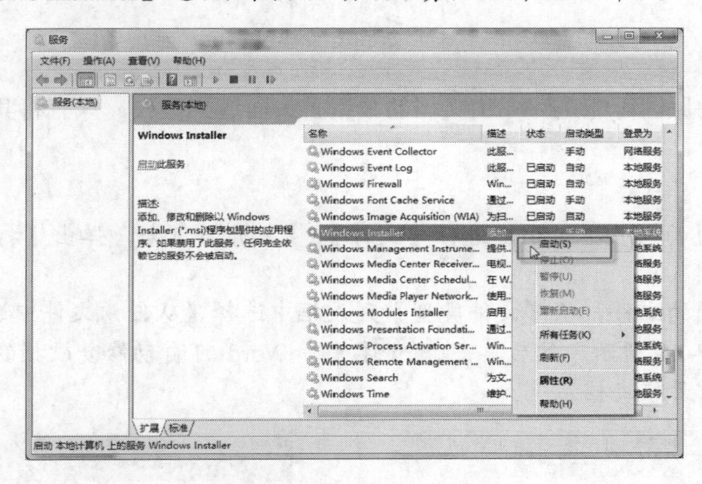

图7-22　启动 Windows Installer 服务

3. 重新安装软件，如果仍然存在问题，则可在微软站点下载最新的 Windows Installer 并重新安装。

（九）　解决 IE 不能打开新窗口的故障

【故障描述】

只能在同一 IE 窗口打开网页页面。

【故障解析】

不要装“ACDSEE5.0 迷你中文版”，它往往就是造成这个故障的元凶，此故障还有可能是 IE 新建窗口模块被破坏所致。

【故障排除】

(1) 方法一：在开始菜单中的【运行】对话框中执行如下代码。

```
regsvr32 /i urlmon.dll
regsvr32 actxprxy.dll
regsvr32 shdocvw.dll
```

(2) 方法二：从其他同系统的正常计算机上复制以下文件覆盖本机的文件（也可以从安装文件中提取）："shdocvw.dll"、"msjava.dll"、"actxprxy.dl"、"oleaut32.dll"、"mshtml.dll"、"browseui.dll"、"shell32.dll"。

(3) 方法三：重新安装 IE。

(4) 方法四：安装 ACDSEE5.0 英文版（其他版本亦可）或是 InstallShield 软件。

(5) 方法五：使用超级兔子的修理专家中的"IE 错误修复"（推荐用最新版本）。

（十） 解决 Word 文件无法打开的问题

【故障描述】

当用户在使用 Word 打开 Word 文档时，经常会遇到打不开文件并提示用户"该文件已经损坏"的问题。

【故障解析】

出现此故障的原因可能是 Word 文档的数据丢失而遭到破损，只有将其修复或者转换，才能打开文档。

【故障排除】

1. 打开一个空白的 Word 文档，选择【文件】/【打开】命令，弹出【打开】对话框。如图 7-23 所示。
2. 选择已经破损的文件，从【文件类型】列表框中选择【从任意文件中还原文本 (*.*)】选项，如图 7-24 所示。然后单击打开(O)按钮，Word 可自动修复破损的 Word 文档，修复成功后将打开该文档。

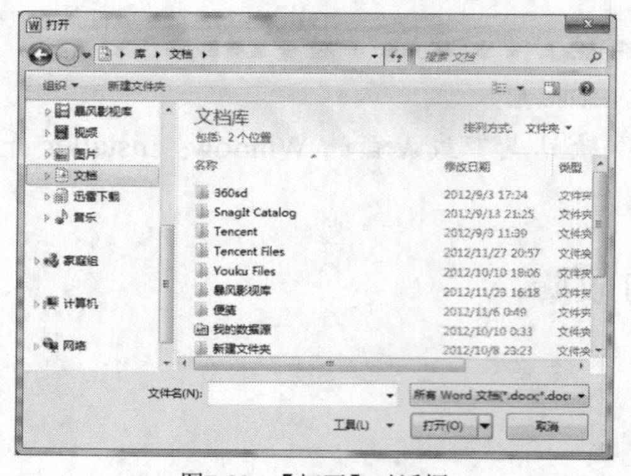

图7-23 【打开】对话框

图7-24 选择文件类型

（十一） 工行 U 盾在 Windows 7 系统下蓝屏

【故障描述】

在 Windows 7 系统中插入工行 U 盾，就会导致系统蓝屏。

【故障分析】

工行 U 盾与 Windows 7 系统不兼容。

【故障排除】

1. 安装捷德 U 盾驱动。

(1) 首先下载工行捷德 U 盾 Windows 7 驱动程序。如果用户安装了原来光盘中的 U 盾驱动，可以采取打补丁的方式，安装捷德 U 盾 Windows 7 专用驱动。

(2) 安装过程中会有两次 Windows 7 安全提示，选择【始终安装此驱动程序软件】选项，完成驱动程序的安装。

(3) 再次插入工行 U 盾，Windows 7 系统会自动搜索驱动并安装成功，解决工行 U 盾与 Windows 7 系统不兼容的问题。

2. 安装华虹 U 盾驱动。

（1）首先下载工行华虹 U 盾驱动程序，关闭 UAC（用户帐户控制），然后以管理员身份运行该驱动。

（2）插入华虹 U 盾，并指定搜索路径，如果默认路径是“X:\Windows\System32\drivers”，此时须修改为“X:\Windows\system32”（X 为 Windows 7 系统所在分区盘符）。接下来的操作按系统提示完成即可。

（十二） 登录 QQ 时提示快捷键冲突

【故障描述】

正常启动 QQ 程序并登录到服务器时，出现快捷键冲突提示信息。

【故障分析】

在启动 QQ 前，用户可能启动了其他后台程序，而该程序中的相关快捷键设置与 QQ 的快捷键设置有所冲突（如 Photoshop 的撤销操作快捷键与 QQ 提取消息快捷键相同，均为Ctrl+Alt+Z组合键）。

【故障排除】

首先检查正在后台运行的程序，把引起冲突的程序关闭即可。也可以在【QQ2012】面板左下角单击按钮，从弹出的菜单中选取【系统设置】/【基本设置】选项打开【系统设置】对话框中，在左侧列表中选择【热键】选项重新设置快捷键，如图 7-25 所示。

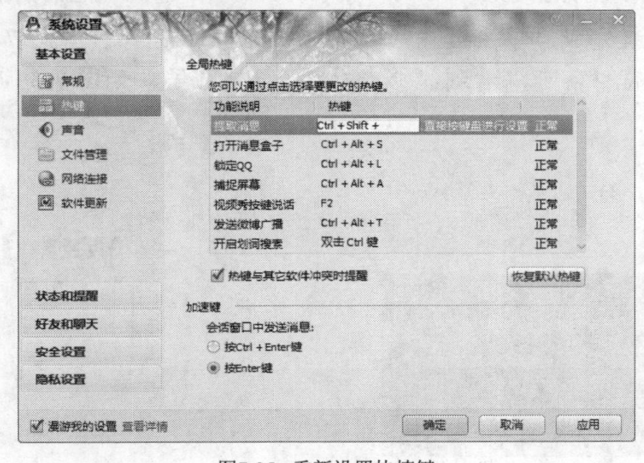

图7-25　重新设置快捷键

（十三） Flash 版本导致网页一些内容不能显示

【故障描述】

刚刚安装的操作系统，可能没有安装最新版的 Flash Player，打开某些带有 Flash 的网页时，会弹出【你的 Flash 版本过低】提示。这时用户需要安装最新版本的 Flash Player，如图 7-26 所示。

图7-26　未安装 Flash 播放器或者 Flash 播放器版本过低

【故障排除】

1. 首先关闭所有网页浏览器，在 Adobe 官网或者相关门户网站下载 Flash Player 最新版本，双击打开该安装包，如图 7-27 所示。
2. 出现 Flash 安装向导，选中【我已经阅读并同意 Flash Player 许可协议的条款】选项，然后单击 安装 按钮，如图 7-28 所示。

图7-27　下载后的 Flash Player 安装包

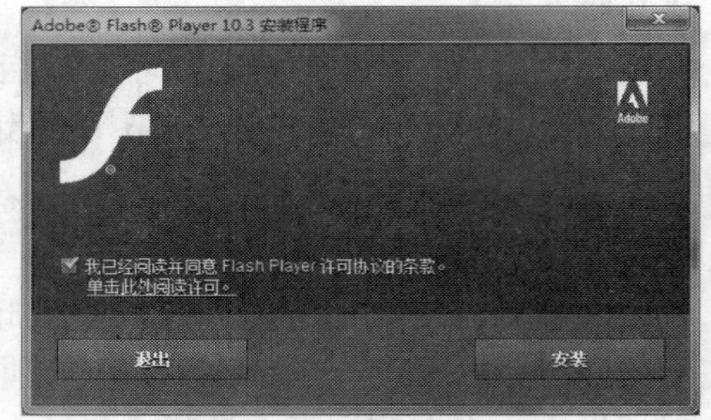

图7-28　Flash Player 安装向导

3. 一段时间后，安装完成，单击 完成 按钮退出安装向导。如图 7-29 所示。
4. 再次打开刚才的窗口，可以看到能够成功播放 Flash 了，如图 7-30 所示。

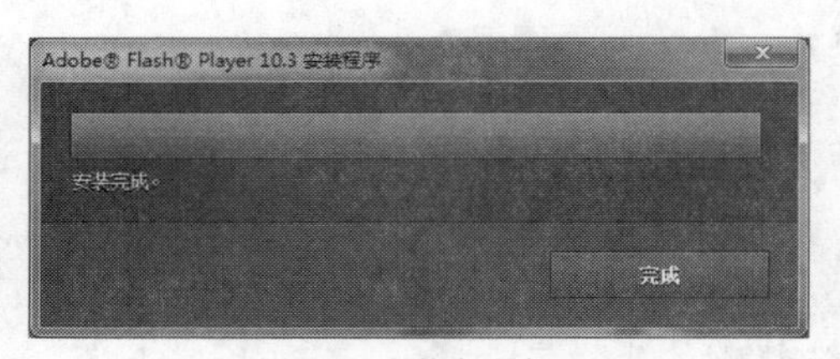

图7-29　安装完成窗口

图7-30　成功打开网页

（十四） 任务管理器没有标题栏和菜单栏

【故障描述】

用户想查看当前计算机的性能以及运行的程序和进程等，就需要打开任务管理器进行查看，但是有时用户可能会遇到任务管理器没有标题栏和菜单栏，这样用户便不能切换查看的内容，如图 7-31 所示。

【故障排除】

1. 在任务栏单击鼠标右键，在弹出的快捷菜单中单击【启动任务管理器】选项，如图 7-32 所示。

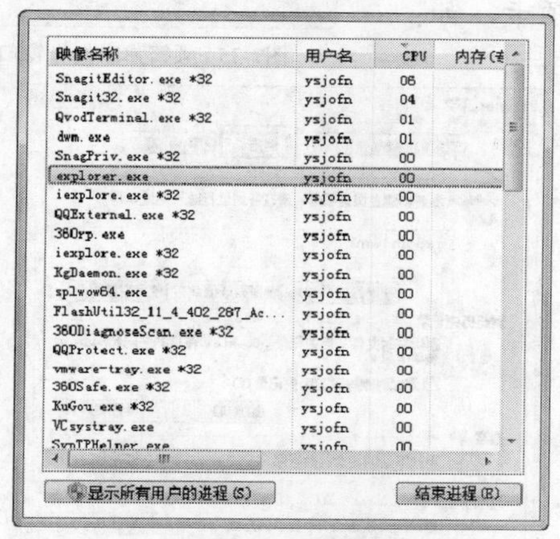

图7-31 任务管理器查看不了菜单栏

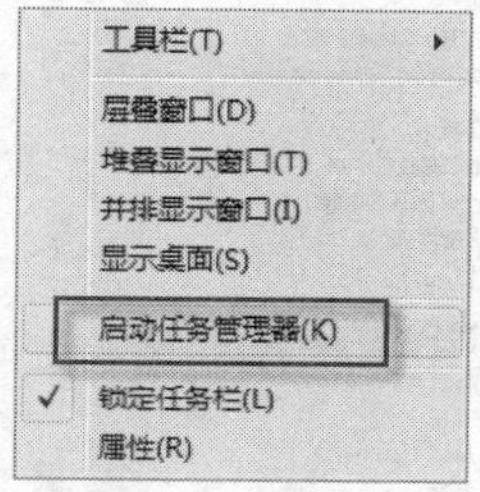

图7-32 启动任务管理器

2. 如果发现没有菜单栏，在任务管理器窗口的四周的空白处双击鼠标左键即可恢复原来的窗口，如图 7-33 所示。
3. 完成后发现已经恢复原来的菜单栏和标题栏，用户可以进行自由的切换了，如图 7-34 所示。

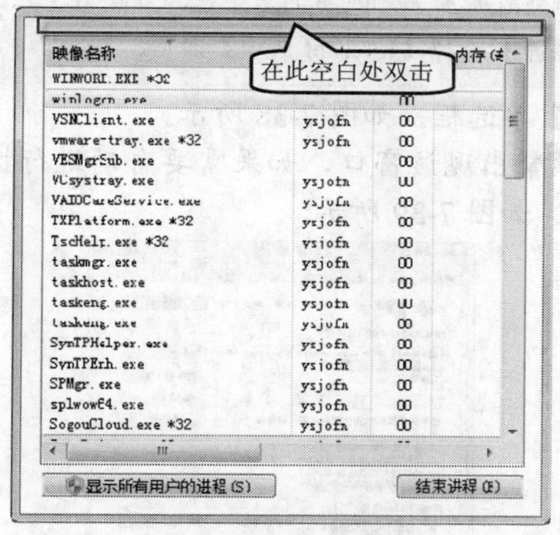

图7-33 任务管理器窗口

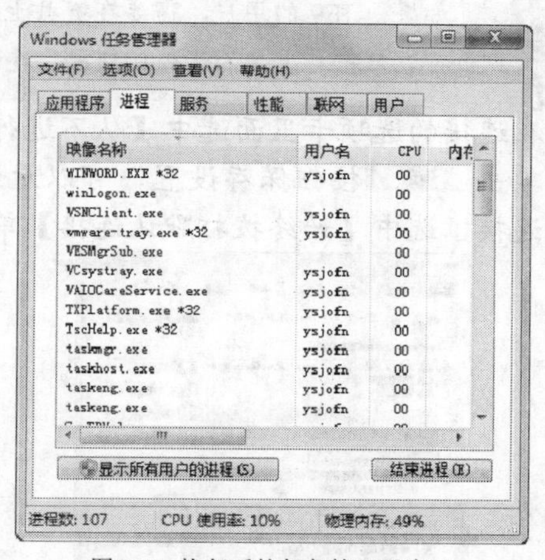

图7-34 恢复后的任务管理器窗口

（十五） 频繁弹出拨号连接窗口

【故障描述】

当用户第一次进行拨号连接后，换一个网络后可能会一直出现拨号连接的对话框，手动关闭后，等一段时间又会弹出来，如图 7-35 所示。

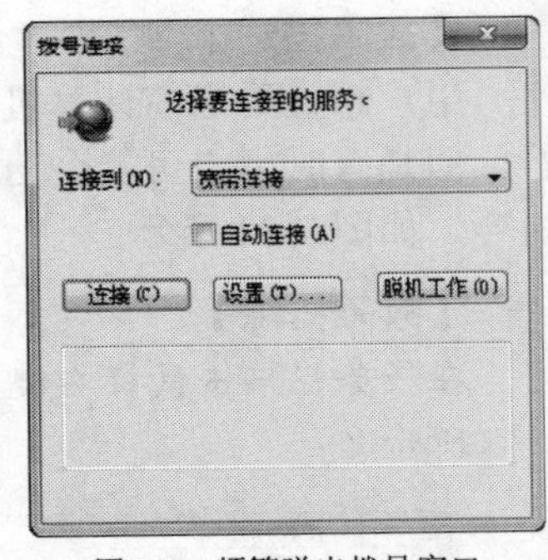

图7-35 频繁弹出拨号窗口

【故障排除】

1. 打开 IE 浏览器，在菜单栏单击【工具】选项，在弹出的菜单中单击【Internet 选项】选项，如图 7-36 所示。
2. 弹出 Internet 选项窗口，首先单击【连接】选项卡，如图 7-37 所示。

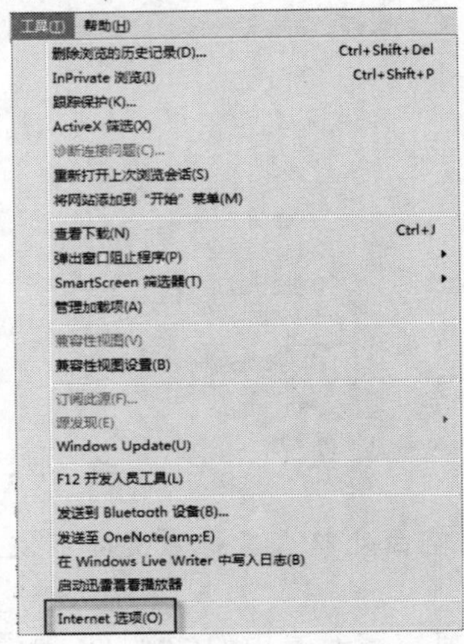

图7-36 IE 浏览器打开工具菜单

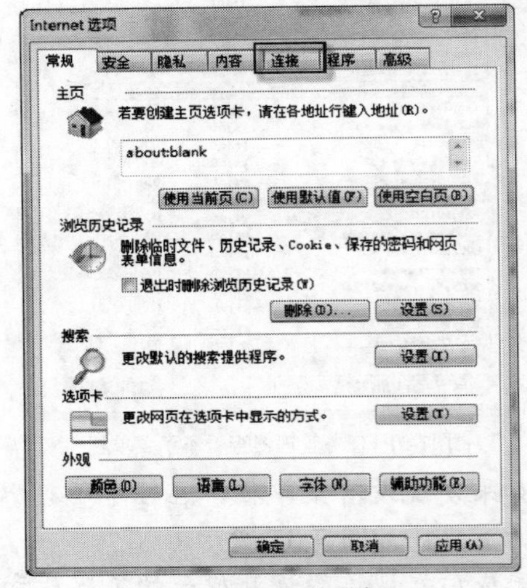

图7-37 Internet 选项窗口

> **说明** 如果是 IE9 的用户，需要在键盘上按 Alt 键激活，才能看到浏览器的菜单栏。另外 IE9 的用户也可以单击右上角的齿轮按钮，在弹出的快捷菜单中选择【Internet 选项】即可。

3. 在连接的选项卡里面选中【从不进行拨号连接】单选框。如图 7-38 所示。
4. 单击 确定 按钮保存设置，可以看到不会再频繁出现该窗口，如果需要自动进行拨号连接，选中【始终拨打默认连接】单选框即可。如图 7-39 所示。

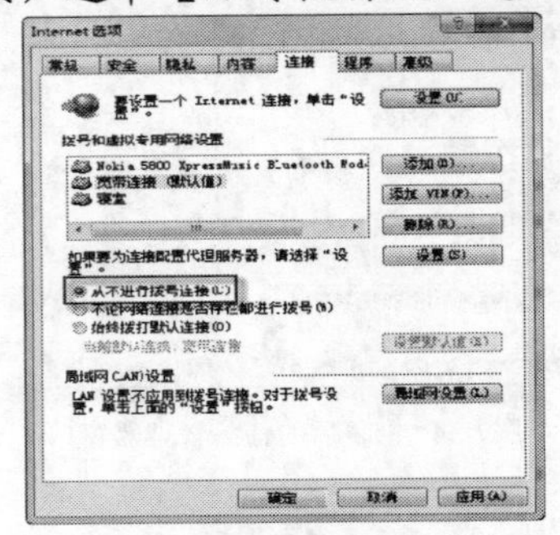
图7-38 设置从不进行拨号连接

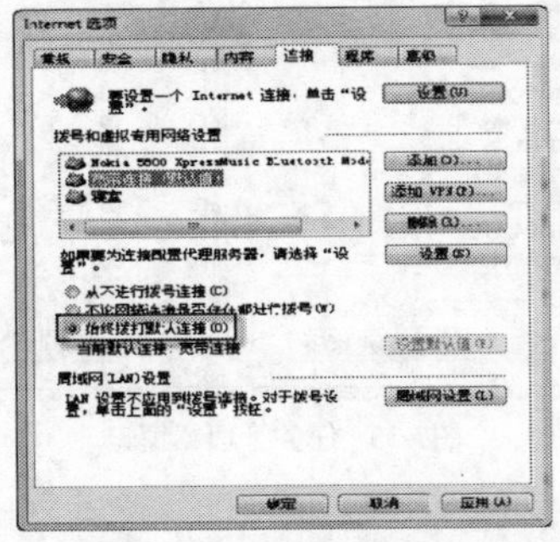
图7-39 设置始终拨打默认连接

（十六） 找不到语言栏/不能切换安装的输入法

【故障描述】

一般用户安装操作系统后，都会安装新的输入法，但是有时用户可能会遇到切换了很多遍都切换不了自己需要的输入法，这很可能是因为用户没有加载到语言栏里。如果语言栏中只有一个输入法，那么系统就不会显示语言栏。

【故障排除】

1. 打开控制面板，将左上角的查看方式设置为【类别】，然后单击【时钟、语言和区域】选项，如图 7-40 所示。
2. 弹出时钟、语言和区域窗口，单击【区域和语言】选项，如图 7-41 所示。

图7-40　控制面板窗口

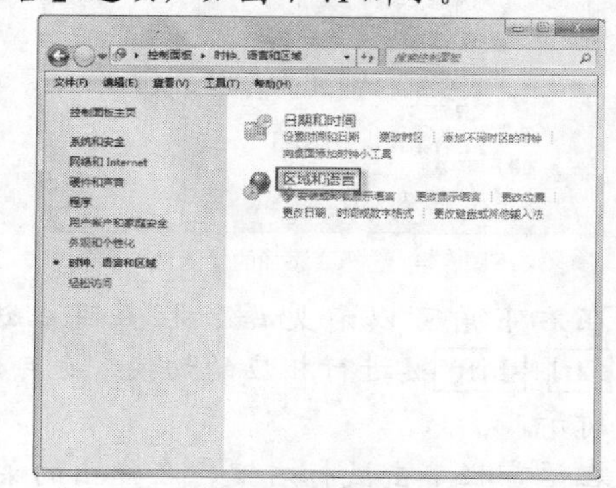

图7-41　语言和区域窗口

3. 在连接的选项卡里面选中【从不进行拨号连接】单选框。如图 7-42 所示。
4. 弹出文本服务和输入语言窗口，选中【常规】选项卡，可以看到在已安装的服务中只有【美式键盘】一个选项。此时单击 添加(D)... 按钮，如图 7-43 所示。

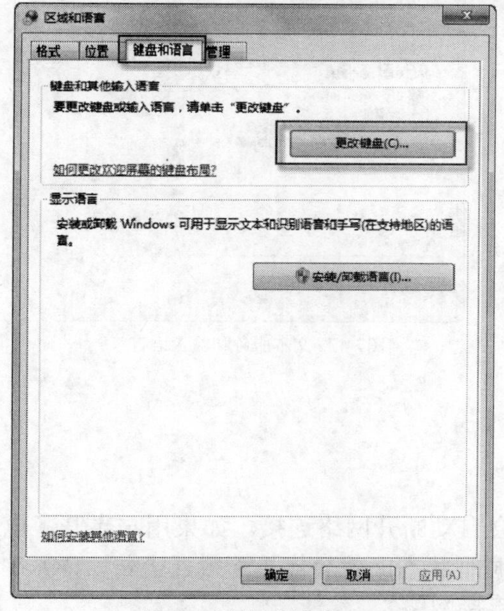

图7-42　区域和语言窗口

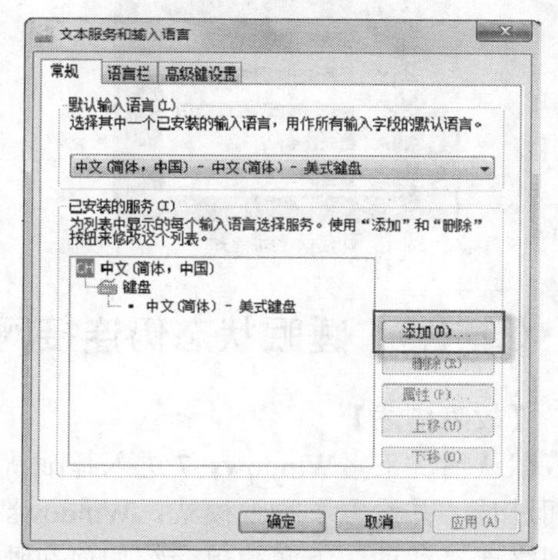

图7-43　添加输入法

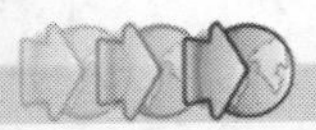

5. 弹出添加输入语言窗口，在语言列表框找到需要添加的语言，在前面的复选框打钩，这里选择【搜狗拼音输入法】选项，然后单击确定按钮。如图 7-44 所示。
6. 退出添加输入语言窗口，可以看到刚刚添加的语言已经显示在已安装的服务列表中，单击确定按钮保存并退出。如图 7-45 所示。

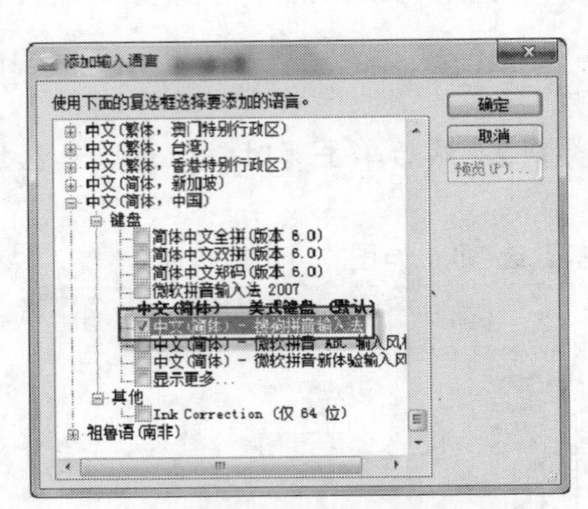

图7-44 选择要添加的输入法

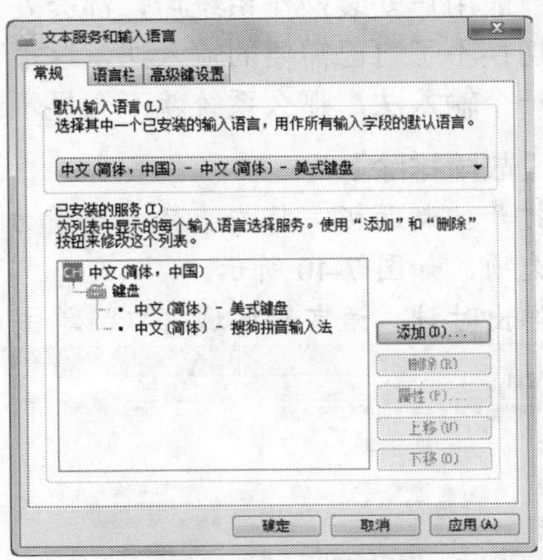

图7-45 添加后的输入法

7. 在右下角可以看见语言栏并可以进行切换，用户也可以添加多个输入法，通过Ctrl+shift键进行相应的切换。也可以直接通过右键语言栏进入设置窗口。如图 7-46 所示。
8. 在语言栏单击鼠标右键，在弹出的菜单中选择【属性】选项，弹出【文本服务和输入语言】窗口，可以快速对输入法进行设置。如图 7-47 所示。

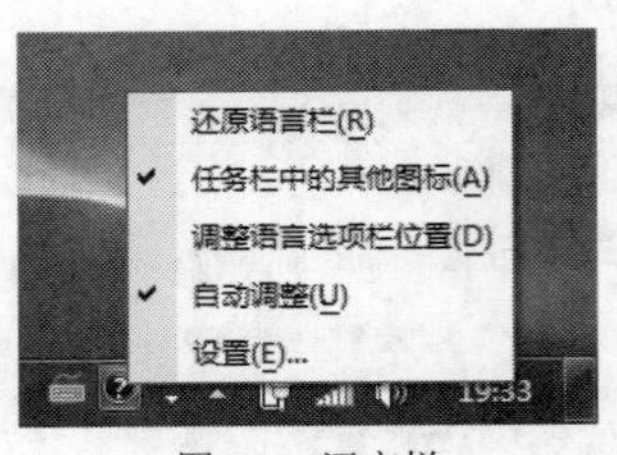

图7-46 语言栏

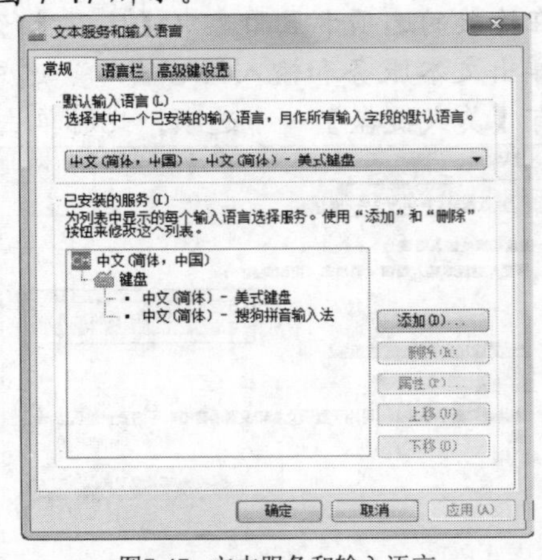

图7-47 文本服务和输入语言

（十七） 睡眠状态仍连接网络

【故障描述】

默认情况下，Windows 7 进入睡眠状态后，会自动断开网络连接。如果用户离开了电脑时间过长，并设置了睡眠模式，Windows 会进入睡眠状态，就会停止下载、上传、QQ 在线等网络连接活动，下面简单介绍如何在睡眠状态连接网络。

【故障排除】

1. 在【开始】菜单底部搜索文本框内输入"regedit"，然后回车，如图 7-48 所示，随后弹出注册表管理器窗口。
2. 在左侧的树状目录单击【HKEY_LOCAL_MACHINE】前的三角箭头展开注册表目录，依次展开的目录为：【HKEY_LOCAL_MACHINE\SYSTEM\CurrentControlSet\Control\SessionManager\Power】，如图 7-49 所示。

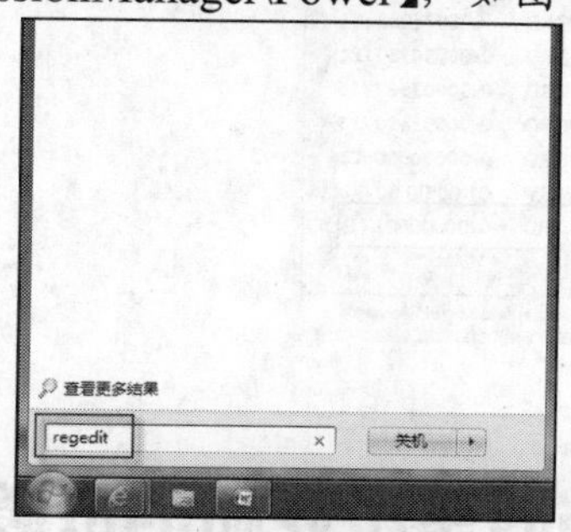

图7-48 进入注册表

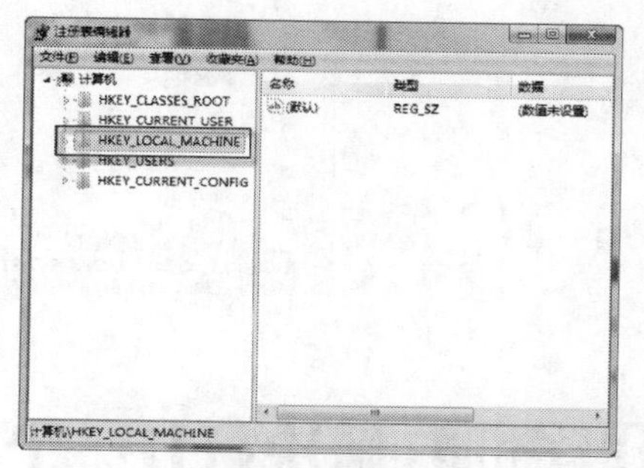

图7-49 注册表窗口

3. 展开到 Power 后，单击该文件夹，在右侧可以看到一些注册表选项，如图 7-50 所示。
4. 在 Power 文件夹单击鼠标右键，在弹出的快捷菜单选择【新建】【QWORD（32-位）值】选项，如图 7-51 所示。

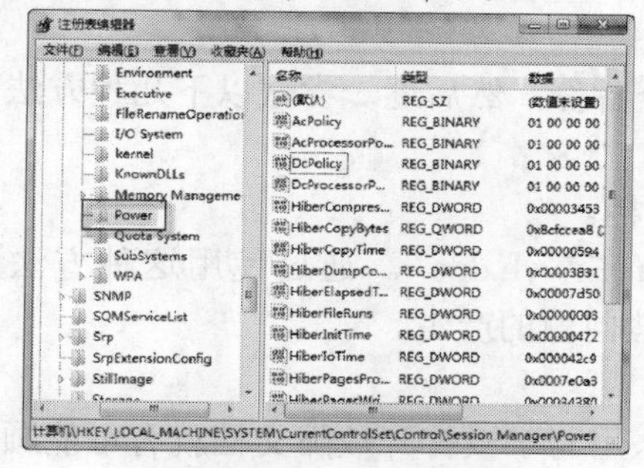

图7-50 进入 Power 目录

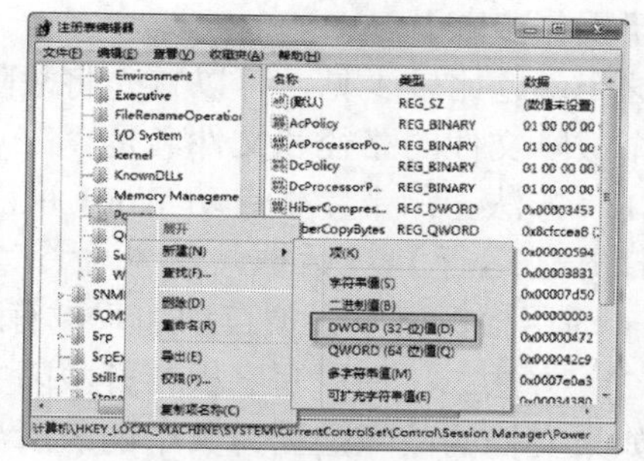

图7-51 新建 QWORD（32-位）值

5. 在右侧窗口可以看到新建的注册表项，命名为【AwayModeEnabled】，如图 7-52 所示。
6. 双击该选项，弹出编辑该项的值窗口，在数值数据文本框输入【1】，如图 7-53 所示。

图7-52 设置名称

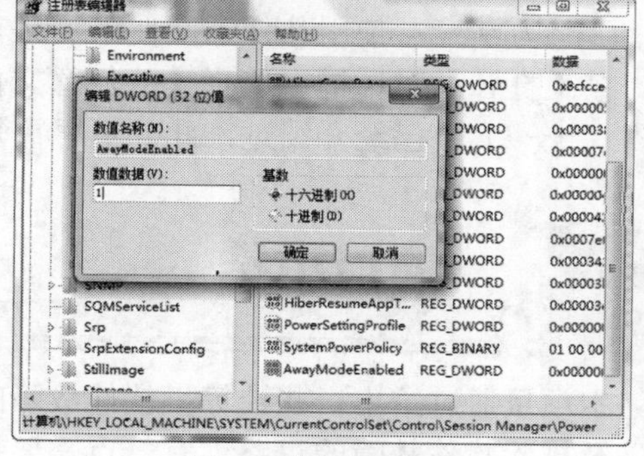

图7-53 设置数据数值

7. 单击 确定 按钮保存设置，可以看到注册表里多了一个选项，说明设置成功，此时用户计算机在睡眠状态可以连接网络，如图 7-54 所示。

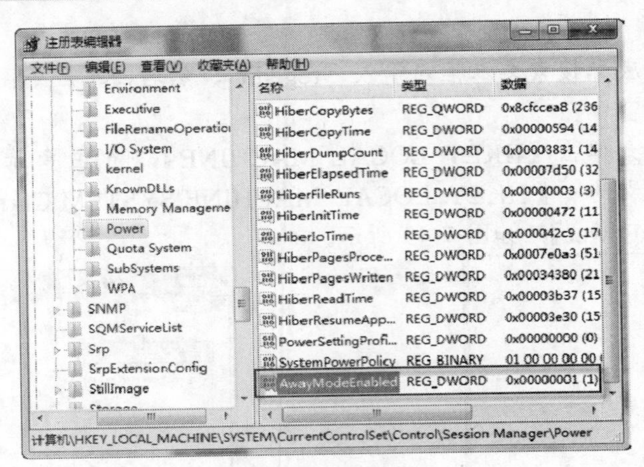

图7-54　设置完成

项目实训　解决打开一个 Word 文档时系统死机的故障

【实训目的】

对所学知识加以应用，具体情况具体处理。

【操作步骤】

这个问题比较少见，可以首先将故障文档做一个备份，然后逐一尝试以下几种方法（假定这个故障文件的路径和文件名是“E:\yyh.doc”）。

(1)　方法一：带参数启动 Word 并且打开故障文档。

打开【运行】对话框，输入命令“Winword /a E:\yyh.doc”。通过使用这种方法启动 Word，通用模板就不会被自动加载，有可能避免一些问题的产生。

(2)　方法二：使用写字板打开故障文档并另存。

如果文档的故障是因为其中的宏所导致的，那么用写字板打开故障文档就有可能顺利打开。如果使用写字板打开该文档后发现内容没有损失，也就是说文字和图片都保存完好，就可以选择【文件】/【另存为】命令，打开【另存为】对话框，在【保存类型】中选择【Rich Text Format (RTF)】命令，给文件另起一个文件名就可以了。

(3)　方法三：使用从任意文件恢复文本的方法。

在【打开】对话框中选择【从任意文件中恢复文本（*.*）】文件类型打开文件。方法在操作（十一）中已经介绍过，此处不再重复。

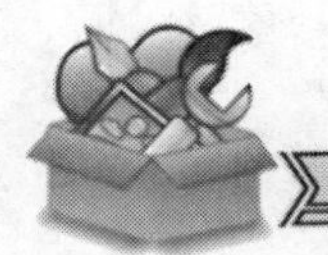

项目小结

本项目通过给出一些计算机软件故障的维修方法和案例，演示了如何排除计算机的软件故障及排除软件故障的思路。有一点需要提醒读者注意：没有任何一本书可以囊括计算机所有可能出现的故障，因此要学会举一反三。遇到没有见过或无法排除的问题多到网上寻找类似故障的解决方法，很有可能会从中得到启示。

思考与练习

一、操作题

1. 手动设置解决无法浏览网页的故障。
2. 手动解决解决登录 QQ 时热键冲突的故障。

二、思考题

1. 计算机故障处理要遵循哪几点原则？
2. 列举可能引起软件故障的因素。

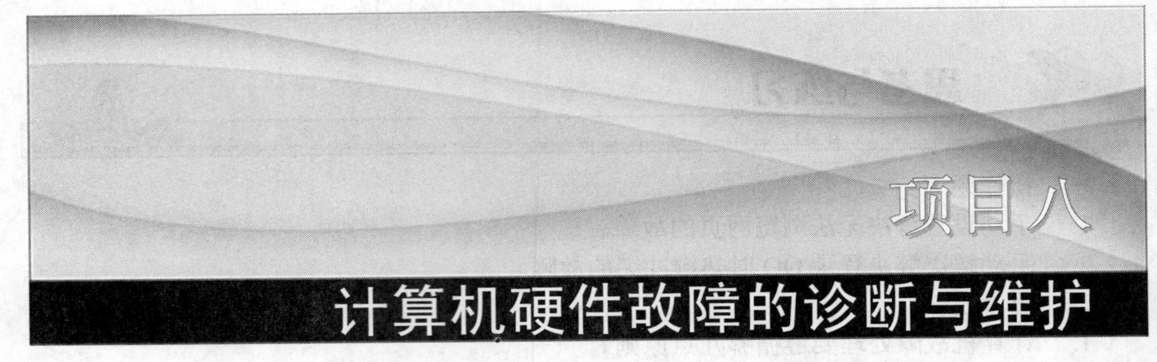

计算机硬件故障的诊断与维护

计算机中包含复杂的机械和电子零部件，在使用过程中难免会发生各种故障。只要掌握一些常用的硬件故障诊断与维护的方法，就可以快速地确定故障源并对故障进行维护。在诊断与维护之前要先熟悉诊断与维护的常用工具、步骤和原则，在诊断与维护过程中要注意安全。通过本项目的学习，使读者能够独立检查和处理一些常见的计算机系统故障。

学习目标

了解故障诊断与维护中的安全措施。
了解诊断与维护的步骤和原则。
熟悉硬件维护使用的工具。
掌握常见硬件故障的维护方法。

任务一 明确计算机故障诊断的一般知识

计算机虽然是一种精密的电子设备，但是同时也是一种故障率很高的电子设备，引发其故障的原因以及故障表现形式多种多样。计算机硬件本身及诊断与维护过程所使用的设备中既有强电系统又有弱电系统，诊断与维护过程中既有断电操作又有带电操作。因此，注意安全是一个十分重要的问题。

（一） 计算机故障分类

从计算机故障产生原因来看，通常将其分为硬件故障和软件故障两类。

1. 硬件故障

硬件故障跟计算机硬件有关，是由于主机与外设硬件系统使用不当或硬件物理损坏而引起的故障，例如主板不识别硬盘、鼠标按键失灵以及光驱无法读写光盘等都属于硬件故障。

说明 硬件故障通常又分为“真”故障和“假”故障两类。“真”故障是指硬件的物理损坏，例如电气或机械故障、元件烧毁等。“假”故障是指因为用户操作失误、硬件安装或设置不正确等造成计算机不能正常工作。“假”故障并不是真正的故障。

2. 软件故障

软件故障是指软件安装、调试和维护方面的故障。例如软件版本与运行环境不兼容，从

而使软件不能正常运行，甚至死机和丢失文件。软件故障通常只会影响计算机的正常运行，但一般不会导致硬件损坏。

软件故障和硬件故障之间没有明确的界限：软件故障可能由硬件工作异常引起，而硬件故障也可能由于软件试用版不当造成。因此在排除计算机故障时需要全面分析故障原因。

（二）　硬件故障产生的原因

硬件故障的产生原因多种多样，对于不同的部件和设备，引起故障的主要原因可归纳为以下几点。

1. 硬件自身质量问题

有些厂家因为生产工艺水平较低或为了降低成本使用了劣质的电子元器件，从而造成硬件在使用过程中容易出现故障。

2. 人为因素影响

有些硬件故障是因为用户的操作或使用不当造成的，例如带电插拔设备、设备之间插接方式错误、对 CPU 等部件进行超频但散热条件不好等，均可导致硬件故障。

3. 使用环境影响

计算机是精密的电子产品，因此对环境的要求比较高，包括温度、湿度、灰尘、电磁干扰以及供电质量等方面，都应尽量保证在允许的范围内，例如高温环境无疑会严重影响 CPU 及显卡的性能。

4. 其他影响

由于器件正常的磨损和老化引发的硬件故障。

（三）　故障诊断安全

在诊断过程中所接触的设备中既有强电系统又有弱电系统，诊断过程中既有断电操作又有带电操作，用户应采取正确的方法，防止对计算机和设备的损坏，保证用户的安全。

1. 交流供电系统安全

计算机一般使用市电 220V、50Hz 的交流电源，电源线太多时布线要合理，不要交叉而且要避免乱引乱放的情况。如果条件允许，在接通电源之前最好用交流电压表检查市电是否正常，防止高压对硬件的损坏。

2. 直流稳压电源安全

机箱电源输出为±5V、±12V 和±25V 等直流电，使用不当将会对机器、设备特别是集成电路造成严重的损坏，所以在连接电源线时务必不能接错极性，不要短路。

3. 导线安全

在故障诊断之前，要严格检查导线，看导线有无损坏或不必要的裸露，如发现必须立即更换或采取绝缘、屏蔽和包扎等措施。

4. 带电检测与维修安全

切忌直接用手触摸机器、设备、元器件和测试笔头、探头等位置，以免发生意外事故或造成新的故障。

5. 接地安全

在进行带电操作之前，最好先用电压探测笔或电压表对机箱外壳进行测试，确定安全后再进行操作。在断电操作时，也要先将机箱外壳接地，释放可能携带的静电，防止静电对机箱内的电路元件造成损坏。

6. 电击安全

电击会对人体、机器、设备甚至房屋造成严重的损害。一般在雷雨天应避免对计算机进行操作，并拔掉电源线、网线等。

计算机硬件故障诊断与维护过程中最危险的部分是显示器所使用的阳极高压。一般显示器阳极高压高达几万伏，这对人体、机器和维护设备都是很危险的，务必引起高度重视。一般非专业人员不要轻易打开显示器对其进行维护，出现故障一般需要送往专业维修店进行维修。

7. 振动和冲击安全

要避免振动和冲击，特别是在带电操作中，因为设备（如显示器）在受到严重的机械振动和冲击时有引起爆炸的危险。

8. 维护人员安全

维护人员不但要熟悉计算机原理和操作规程，还要熟悉仪器、仪表的使用方法，在维护过程中全神贯注、认真负责，这样才能有效并安全地完成诊断与维修任务。

任务二 了解硬件故障诊断与维护的步骤和原则

对计算机进行故障诊断与维护是一项十分复杂而又细致的工作，对于初学维护技术的人员，遇到计算机出现故障时，往往变得束手无策，不知从何下手。下面将介绍关于故障诊断与维护的一般步骤和基本原则。

（一） 故障诊断与维护的步骤

使用正确的故障诊断与维护的步骤，可以更快地确定故障源并对故障进行维护，从而达到事半功倍的效果。

【操作思路】

故障诊断的步骤可归纳为：由系统到设备、由设备到部件、由部件到器件、由器件的线到器件的点，依次检查，逐渐缩小范围。

【操作步骤】

1. 由系统到设备。

是指当一个计算机系统出现故障时，首先要判断是系统中哪个设备出了问题，是主机、显示器、键盘还是其他设备。

2. 由设备到部件。

是指查出设备中哪个部件出了问题，比如判断是主机出现故障之后，要进一步检查是主机中哪个部件出了问题，是 CPU、内存条、接口卡还是其他部件。

3. 由部件到器件。

是指检查故障部件中的具体元器件、集成电路芯片故障，如已知是内存的故障，但内存是由若干集成电路组成的，所以要根据地址检查出是哪一片集成电路的问题。

4. 由器件的线到器件的点。

是指在一个片子上发生故障，首先要查到是哪一条引脚或引线的问题，然后顺藤摸瓜，找到故障点，如接点和插点接触不良，焊点、焊头的虚焊，以及导线、引线的断开或短接等问题。

5. 当计算机发生故障时，一定要保持清醒的头脑，做到忙而不乱，坚持循序渐进、由大到小、由表及里的原则，千万不要急于求成，对机器东敲西碰，这样做往往事倍功半，非但不能解决问题，还会造成人为的麻烦，甚至造成新的故障。

（二）　排除故障的基本原则

找出故障原因的目的是为了能够排除故障，排除故障的过程也要坚持一定的原则，从而才能达到事半功倍的效果。

【操作思路】

使用排除故障的 4 种原则对故障进行排除。

【操作步骤】

1. 先静后动的原则。

先静后动原则包括 3 个内容，即维护人员先静后动、被维护设备先静后动和被测电路先静后动。

(1) 维护人员先静后动原则是指在排除故障之前，不可盲目动手，应根据故障的现象、性质，考虑好维护的方案和方法，以及用何种仪器设备，然后动手去排除故障，直到解决问题。

(2) 被维护的设备先静后动原则是指维护人员在系统不通电的情况下，进行静态检查，以确保安全可靠，不可贸然通电，以免再损坏别的部件，然后让系统动态工作，即通电工作。此时，若系统能正常运行，说明故障已经排除；若不能正常运行，说明故障没有排除，或者静态时虽排除了部分故障，而动态情况下仍有故障，则需在动态情况下继续查出故障。

(3) 被测电路先静后动原则是指使电路先处于直流工作状态，然后排除故障。此时如电路工作正常（输入、输出逻辑关系正确），再进行动态检查。电路的动态是指加入信号的工作状态。

2. 先电源后负载的原则。

电源故障比较常见，所以当系统工作不正常时，首先应考虑供电系统是否有问题。先检查保险丝是否被熔断，电源线是否接好或导通，电压输出是否正常，等这些全部检查完毕，再考虑计算机系统。

3. 由表及里的原则。

由表及里有两层含义，第一层含义为先从外表检查，查看是否有接触不良、机械损

坏和松动脱落等现象，然后进行内部检查；第二层含义为先检查机器外面的部件，如按钮、插头和外接线等，再检查内部部件和接线。

4. 由一般到特殊的原则。

一般到特殊是指先分析常见的故障原因，然后考虑特殊的故障原因。因为常见故障的发生率较高，而特殊的故障发生率则较低。

（三） 相关案例分析

下面来分析一些常见案例。

BIOS设置不能保存

【故障描述】

修改了BIOS设置后不能保存。

【故障分析】

这种故障一般是主板电池电压不足造成的。

【故障排除】

1. 更换主板电池。
2. 如果更换电池后故障还存在，则要看是不是主板CMOS跳线设置不正确，可能是人为地将主板上的CMOS跳线设置成了【清除】选项，使得BIOS数据无法保存，将跳线重新设置正确即可。
3. 如果跳线设置无问题就要考虑主板的电路是否有问题，必要时更换主板。

CPU温度过高引起自动热启动

【故障描述】

计算机经常在开机运行一段时间后自行热启动，有时甚至一连几次，关机片刻后重新开机，恢复正常，但数分钟后又出现上述现象。

【故障分析】

1. 首先怀疑感染上了病毒，用金山毒霸2008检查，并没有发现病毒。
2. 然后怀疑CMOS参数设置有误，关机后重新开机进入CMOS参数设置，未发现任何异常，但故障依旧。
3. 再打开机箱，加电后仔细观察，发现CPU上的风扇没有转，断电后用手触摸小风扇和CPU，感觉很烫，从而断定故障原因是CPU散热不畅，温度过高所致。

【故障排除】

小心拆下风扇，发现一端的接线插头松脱，将它插紧后加电运行，一切正常。

内存质量导致不能安装操作系统

【故障描述】

一台新配置的计算机，硬盘分区后开始安装Windows XP操作系统，但在安装过程中复制系统文件时出错，不能继续进行安装。

【故障分析】

1. 首先考虑安装光盘是否有问题，格式化硬盘并更换 Windows XP 安装光盘后重新安装。
2. 如仍出现此现象，则需要更换硬盘。
3. 如问题仍存在，则检查内存条。

【故障排除】

换了一根兼容性和稳定性更好的内存条后故障消失。

系统经常蓝屏死机

【故障描述】

一台计算机使用 Windows XP 操作系统，最近在开机后不久就会蓝屏死机。

【故障分析】

1. 首先用杀毒软件对系统进行全面杀毒，没有发现病毒。
2. 格式化硬盘后重新安装系统，故障依旧。
3. 于是怀疑是内存方面的问题。

【故障排除】

更换内存后故障消失，原来是由于内存质量问题造成的系统蓝屏死机故障。

运行软件时显示内存不足

【故障描述】

一台计算机在 Windows XP 操作系统下运行软件（如 Word）时，总是提示“内存不足”。

【故障分析】

1. 首先用杀毒软件对系统进行全面杀毒，结果电脑无病毒。
2. 反复修改计算机的软、硬件设置，都不能解决问题。
3. 在【我的电脑】中查看 C 盘【属性】时发现，C 盘所余空间仅有 50MB，其利用率高达 95%。
4. 由于 Windows XP 在运行时要占用大量内存，而物理内存有限，因此 Windows XP 会在自己所在驱动器的 Windows 目录下创建一个用作虚拟内存的交换文件 Win386.SWP。它的大小是动态变化的，如果 C 盘的空间太小，交换文件只能常驻物理内存 RAM。这样在运行大型程序时，就会报告“内存不足”。

【故障排除】

对 C 盘进行清理后，此现象就会消失。

添加光驱后光驱无法使用

【故障描述】

计算机原先没有配置光驱，但在添加光驱后光驱无法使用。

【故障分析】

可按如下步骤进行检查。

1. 检查光驱的数据线和电源线是否连接好，跳线有无设置错误。如果是与其他 IDE 设备连接在一根数据线上，还需要注意主盘和从盘的设置问题。

2. 检查 BIOS 中是否关闭了光驱所在的 IDE 通道，光驱的传输模式是否设置正确。
3. 在计算机启动时看是否能正确检测到光驱。
4. 如果以上设置都没有问题，则可能是光驱有问题。

【故障排除】

一般来说，Windows 操作系统会自动识别光驱并安装其驱动程序，只是在使用 DOS 操作系统时需要加载光驱的驱动程序，还应检查光驱和其他设备有无冲突。

任务三 认识硬件维护使用的工具

计算机在使用过程中出现故障后，用户可根据设备方面的现有条件及对计算机软件硬件系统工作原理的了解程度，对计算机进行维护，在维护过程中将根据维护程度的不同使用不同的维护工具。本任务主要是认识硬件维护使用的工具。

（一） 一级维护用工具

一级维护也叫板级维护或简单维护。当计算机出现故障后，用户可按照前面的诊断方法对故障进行定位检测，同时采用杀毒和更换板、卡及其他设备的方法，对故障予以排除。在此过程中使用的工具一般都比较简单。

【操作思路】

认识并了解一级维护用工具的用途和使用方法。

【操作步骤】

1. 认识工具包。

工具包中应包含以下常用的简单工具。

- 螺丝刀：用来拆装计算机的主机和外部设备，工具包内应含有大、中、小号十字形和一字形的螺丝刀，最好选择带磁性的，这对安装机箱内部或一些不易操作处的螺丝是很方便的，如图 8-1 所示。
- 镊子：用来夹持维护时的微小物体，有时用做清洗板子的辅助工具，如图 8-2 所示。

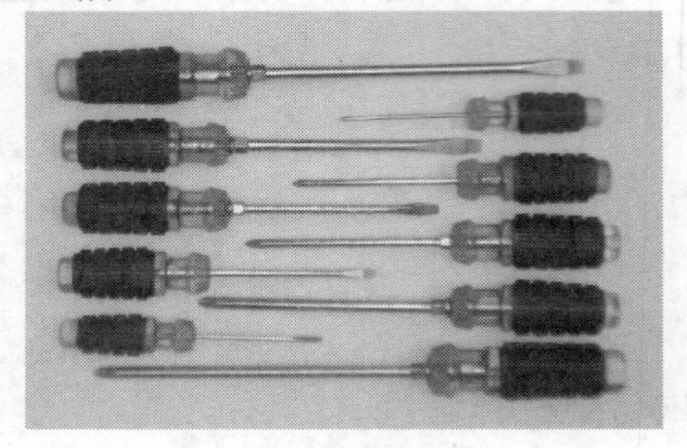

图8-1 螺丝刀

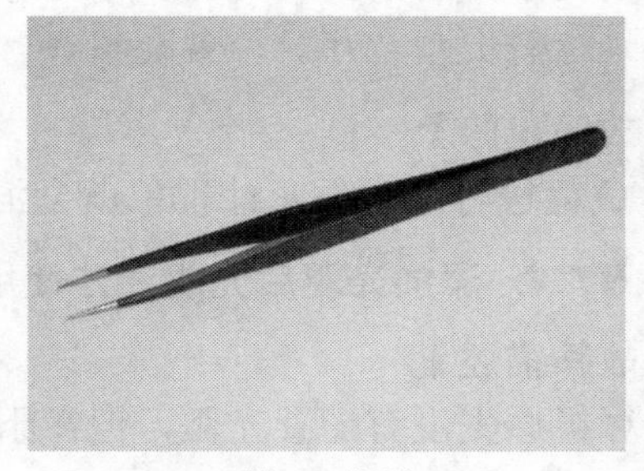

图8-2 镊子

- 钳子：常用的钳子有尖嘴钳、偏口钳和老虎钳等，它们分别用于协助安装较小的螺丝或接插件、铰断细导线或电缆和焊接时剥线以及较大物体的固定，如图 8-3 所示。
- 电烙铁：用来焊接电缆线，使板卡简单接触或排除虚焊等，如图 8-4 所示。

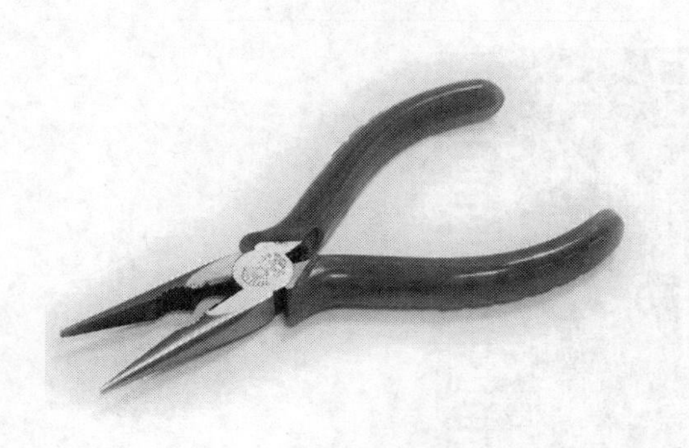
图8-3 钳子

图8-4 电烙铁

2. 认识清洗工具。

计算机的正常运行及其部件的使用寿命长短和计算机的清洁度有着密切的关系。如果计算机内部灰尘过多，可能导致某些部件的接触不良、机械部件的磨损和读、写数据时出错。因此，可准备一套软驱清洗盘、清洁显示器屏幕的酒精棉和清扫机内灰尘的毛刷、酒精及棉花等。

3. 认识万用表。

万用表是计算机故障维护最常用的测量工具之一，常用来测量电路及元器件的输入、输出电信号。常用的万用表有数字式和指针式两种。数字式万用表使用液晶显示屏显示测试结果，非常直观，使用也很方便，其特有的蜂鸣器挡可方便地判断电路中的通、断情况，如图 8-5 所示。而指针式万用表通过指针来指示电阻、电压、电流和电容等值，其优点是测量精度高于数字式万用表，但是不如数字式万用表用起来方便、直观，如图 8-6 所示。

图8-5 数字式万用表

图8-6 指针式万用表

4. 认识主板测试卡。

主板测试卡如图 8-7 所示，它是利用主板中 BIOS 内部自检程序的检测结果，通过代码显示出来，结合说明书的“代码含义速查表”就能很快地知道计算机的故障所在，尤其在 PC 不能引导操作系统、黑屏或喇叭不叫时，使用主板测试卡能事半功倍。目前大多数的主板测试卡有 ISA 和 PCI 两种插头。其使用方法是：在开机前把主板测试卡插到主板相应的插槽上，然后开机，测试卡上会有两位十六进制数，如果长时间停在某个数字上不动，说明该步检测有异常，然后根据计算机的 BIOS 类型，在说明书中找到与显示的数字对应的故障说明。

图8-7 主板测试卡

（二） 二级维护用工具

二级维护也叫专业级维护或复杂维护，是指将板级维护换下来的板、卡或设备进行故障诊断，然后对板、卡上损坏的元器件进行维护，这种维护工作通常只有专门从事维护的技术人员才能胜任。在此过程中除了常用一级维护工具包和万用表等工具外，还需要其他的检测仪器设备。

【操作思路】

认识并了解二级维护用工具的用途和使用方法。

【操作步骤】

1. 认识示波器。

   示波器如图8-8所示，它有很多功能，不仅可以测量电平的高低、脉冲的上下沿、脉冲宽度、脉冲周期和频率等参数，还可以观测信号的波形、相位和图案。

   示波器作为一种显示仪器，不仅重要，而且实用，它可以用图形方式显示信号的电压和时间、频率的关系。利用示波器的探头可对电路中被测点信号的各种参数进行测量分析，得到所需要的结果；示波器也可以测量特定信号的电压波形，并进行定性分析。

2. 认识逻辑分析仪。

   逻辑分析仪是一种比较复杂的、专门用来观测数字信号的测试仪器，是以开发和维修逻辑器件为主的很有效的控制板卡的仪器，并兼有多路示波器和其他自动测试器的优点，如图8-9所示。实际上它是一种带存储器的多踪示波器，可在屏幕上同时显示正在测试或已存储的多个信号。逻辑分析仪的每一条信号通道上均有一个用于从电路测试点取信号的探针夹，它体积小且易于使用，不需要另外配置特定的信号插孔，其稳定性也较高。

   逻辑分析仪有许多功能。它可用于软件分析和检错工作，它用机器码的形式读入程序和数据后，再跟踪、监测这些信息在电路中的流动状态，如果有故障即刻会监测到，并针对有故障的芯片进行输入、输出分析，还可以发现瞬时性可能会危害整个计算机系统的杂乱脉冲。其缺点是价格昂贵且操作复杂。

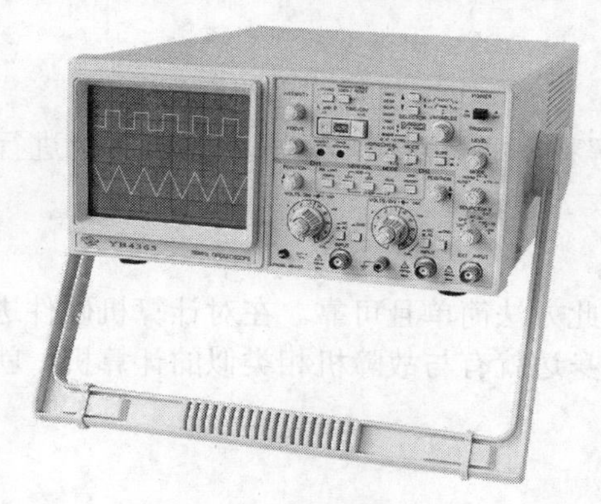

图8-8　示波器

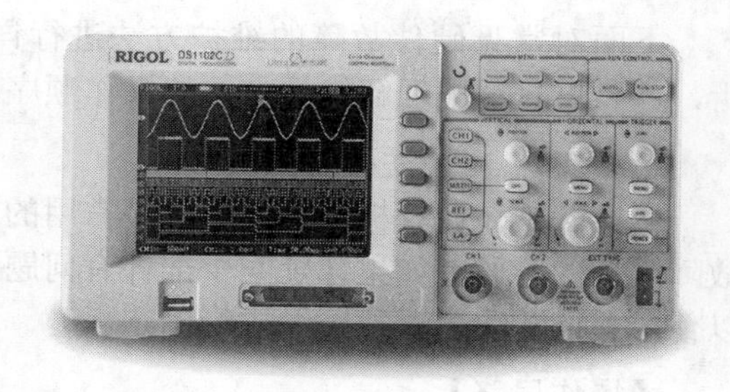

图8-9　逻辑分析仪

3. 认识逻辑测试笔。

逻辑测试笔也称作逻辑探针，它也是计算机维护过程中测量逻辑电路的常用工具，如图 8-10 所示。逻辑测试笔可用来测量数字逻辑电路的逻辑状态，有时比示波器还方便。用逻辑测试笔可以找到数字电路中绝大多数故障芯片。

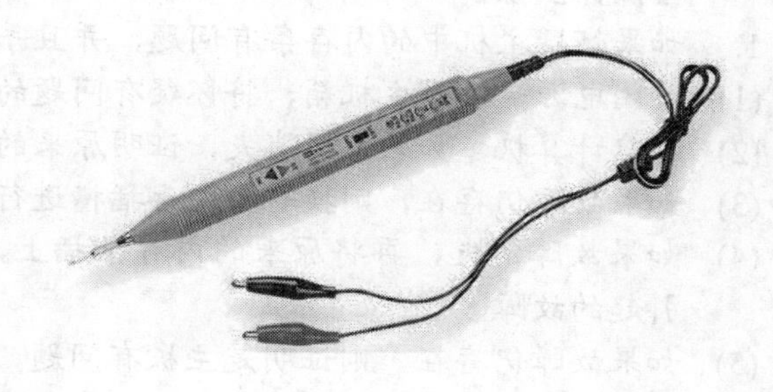

图8-10　逻辑测试笔

用逻辑测试笔还可测出数字电路中某点或某线的逻辑状态。使用时把逻辑测试笔的探针尖端接到测试点上，逻辑测试笔的指示灯就会指出该点的逻辑状态。即红灯亮表示高电平，绿灯亮表示低电平；如果两灯交替发光，则表示该点为持续电平；如果两灯均不发光，则表示被测信号为高阻状态。大部分逻辑测试笔的探针尖端均有保护电路，可防止过压损坏。逻辑测试笔可用来寻找示波器不易发现的瞬间且频率较低的脉冲信号，但它主要用来测试输出信号逻辑状态相对固定的逻辑门电路。

利用逻辑测试笔检测电路时，应尽可能从出现故障的电路部分开始检测，而这时最好能有一份对应的电路图，这样可按照逻辑门电路的输入值，测试输出电平是否正确，并按电路信号的传递方向移动检测。

4. 了解其他仪器。

除了以上介绍的几种仪器设备之外，还有很多常用的维护工具，如集成电路芯片测仪、信号分析仪、逻辑夹和逻辑脉冲发生器等。

任务四　掌握常见硬件故障的维护方法

计算机故障发生后，首先要进行故障诊断，以确定故障发生的原因和故障所在的部件。有一些故障在开机的时候就有所表现，根据计算机启动时的各种现象综合分析，可以尽快找到硬件故障发生的原因。一些故障则需要对单个的部件依次进行排除，从而找到故障源。找到故障源后才能对症下药，解决硬件故障。本任务主要介绍常见硬件故障的维护方法。

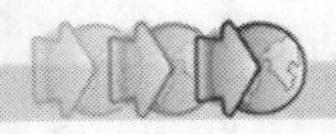

（一） 常见维护方法详解

下面对常见硬件故障的维护方法进行详细的解释。通过对一些常见的故障案例进行分析，可以更直观地理解维护方法的操作顺序。

交换法

交换法是在计算机维护过程中最常用的方法，此方法简单且可靠。在对计算机硬件进行故障维护的时候，如果怀疑某个部件有问题，而且身边就有与故障机相类似的计算机，就可以使用交换法快速对故障源进行确定。

【操作思路】

- 利用已经确定的无故障部件对故障源进行确定。
- 利用正常运行的计算机对故障源进行确定。

【操作步骤】

1. 如果怀疑主机中的内存条有问题，并且手上有已经确定没有问题的内存条。

(1) 关闭电源，打开主机箱，将怀疑有问题的内存条拔下，将确定无问题的内存条插上。

(2) 重启计算机，如果故障消失，证明原来的内存条有问题。

(3) 如果故障仍存在，则换一个内存插槽进行测试。

(4) 如果故障消失，再将原来的内存条插上，计算机正常运行，则可以确定是原内存插槽引起的故障。

(5) 如果故障仍存在，则证明是主板有问题，一般需更换主板。

2. 如果怀疑主机中显卡有问题，并且身边有正常运行的与故障机相同类型的计算机。

(1) 将怀疑有问题的显卡取下，插到能正常运行的计算机上。

(2) 如果计算机仍能正常运行，则证明显卡没有问题，需进一步确定故障机的显卡插槽和主板是否有问题。

(3) 如果测试计算机同样出现问题，则证明显卡有问题，需更换显卡。

说明

交换法非常适用于易插拔的组件，如内存条、显卡、CPU 芯片和网卡等，但是必须要有相同型号插槽的主板。

插拔法

计算机产生故障的原因多种多样，主板故障、I/O 总线故障和各种插卡故障都可能造成系统运行不正常。插拔法是确定主板或 I/O 设备故障的简捷方法，其操作思路是将可疑部件逐个排除，如果排除了所有可疑的部件，那么故障很有可能在主板上。

【操作思路】

- 将可能引起故障的部件逐块拔下，每拔一块都开机观察计算机运行情况，以此确定故障源。
- 怀疑是因为部件与插槽接触不良引起的故障，可以将部件拔出后再重新正确插入，以解决故障。

【操作步骤】

1. 在安装了双硬盘后，开机出现自检不能通过。

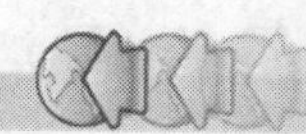

(1) 将B硬盘拔下，保留A硬盘，开机观察计算机运行情况。
(2) 如果计算机正常运行，证明A硬盘无故障。
(3) 同样，将A硬盘拔下，保留B硬盘，开机确定B硬盘是否正常。
(4) 如果两块硬盘单独工作正常，则需检查双硬盘的安装方法是否正确。
2. 开机时，显示器无显示，无声音提示。
(1) 此故障一般是由于显卡与显卡插槽之间接触不良引起。
(2) 将显卡拔出后重新插入，如果计算机运行正常，则证明是接触不良的原因。

说明：不能带电插拔，要关机断电后再进行插拔，确认安装无误后再加电开机。接触板卡元器件时要先释放静电，方法是用手摸一下水管或地面。

清洁法

如果计算机在比较差的环境（如灰尘比较多、温度和湿度比较高等）中运行，则很容易产生故障。对于此类故障一般采用清洁法进行维护。

【操作思路】
- 使用软刷清理主机中的灰尘，解决因散热导致的故障。
- 使用橡皮清理金属引脚，解决因氧化导致的故障。

【操作步骤】
1. 计算机在运行过程中经常自动重启。
(1) 这样的故障一般是由于CPU风扇灰尘过多，导致散热不好引起。
(2) 打开主机箱，先使用软刷对机箱内、主板上的灰尘进行清理。
(3) 再拆下CPU风扇，对风扇和CPU散热片上的灰尘也进行清理。
(4) 重新将CPU风扇安装上，系统正常运行，故障排除。
2. 开机时，显示器无显示，无声音提示，使用插拔法未能解决故障。
(1) 先将显卡取出，使用橡皮擦去引脚表面的氧化层，重新插上后开机检查故障是否被排除。
(2) 如果故障还存在，则需把内存也取出，用同样的方法擦去氧化层后重新插上，一般可解决此故障。

诊断程序测试法

诊断程序测试法是指通过运行故障诊断程序来检测计算机故障的方法。诊断程序测试有两种方法，一种是通过主板BIOS中的“POST”（Power On Self Test）自检程序进行检测，另一种是使用高级故障诊断程序进行检测。

【操作思路】
- 通过POST自检程序，根据相应的声音提示判断故障原因。
- 根据屏幕上出现的提示信息确定故障原因。
- 使用诊断程序对故障进行确定和排除。

【操作步骤】
1. 开机时，主板发出连续的长报警声。
(1) 此故障一般是由于内存条未插紧或已损坏引起。

(2) 先使用插拔法和清洁法对内存条进行处理，一般可恢复正常。

(3) 如果故障仍然存在，则使用交换法判断内存条是否损坏。

2. 开机时，显示提示信息“BIOS ROM checksum error-System halted”。

(1) 此信息说明 BIOS 信息在进行检查时发现错误，因此无法开机。

(2) 此故障通常是因为 BIOS 信息刷新不完全造成的，重新刷新主板 BIOS 即可。

3. 开机时，显示提示信息“CMOS battery failed”。

(1) 此信息说明 CMOS 电池失效。

(2) 此故障是因为 CMOS 电池已经快没电了，更换新的电池即可。

4. 开机时，显示提示信息“CMOS checksum error-Defaults loaded”。

(1) 此信息说明 CMOS 执行全部检查时发现错误，要载入系统预设值。

(2) 此故障一般是由于 BOIS 电池快没电了，可以先更换电池试试；如果问题没有解决，那么说明 CMOS RAM 可能有问题，可以换主板或者送修。

5. 开机时，显示提示信息“Press Esc to skip memory test”。

(1) 此信息说明正在进行内存检查，可以按 Esc 键跳过。

(2) 此现象是因为 CMOS 内没有设定跳过存储器的第二、三、四次测试，开机就会执行 4 次内存测试，当然可以按 Esc 键跳过，不过每次都这样做很麻烦，可以进入 CMOS，设置后选择【BIOS FEATURES SETUP】，将其中的“Quick Power On Self Test”设为“Enabled”，存储后重新启动即可。

6. 开机时，显示提示信息“Keyboard error or no keyboard present”。

(1) 此信息说明键盘错误或者未接键盘。

(2) 此故障需要检查一下键盘的连接线是否松动或者损坏。

7. 开机时，显示提示信息“Primary master (Primary slave ,Secondary master, Secondary slave)hard disk fail”。

(1) 此信息说明检测到第一主盘（第一从盘、第二主盘、第二从盘）失败。

(2) 此故障可能是由于硬盘的电源线或者数据线未接好或者硬盘跳线设置不当。可以检查一下硬盘的各条线是否插好，看看同一条数据线上两个硬盘的主从跳线设置是否一样，如果一样，只要将两个硬盘的跳线设置为不一样，即一个设置为“Master（主盘）”，另一个设置为“Slave（从盘）”即可。也可能是 CMOS 设置不当，例如，有从盘，但在 CMOS 里没有设置“从盘”，那么就会出现错误，这时可以进入 CMOS，设置选择【IDE HDD AUTO DETECTION 】进行硬盘自动检测即可。

8. 在使用 GHOST 还原系统过程中突然断电，重新启动计算机后不能正确识别硬盘。

(1) 此故障是由于在还原过程中突然断电，造成硬盘的分区表损坏。

(2) 使用带有 DiskMan 软件的启动盘启动计算机，运行 DiskMan，重建分区表即可解决故障。

【知识链接】

主板 BIOS 在系统启动时会发出报警声提示用户系统是否正常启动，对于 BIOS 芯片 Award BIOS 和 AMI BIOS，相关自检响铃含义如表 8-1 和表 8-2 所示。

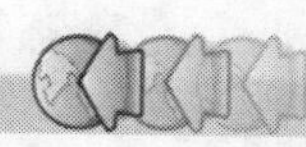

表 8-1　　Award BIOS 自检响铃的含义

响　　铃	含　　义
1 短	系统正常启动。说明机器没有任何问题
2 短	常规错误。请进入 CMOS Setup，对不正确的选项重新进行设置
1 长 1 短	RAM 或主板出错。换一条内存试试，若还是不行，只好更换主板
1 长 2 短	显示器或显卡错误
1 长 3 短	键盘控制器错误。检查主板
1 长 9 短	主板 Flash RAM 或 EPROM 错误，BIOS 损坏。换块 Flash RAM 试试
不断地响（长声）	内存条未插紧或损坏。重插内存条，若还是不行，只有更换一条内存
不停地响	电源、显示器未和显示卡连接好。检查一下所有的插头
重复短响	电源有问题
无声音无显示	电源有问题

表 8-2　　AMI BIOS 自检响铃的含义

响　　铃	含　　义
1 短	内存刷新失败。更换内存条
2 短	内存 ECC 校验错误。在 CMOS Setup 中，将内存关于 ECC 校验的选项设为 Disabled 就可以解决，不过最根本的解决办法还是更换一条内存
3 短	系统基本内存（第 1 个 64KB）检查失败。换内存
4 短	系统时钟出错
5 短	中央处理器（CPU）错误
6 短	键盘控制器错误
7 短	系统实模式错误，不能切换到保护模式
8 短	显示内存错误。显示内存有问题，更换显卡试试
9 短	ROM BIOS 检验和错误
1 长 3 短	内存错误。内存损坏，更换即可
1 长 8 短	显示测试错误。显示器数据线没插好或显卡没插牢

直接感觉法

直接感觉法是指通过人的感觉器官来发现故障的方法，包括眼看、耳听、鼻闻和手动。

【操作思路】

使用眼、耳、鼻、手对故障源进行判断确定。

【操作步骤】

1. 使用眼睛观察系统板卡的插头、插座有无歪斜，电阻、电容引脚是否相碰，表面是否

烧焦变色，芯片表面是否开裂，主板上的铜箔是否烧断。此外还要查看是否有异物掉入主板元器件之间而造成短路。

2. 使用耳朵监听电源风扇、显示器变压器和软、硬盘等设备的工作声音是否正常，系统有无其他异常声响（系统发生短路故障现象）。
3. 使用鼻子辨闻主机、外设板卡中有无烧焦的气味，便于找到短路故障处。
4. 用手按压插座式的活动芯片，检查芯片是否松动或接触不良。此外，在系统运行时用手触摸或靠近 CPU、硬盘和显示器等设备的外壳，依照其温度可判断设备运转是否正常。如果某个芯片的表面发烫，则说明该芯片可能已被损坏。

（二） 相关案例分析

下面来分析一些常见案例。

显卡散热不良引起花屏

【故障描述】

一台计算机在正常使用的过程中出现花屏现象。

【故障分析】

出现花屏现象一般是由于显卡的问题。

【故障排除】

1. 打开机箱，取下显卡时，发现显卡的散热片非常烫手，猜想可能是由于显卡芯片温度过高导致计算机花屏。
2. 于是为显卡芯片加上一个散热风扇。重新开机后，花屏故障排除。

电源故障导致不能正常启动

【故障描述】

计算机启动时能通过自检，大约十多分钟后，电源突然自动关闭，重新启动计算机，有时无反应，有时又可以正常启动，但十多分钟后，电源又会自动关闭，有时隔一两分钟，系统又自动重新启动，但马上又断电。

【故障分析】

对于这种故障，建议采取下面介绍的故障排除方法。

【故障排除】

1. 在 DOS 下彻底杀毒，查看是否有病毒。
2. 检查是否是电源出现故障，将电源连接到其他计算机中，看运行是否正常。
3. 一般的电源只能在“220V ± 10%”的环境下工作，当超过这个额定范围时，电源的过流保护和过压电路工作，便会自动关闭电源。因此有必要检查交流市电是否为 220V。
4. 如果确认电源和市电都没有问题，就应该怀疑系统硬件问题。如果计算机中有的部件局部漏电或短路，将导致电源输出电流过大，电源的过流保护将起作用，自动关闭电源。此时可用最小系统法逐步检查，找出硬件故障。
5. 电源与主板不兼容也可能导致此故障，此时需要更换电源。

添加网卡后不能正常关机

【故障描述】

计算机原来使用正常，但添加了一块网卡后不能正常关机，表现为在关机时死机。

【故障分析】

操作系统关机不正常与很多因素有关，如 BIOS 设计不完善导致电源管理不正常、硬件不兼容、驱动程序不完善等。估计该问题是由于添加了网卡引起的。

【故障排除】

1. 尝试升级网卡的驱动程序或升级主板的 BIOS。
2. 安装不能正常关机的补丁。
3. 更换网卡插槽。

网络时续时断

【故障描述】

一块 PCI 总线的 10/100Mbit/s 自适应网卡，无论在 Windows 2000 还是在 Windows XP 系统中网络都时续时断。查看网卡的指示灯，发现该指示灯时灭时亮，而且交替过程很不均匀。与该网卡连接的 Hub 所对应的指示灯也出现同样的现象。

【故障分析】

1. 首先怀疑是 Hub 的连接端口出了问题，于是将该网卡接到其他端口上，问题依旧，说明 Hub 没有问题。
2. 再用网卡随盘附带的测试程序盘查看网卡的有关参数，其 IRQ 值为“5”。然后返回到操作系统，查看操作系统分配给网卡的参数值，其 IRQ 同样是“5”。
3. 后来又怀疑是安装该网卡的主板插槽有故障，于是打开机箱，换了几个 PCI 插槽，问题仍然存在。
4. 由此判断可能是网卡坏了或设置的故障，更换了多块网卡，问题依旧。
5. 最后认真检查 CMOS 参数设置。

【故障排除】

进入 CMOS 状态，选择【PnP/PCI Configuration】一项，发现 IRQ5 后面的状态为【Legacy ISA】，将其改为【PCI/ISA Pnp】后，网卡工作正常。

键盘无任何反应

【故障描述】

计算机正常启动后，键盘没有任何反应。

【故障分析】

对于这种故障，应综合使用多种故障维护方法进行排除。

【故障排除】

1. 重新启动计算机，在自检时仔细观察键盘右上角的“Num Lock”灯是否亮了，“Caps Lock”灯和“Scroll Lock”灯是否闪了一下，如果没有闪烁，可能是键盘与主机的连线没有连接好，重新插拔一次将其连接好即可。

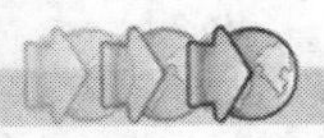

2. 经检查连接线是正确的，于是怀疑是键盘本身有故障，但将该键盘连接到其他计算机上使用正常，说明键盘没有故障。
3. 最后怀疑主板有问题，关机断电后取出主板，拔掉所有的板卡和连线，并对其进行清洁，然后插上各板卡和连线，开机后键盘恢复正常，原来是主板太脏了，导致键盘无反应。

显卡风扇散热片灰尘过多影响散热

【故障描述】

一台计算机开机运行正常，但是运行游戏“魔兽争霸”一段时间后死机，手动重启后主板报警，报警声为“1长2短”。关机休息一段时间后开机则能正常运行。

【故障分析】

报警声为“1 长 2 短”是显卡故障，故障有累积效应，能自动恢复，很可能与散热有关。而游戏“魔兽争霸”对显卡和CPU的要求和利用率非常高，怀疑是显卡或者CPU散热存在问题。

【故障排除】

1. 断电。
2. 打开机箱，用手触摸CPU风扇散热片，温度正常（不烫手）。
3. 用手触摸显卡风扇的散热片，发现烫手，温度不正常。再进一步观察，发现散热片和风扇上布满了厚厚的灰尘，判断是灰尘影响了散热。
4. 拔下显卡，卸下显卡风扇，看到散热片的槽几乎被灰尘填满了。用油漆刷刷去显卡散热片和风扇上的灰尘。
5. 安装好显卡风扇，插好显卡，上电开机，运行相同的游戏进行检测，没有再出现死机的情况，故障排除。

【案例小结】

灰尘是计算机最大的敌人之一。灰尘会严重影响散热，会影响光驱的读盘能力。因此，计算机要注意防尘，不用的时候要搭上防尘布，要定期清理主机箱内的灰尘。

灰尘污染光头引起光驱无法读盘

【故障描述】

一台计算机运行正常，但光盘放进光驱却无法找到光盘，光驱有转动。

【故障分析】

光驱使用了两年多，怀疑是光头老化或者光头脏了。

【故障排除】

1. 断电。
2. 卸下光驱。
3. 打开光驱，用蘸无水酒精的医用棉签擦拭光头。
4. 等光头上的无水酒精干燥后，装好光驱，上电开机，放入光盘，光驱能正常读盘，而且读盘速度和纠错能力比修理前提高了很多，排除故障。

【案例小结】

光驱无法读盘并不意味就已经报废，不能再使用了。很多情况下是光头被灰尘污染导致光驱读盘能力下降，只需要清洁光头就能排除故障。如果清洁后无效，可以尝试调节光头功率，在光头数据线下有一个螺丝，试着左右旋转该螺丝进行调节，但是增大功率会加速光头的老化。

CPU 接触不良类故障

将 CPU 从 CPU 插槽中取出，并检查 CPU 针脚是否有氧化或断裂现象，除去 CPU 针脚上的氧化物或将断裂的针脚焊接上，再将 CPU 重新插好即可，如图 8-11 和图 8-12 所示。

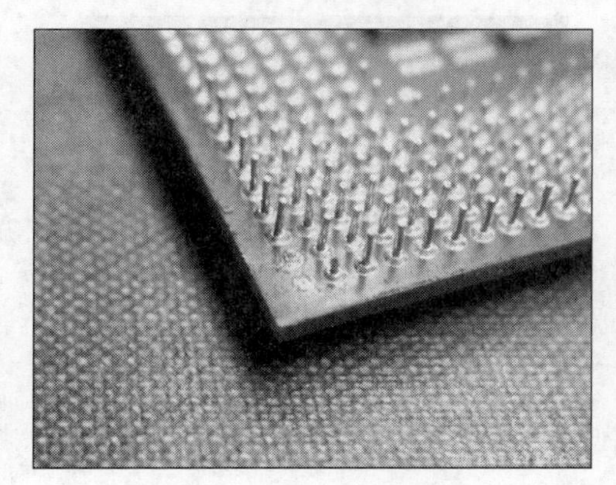

图8-11　CPU 针脚断裂

图8-12　焊接的 CPU 针脚

CPU 散热类故障

CPU 散热不良导致计算机黑屏、重启、死机等，严重的会烧毁 CPU。原因一般为 CPU 风扇停转、CPU 散热片与 CPU 接触不良、CPU 周围和散热片内灰尘太多等。

解决方法主要有更换 CPU 风扇、在 CPU 散热片和 CPU 之间涂抹硅脂、清理 CPU 周围和散热片上的灰尘。对 CPU 周围和散热片清理前后的对比效果如图 8-13 所示。

（a） CPU 散热片灰尘太多

（b） CPU 周围的灰尘

（c） CPU 周围近照

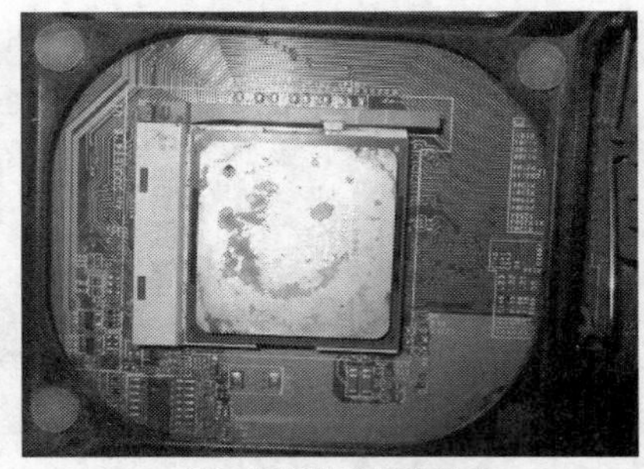

（d）清理灰尘后的效果

图8-13 常见 CPU 周围和散热片灰尘及清理效果

内存问题导致不能安装操作系统

【故障描述】

对计算机硬件进行升级后（如安装双内存），重新对硬盘分区并安装 Windows 7 操作系统，但在安装过程中复制系统文件时出错，不能继续进行安装。

【故障分析】

由于硬盘可以正常分区和格式化，所以排除硬盘有问题的可能性。

首先考虑安装光盘是否有问题，格式化硬盘并更换一张可以正常安装的 Windows XP 安装光盘后重新安装，仍然在复制系统文件时出错。如果只插一根内存条，则可以正常安装操作系统。

【故障排除】

此故障通常是因为内存条的兼容问题造成的，可在只插一根内存条的情况下安装操作系统，安装完成后再将另一根内存条插上，通常系统可以正确识别并正常工作。

除此之外，也可更换一根兼容性和稳定性更好的内存条。

开机自检后不能进入操作系统

【故障现象】

开机自检完成后，不能正常进入操作系统。

【故障分析】

有可能是误操作或者病毒破坏了引导扇区，或者是系统启动文件被破坏或 0 磁道损坏。

【排除故障】

(1) 用启动盘启动硬盘，用 SYS C:命令修复系统启动文件。

(2) 如果无效可以使用杀毒工具检查是否有病毒，如果属于病毒破坏引导扇区的情况就可以解决。

(3) 如果不是这些问题，就用诺顿磁盘医生修复引导扇区和 0 磁道。

(4) 如果无法修复 0 磁道，就需要维修或更换硬盘了。

因显卡与插槽接触不良引起计算机不能正常启动。

【故障描述】

计算机不能正常启动，打开机箱，通电后发现 CPU 风扇运转正常，但显示器无显示，主板也无任何报警声响。

【故障分析】

- CPU 风扇运转正常，证明主板通电正常。
- 拔下内存条后再通电，若主板发出报警声，则说明主板的 BIOS 系统工作正常。
- 插上内存条并拔下显卡，主板也有报警声，证明显卡插槽正常，排除显卡损坏的可能，则确定是因为显卡与插槽接触不良。

【故障排除】

使用橡皮擦擦拭显卡的金手指后再插入插槽即可解决故障。

项目实训　解决不能正常播放声音的故障

【实训目的】

运用本项目所学的硬件诊断知识，在具体情况下加以应用，增强动手能力。

【操作步骤】

1. 使用交换法，确定耳机或音箱是否正常。
2. 查看声卡的驱动程序是否正确安装。
3. 打开机箱，清理声卡处的灰尘。

项目小结

本项目介绍了硬件故障诊断与维护的相关知识，通过给出一些计算机硬件故障诊断与维护的方法和例子，详细讲述了如何确定和排除计算机硬件故障的方法和步骤。由于计算机内部的部件种类和数量都相当多，发生故障原因也多种多样，本项目不可能囊括计算机硬件出现的所有故障，但是只要按照正确的步骤和方法对故障进行诊断和排除，多观察，多总结，对于一些常见的故障都是可以轻松解决的。

思考与练习

一、操作题

1. 清理机箱内的灰尘。

2. 取下内存条和显卡，并对其进行清理，然后将其正确重新插入。练习并掌握此类部件正确取出和插入的方法。

二、思考题

1. 在计算机硬件的诊断和维护过程中，应考虑哪些安全措施？

2. 在计算机硬件的诊断和维护过程中，应遵循的步骤和原则是什么？

3. 对计算机故障进行诊断和维护时，一般需要哪些工具？

4. 对计算机故障进行诊断和维护时，通常采用哪些方法？

计算机的日常维护和账户管理

如果一台计算机日常维护良好，不但可以提高工作效率，还能延长使用寿命；缺乏维护的计算机出错频率高，甚至可能导致数据丢失，造成无法挽回的损失。本项目主要介绍常用的计算机系统管理方法和维护技巧。

学习目标

了解计算机的基本维护常识。
掌握计算机的日常维护要领。
掌握常用磁盘的清理和维护方法。
掌握常用账户管理方法。

任务一 了解计算机基本维护常识

为了计算机能够长期稳定地工作，用户应该给计算机提供一个良好的运行环境，并掌握正确的使用方法，这是减少计算机故障必须具备的条件。

（一） 计算机的环境要求

一般情况下，计算机的工作环境有如下要求。

(1) 计算机运行环境的温度要求。计算机通常在室温 15℃～35℃的环境下都能正常工作。若低于 10℃，则含有轴承的部件（风扇和硬盘之类）和光驱的工作可能会受到影响；高于 35℃，如果计算机主机的散热不好，就会影响计算机内部各部件的正常工作。

说明：在有条件的情况下，最好将计算机放置在有空调的房间内，而且不宜靠墙放置，特别不能在显示器上放置物品或遮住主机的电源部分，这样会严重影响散热。

(2) 计算机运行环境的湿度要求。在放置计算机的房间内，其相对湿度最高不能超过 80%，否则会由于器件温度由高降低时结露（当然这个露是看不见的），使计算机内的元器件受潮，甚至会发生短路而损坏计算机。相对湿度也不要低于 20%，否则容易因为过分干燥而产生静电作用，损坏计算机。

(3) 计算机运行的洁净度要求。放置计算机的房间不能有过多的灰尘。如果灰尘附落在电路板或光驱的激光头上，不仅会造成其稳定性和性能下降，还会缩短计算机的使用寿命，因此房间内最好定期除尘。

(4) 计算机对外部电源的交流供电要求。计算机对外部电源的交流供电有两个基本要求：一是电压要稳定，波动幅度一般应该小于 5%；二是在计算机工作时供电不能间断。在电压不稳定的小区，为了获得稳定的电压，最好使用交流稳压电源。为了防止突然断电对计算机的影响，可以装备 UPS。

> 说明：UPS（Uninterruptible Power System，不间断电源）是一种含有储能装置的恒压恒频的不间断电源，用于给单台计算机、计算机网络系统或其他电力电子设备提供不间断的电力供应。当市电输入正常时，UPS 将市电稳压后供应给负载使用；当市电中断时，UPS 能继续供应 220V 交流电维持正常工作并保护负载软、硬件不受损坏。

(5) 计算机对放置环境的要求。计算机主机应该放在不易震动、翻倒的工作台上，以免主机震动对硬盘造成损害。另外，计算机的电源也应该放在不易绊倒的地方，而且最好使用单独的电源插座，以免计算机意外断电。计算机周围不应该有电炉、电视等强电或强磁设备，以免其开关时产生的电压和磁场变化对计算机产生损害。

（二） 计算机使用中的注意事项

为了让计算机更好地工作，在使用时应当注意以下几点。

(1) 养成良好的使用习惯。良好的计算机使用习惯主要包括以下方面。

- 误操作是导致计算机故障的主要原因之一，要减少或避免误操作，就必须养成良好的操作习惯。
- 尽量不要在驱动器灯亮时强行关机。频繁开关机对各种配件的冲击很大，尤其是对硬盘的损伤最严重。两次开关机之间的时间间隔应不小于 30s。
- 机器正在读写数据时突然关机，很可能会损坏驱动器（硬盘、光驱等）。另外，关机时必须先关闭所有的程序，再按正常的顺序退出，否则有可能损坏程序。

> 说明：夏季电压波动及打雷闪电时，对计算机的影响是相当大的。因为随时可能发生的瞬时电涌和尖峰电压将直接冲击计算机的电源及主机，甚至损坏计算机的其他配件，所以建议在闪电时不要使用计算机。

- 在插入或卸下硬件设备时（USB 设备除外），必须在断掉主机与电源的连接后，并确认身体不带静电时才可进行操作。不要带电连接外围设备或插拔机内板卡。
- 不应用手直接触摸电路板上的铜线及集成电路的引脚，以免人体所带的静电损坏这些器件。触摸前先释放人体的高压静电，可以触摸一下自来水管等接地设备即可。
- 计算机在加电之后，不应随意地移动和震动，以免由于震动造成硬盘表面划伤或其他意外情况，造成不应有的损失。
- 使用来路不明的 U 盘或光盘前，一定要先查毒，安装或使用后还要再查一遍，因为有一些杀毒软件不能查杀压缩文件里的病毒。
- 系统非正常退出或意外断电后，硬盘的某些簇链接会丢失，给系统造成潜在的危险，应尽快进行硬盘扫描，及时修复错误。

(2) 保护硬盘及硬盘上的数据。随着计算机技术的不断发展，硬盘的容量变得越来越大，硬盘上存储的数据越来越多，一旦硬盘出现故障不能使用，将给用户造成很大的损失。保护硬盘可从以下几方面进行。

- 准备一张干净的系统引导盘，一旦硬盘不能启动，可以用来启动计算机。
- 为防止硬盘损坏、误操作等意外发生，应经常性地进行重要数据资料的备份，例如将重要数据刻录成光盘保存，以便发生严重意外后不至于有重大的损失。
- 不要乱用格式化、分区等危险命令，防止硬盘被意外格式化。
- 对于存放重要数据的计算机，还应及时备份分区表和主引导区信息。

（三）　计算机常用维护工具

随着计算机技术的高速发展，计算机内的电子器件集成度越来越高，发热量越来越大。灰尘逐渐成为计算机中的隐形杀手，当灰尘进入主板上的各种插槽后，很容易造成接触不良，降低计算机工作的稳定性。用户可以自己动手清理机箱中的灰尘和异物。

在清理计算机前，要准备以下维护工具。

(1) 螺丝刀。用来拆装计算机的主机以及外围设备，工具包内应含有大、中、小号十字形和一字形螺丝刀，最好选择带磁性的工具，其外观如图 9-1 所示。

(2) 镊子。用来夹持微小物体，用于清洗主板，其外观如图 9-2 所示。

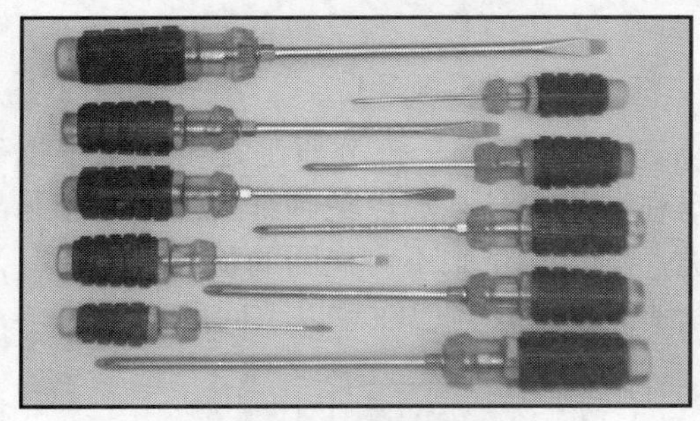

图9-1　螺丝刀

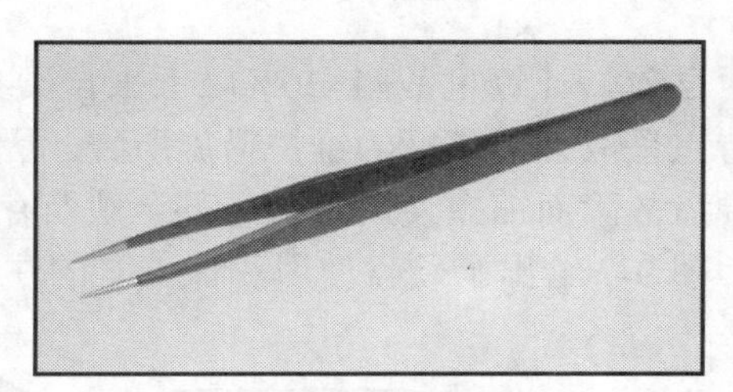

图9-2　镊子

(3) 清洁刷。用来清理主机箱内或显示器上的灰尘，其外观如图 9-3 所示。

(4) 吹气球。用来吹走主机箱内的各种灰尘，其外观如图 9-4 所示。

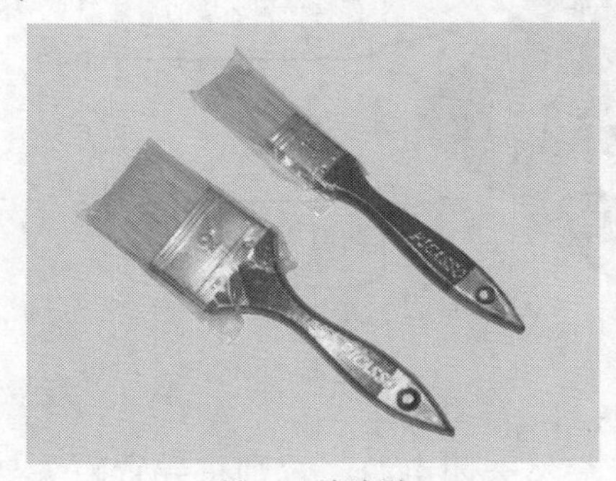

图9-3　清洁刷

图9-4　吹气球

(5) 无水酒精和棉花。用来清洁显示器屏幕的灰尘，还可以清洗主板等配件，如图 9-5 和图 9-6 所示。

(6) 清洗光盘套装。用来清洁光驱的激光头或磁头。

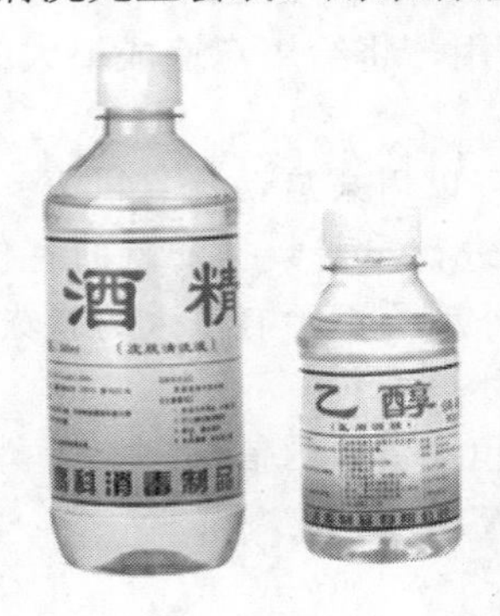

图9-5　酒精

图9-6　棉花

任务二　了解计算机硬件的日常维护要领

多数计算机故障都是由于用户缺乏必要的日常维护或维护方法不当而造成的。加强日常维护既能防患于未然，又能将故障所造成的损失减少到最低程度，并最大限度地延长计算机的使用寿命。计算机硬件维护是指在硬件方面对计算机进行维护。

（一）硬盘的维护

目前，计算机故障 30%以上来自硬盘的损坏，其中有相当一部分原因是用户未根据硬盘特点采取切实可行的维护措施所致。因此，硬盘在使用中必须加以正确维护，否则容易导致硬盘故障而缩短使用寿命，甚至殃及存储的数据，给用户带来不可挽回的损失。

图 9-7 给出了硬盘使用和保养时的注意事项。硬盘使用具体应注意以下问题。

图9-7　硬盘的保养

(1) 硬盘进行读、写时处于高速旋转状态，不能突然关闭电源，否则将导致磁头与盘片猛烈摩擦，从而损坏硬盘。

(2) 用户不能自行拆开硬盘盖，以免灰尘或异物进入盘内，在硬盘进行读、写操作时划伤盘片或磁头。

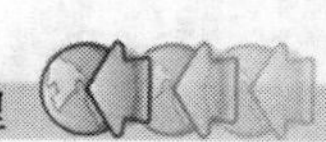

(3) 硬盘在进行读、写操作时，较大的震动会导致磁头与数据区撞击使盘片数据区损坏，因此在主轴电机尚未停转之前严禁搬运硬盘。

(4) 硬盘的主轴电机和驱动电路工作时都要发热，在使用中要严格控制环境温度。在炎热的夏季，环境温度一般在40℃，要特别注意检测硬盘。

(5) 在温湿的季节，要注意使环境干燥或经常给系统加电，靠自身的发热将机内水汽蒸发掉。

(6) 尽可能使硬盘不要靠近强磁场，如音箱、喇叭、电机、电台等，以免硬盘中所记录的数据因磁化而受到破坏。

(7) 病毒对硬盘中存储的信息威胁很大，应定期使用较新版本的杀毒软件对硬盘进行病毒检测，发现病毒应立即采取办法清除。

(8) 尽量避免对硬盘进行格式化，因为格式化会丢失全部数据并缩短硬盘的使用寿命。

（二） 显示器的维护

显示器作为计算机的“脸面”，是用户与计算机沟通的桥梁。据统计，显示器故障有50%是由于环境条件差引起的，操作不当或管理不善导致的故障约占30%，真正由于质量差或自然损坏的故障只占20%，可见环境条件和人为因素是造成显示器故障的主要原因。

图9-8给出了LCD显示器使用和保养时的注意事项。LCD显示器使用中具体应注意以下问题。

图9-8　LCD显示器的保养

(1) 禁止液体进入显示器。因为水分会损害LCD的元器件，会导致液晶电极腐蚀，造成永久性的损害。

(2) 不要使显示器长时间连续72小时以上处于开机状态。建议在不用的时候把它关掉或者将它的显示亮度调低，注意屏幕保护程序的运行等。

(3) 在使用清洁剂时，注意不要把清洁剂直接喷到屏幕上，这有可能使清洁剂流到屏幕里造成短路。正确的做法是用软布沾上清洁剂轻轻地擦拭屏幕。

(4) LCD显示器的抗撞击能力很弱，许多灵敏的电器元件在遭受撞击时会损坏，所以在使用LCD显示器时一定要防止磕碰。

(5) 不要随便拆卸LCD显示器。在显示器工作时，内部会产生高电压，LCD背景照明组件中的CFL交流器在关机很长时间后依然可能带有高达1000V的电压，擅自拆卸可能会给用户带来伤害。

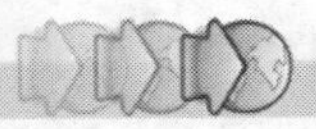

（三） 光驱的维护

要保持光驱的良好运行性能、避免故障、延长光驱的使用寿命，对光驱进行日常的保养和维护尤其重要。

图9-9给出了光驱使用和保养时的注意事项。光驱使用中具体应注意以下问题。

图9-9 光驱的保养

(1) 将光盘置于光驱内，即使不读盘，也会驱动光驱旋转，这样不但会加大光驱的机械磨损，还可能导致数据损坏。在不使用光盘时，应将其从光驱中取出。

(2) 少用光驱看VCD（或DVD）。在播放VCD的过程中，光驱必须数小时连续不停地读取数据。如果VCD碟片质量得不到保证，光驱在播放过程中还要频繁启动纠错功能，反反复复地读取数据，对光驱寿命及性能造成损害。用户应将VCD内容复制到硬盘上进行欣赏。

(3) 使用干净、质量好的光盘对延长光驱寿命是很重要的，所以不要随意放置光盘，不把粘有灰尘油污的光盘放在光驱中，不使用盗版光盘等。

（四） 其他部件的维护

对计算机其他组件也要进行定期的维护，平时要进行经常性的检查，及时发现和处理硬件问题，以防止故障扩大。

(1) 其他常用部件的维护要点。以下常用部件的使用注意事项如下。

- 主板：要注意防静电和形变。静电可能会损坏BIOS芯片和数据、损坏各种晶体管的接口门电路；板卡变形后会导致线路板断裂、元件脱焊等严重故障。
- CPU：CPU是计算机的“心脏”，要注意防高温和高压。高温容易使内部线路发生电子迁移，缩短CPU的寿命；高压很容易烧毁CPU，所以超频时尽量不要提高内核电压。
- 内存：要注意防静电，超频时也要小心，过度超频极易引起黑屏，甚至使内存发热损坏。
- 电源：要注意防止反复开机、关机。
- 键盘：要防止受潮、沾尘、拉拽以及受潮腐蚀等。沾染灰尘会使键盘触点接触不良，操作不灵，拖拽易使键盘线断裂，使键盘出现故障。
- 鼠标：要防灰尘、强光以及拉拽。滚轴上沾上灰尘会使鼠标机械部件运作不灵；强光会干扰光电管接收信号；拉拽会使鼠标线断裂，使鼠标失灵。

(2) 其他常用部件的维护步骤。进行全面维护时应准备上面提到的维护工具，然后按下面的步骤进行。

- 切断电源，将主机与外围设备之间的连线拔掉，用吹气球细心地吹拭板卡上的灰尘，尤其要清除面板进风口附近和电源排风口附近以及板卡插接部件的灰尘，同时应用台扇吹风，以便将吹气球吹起的灰尘和机箱内壁上的灰尘带走。
- 计算机的排风主要靠电源风扇，因此电源盒里积累的灰尘最多，将电源盒拆开，用吹气球仔细清扫干净。
- 如果要拆卸主板上的配件，再次安装时要注意位置是否准确、插槽是否插牢、连线是否正确等。
- 用酒精和棉花配合将显示器屏幕擦拭干净。
- 将鼠标的后盖拆开，将滚动轴上的杂物清理干净，最好用沾有酒精的药棉进行清洗晒干。
- 用吹气球将键盘键位之间的灰尘清理干净。

任务三　掌握磁盘的清理和维护方法

磁盘是存储数据的场所，需要对磁盘定期维护以提高磁盘使用性能并保障数据安全。

（一）清理磁盘

计算机在使用过程中会产生一些临时文件，这些文件不但会占据一定的磁盘空间，还会降低系统的运行速度，因此需要定期清理磁盘。

【操作步骤】

1. 打开【计算机】窗口，在需要清理的磁盘上单击鼠标右键，在弹出的菜单中选取【属性】选项，如图 9-10 所示。
2. 在【磁盘属性】对话框的【常规】选项卡中单击 磁盘清理(D) 按钮，如图 9-11 所示。

图9-10　启动属性设置

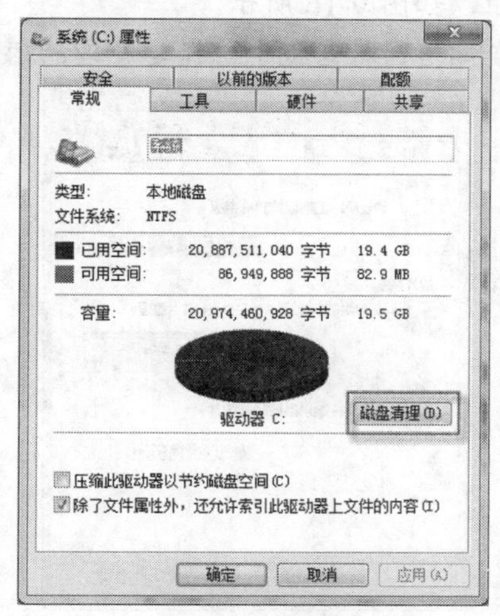

图9-11　属性菜单

3. 系统开始计算可以在当前磁盘上释放多少空间，如图9-12所示。
4. 计算完毕后打开【磁盘清理】对话框，在【要删除的文件】列表框中选中要清理的文件类型，然后单击 确定 按钮，如图9-13所示。

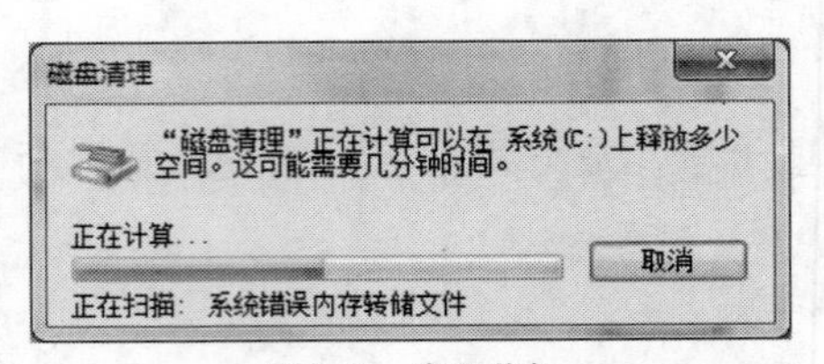

图9-12 清理磁盘

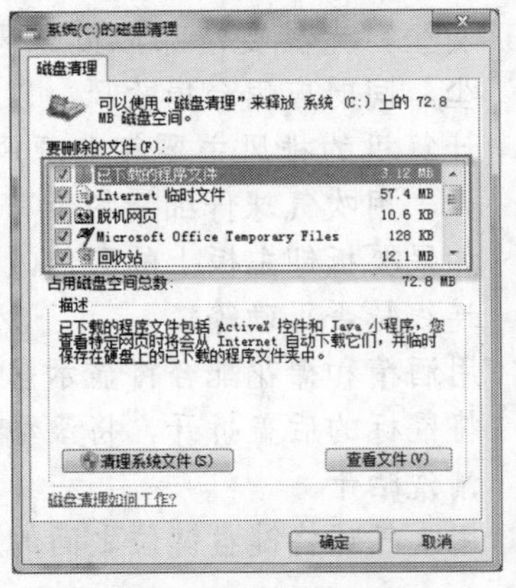

图9-13 选取清理的内容

5. 系统弹出询问对话框，单击 删除文件 按钮，如图9-14所示。
6. 系统开始删除文件，如图9-15所示。

图9-14 确认清理

图9-15 清理文件

（二） 整理磁盘碎片

使用计算机时，用户需要经常安装或卸载程序，同时还要大量转移文件，这将导致计算机中存在大量碎片文件（即磁盘上的不连续文件），这些文件需要定期整理。

1. 使用上述方法打开磁盘属性文件，切换到【工具】选项卡，单击 立即进行碎片整理(D)... 按钮，如图9-16所示。
2. 在弹出的对话框中选择要整理的磁盘，然后单击 分析磁盘(A) 按钮，如图9-17所示。

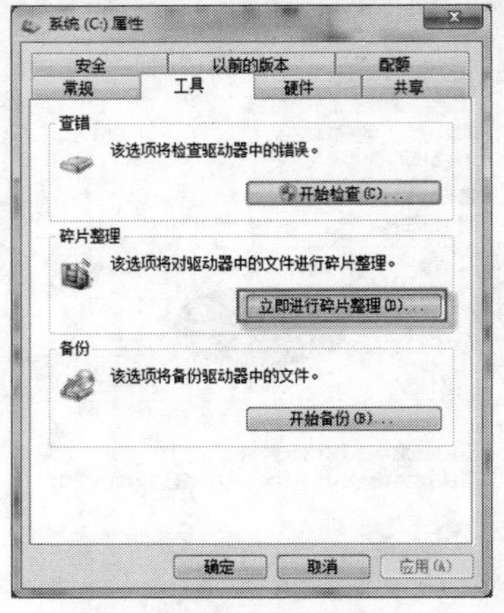

图9-16 属性窗口

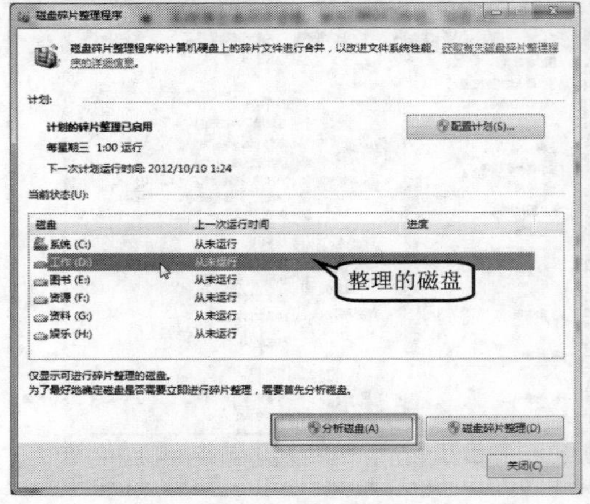

图9-17 选取整理的磁盘

3. 系统开始分析磁盘文件数量、使用频率以及碎片状况，如图 9-18 所示。分析完成后将显示磁盘上碎片所占比例，如图 9-19 所示。

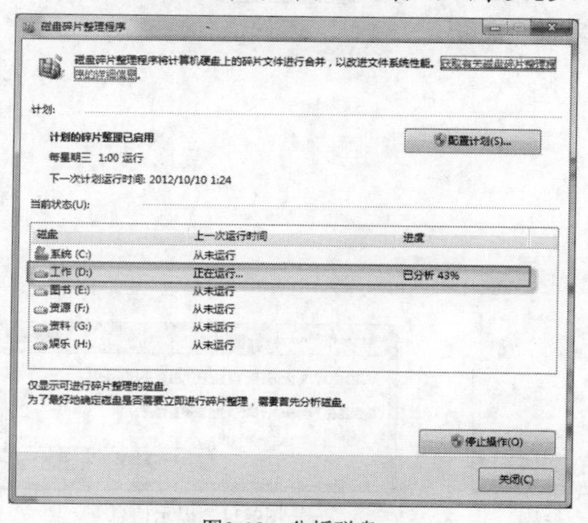

图9-18　分析磁盘

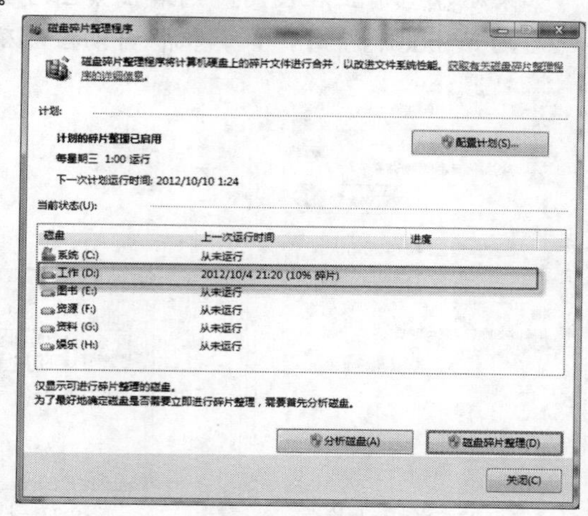

图9-19　显示分析结果

4. 单击 磁盘碎片整理(D) 按钮后系统开始整理碎片，如图 9-20 所示，用户需要等待一段时间。整理完毕后，单击 关闭(C) 按钮。

说明

磁盘分析后，如果碎片率比较低，可以不必整理磁盘。磁盘碎片整理比较耗费时间，最好安排在工作之外的时间进行，比如晚间，还可以在图 9-20 中单击 配置计划(S)... 按钮打开如图 9-21 所示对话框设置定期整理计划。

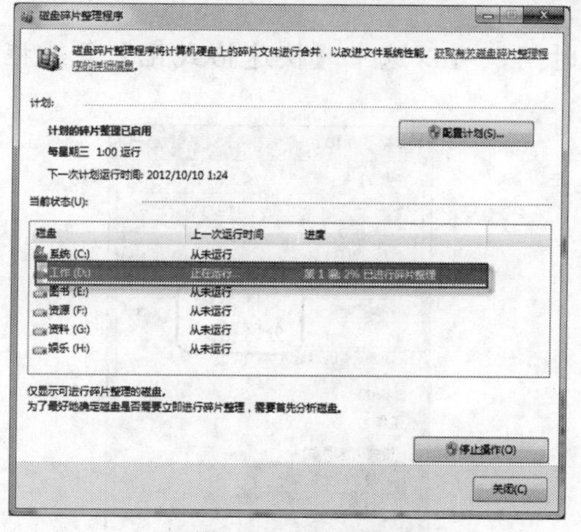

图9-20　分析结果

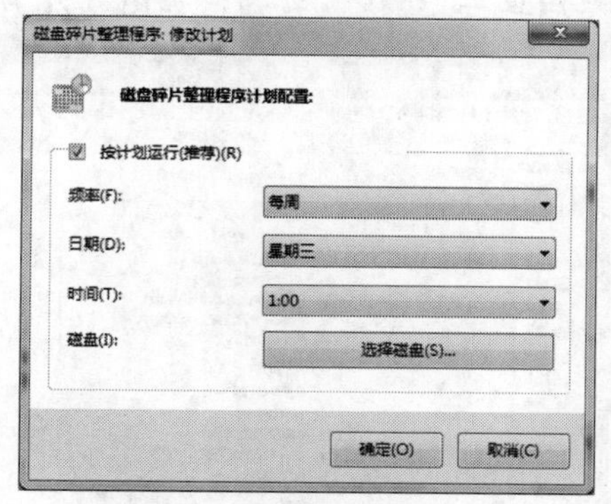

图9-21　设置定期整理计划

（三）　检查磁盘错误

磁盘分区在运行中可能会产生错误，从而危害数据安全，使用检查磁盘错误操作可以检查磁盘错误并进行修复操作。

【操作步骤】

1. 使用上述方法打开磁盘属性文件，切换到【工具】选项卡，单击 开始检查(C)... 按钮，如图 9-22 所示。

2. 在图 9-23 中选中两个复选框，然后单击 开始(S) 按钮。
3. 如果磁盘当前正在使用，则弹出如图 9-24 所示对话框。单击 计划磁盘检查 按钮。当下一次启动 Windows 7 时，计算机将自动检测磁盘错误。

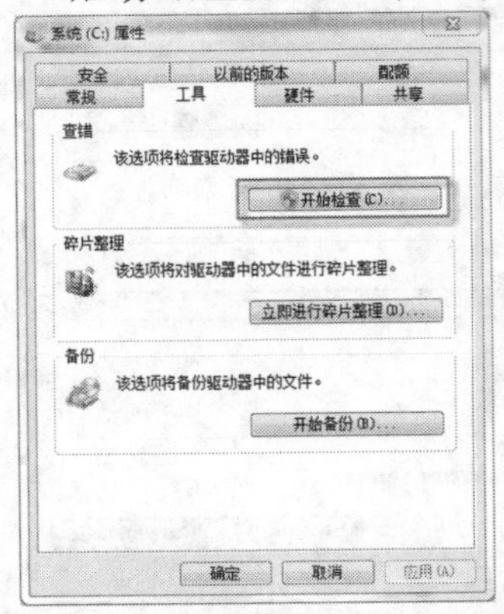
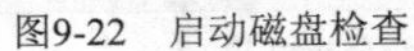
图9-22 启动磁盘检查

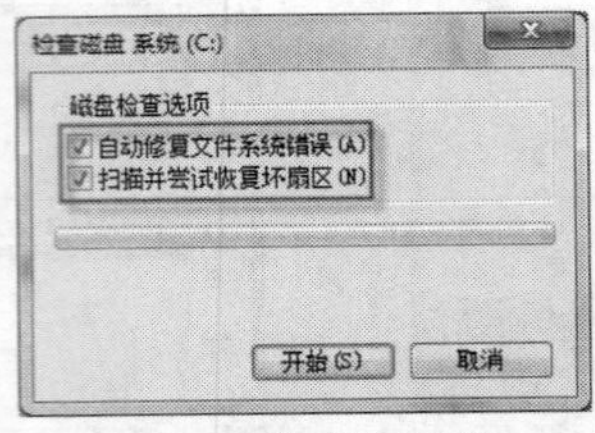
图9-23 设置检查参数

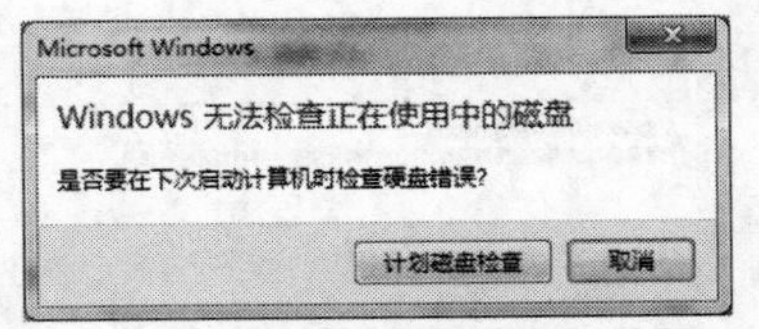
图9-24 提示信息

（四） 格式化磁盘

格式化磁盘将彻底删除磁盘上的数据或者将磁盘设置为新的分区格式。

【操作步骤】

1. 在需要格式化的磁盘上单击鼠标右键，在弹出的菜单中选取【格式化】命令，如图 9-25 所示。
2. 在弹出的窗口中选取分区格式，如果要节约时间，可以选中【快速格式化】复选框，然后单击 开始(S) 按钮，如图 9-26 所示。

图9-25 启动格式化操作

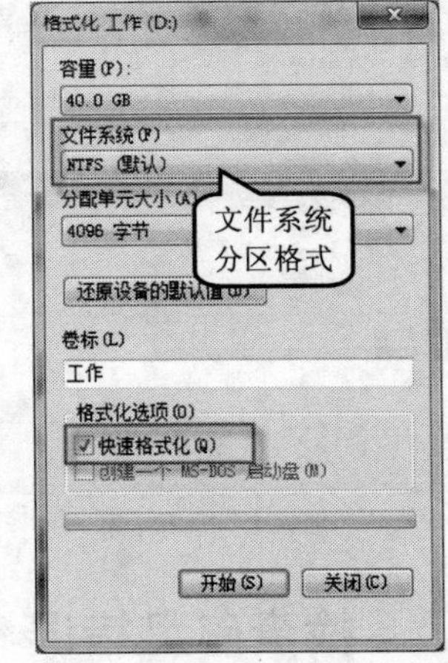

图9-26 设置格式化参数

说明：目前常用的文件系统分区格式主要有 FAT32 和 NTFS 两种。FAT32 支持的单个分区最大容量为 32GB，主要支持早期的 Windows 系统；NTFS 的安全性和稳定性很好，使用中不易产生文件碎片，比 FAT32 能更有效地管理磁盘空间，最大限度地避免了磁盘空间的浪费，是当前最常用的分区格式。

3. 由于磁盘格式化会导致数据丢失，在正式操作前，系统通常会弹出如图 9-27 所示的提示信息，如果确认格式化操作，则单击 确定 按钮。
4. 格式化完成弹出如图 9-28 所示的对话框，单击 确定 按钮。

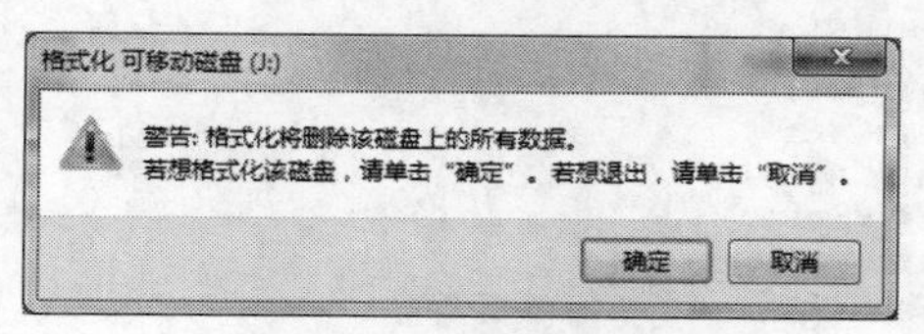

图9-27　提示信息

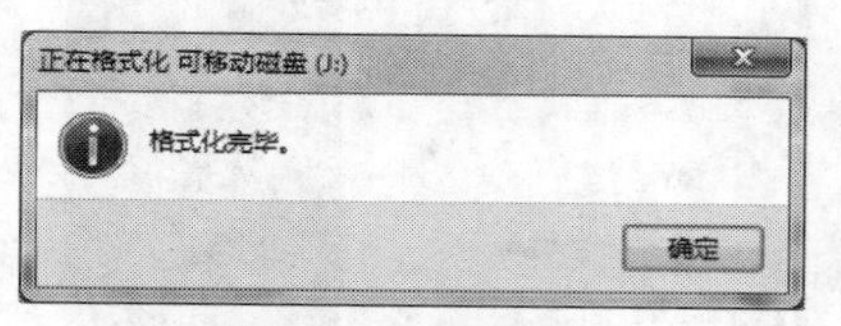

图9-28　格式化完毕

不能对 Windows 7 的系统盘进行格式化。由于格式化会删除分区上原来所有数据，因此在格式化操作前，对于有用的文件应将其转移到别的分区后再格式化。

任务四　掌握用户账户的配置和管理方法

计算机安全一直是广大用户关心的话题，但用户往往只注重如何用防火墙来防病毒或如何杀毒，却忽略了对计算机一些基本安全的设置。

在 Windows 7 操作系统中，常见的账户类型主要有以下 3 种。

- Administrator（管理员）账户：Administrator 是系统内置的权限等级最高的管理员账户，拥有对系统的完全控制权限，并不受用户账户控制机制的限制。
- 用户创建的账户：在安装 Windows 7 时，用户需要创建一个用于初始化登录的账户。在 Windows 7 中，所有用户自行创建的用户都默认运行在标准权限下。标准账户在尝试执行系统关键设置的操作时，都会受到用户账户控制机制的阻拦，以免系统管理员权限被恶意程序所利用，同时也避免了初级用户对系统的错误操作。
- Guest（来宾）账户：Guest 账户一般只适用于临时使用计算机的账户，其用户权限比标准类型的账户受到更多限制，只能使用常规的应用程序，而无法对系统设置进行更改。

默认情况下，Windows 7 基于安全考虑，内置的 Administrator 账户和 Guest 账户都处于禁用状态，以免无密码保护的这两个账户被黑客所使用。

（一）　创建新账户

Windows 7 中，要创建新账户，可以按照以下步骤来操作。

【操作步骤】

1. 在【开始】菜单中单击账户头像图标，如图 9-29 所示，打开【用户账户】窗口，单击【管理其他账户】选项，如图 9-30 所示。

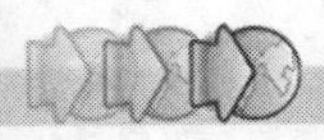

图9-29 启动账户管理

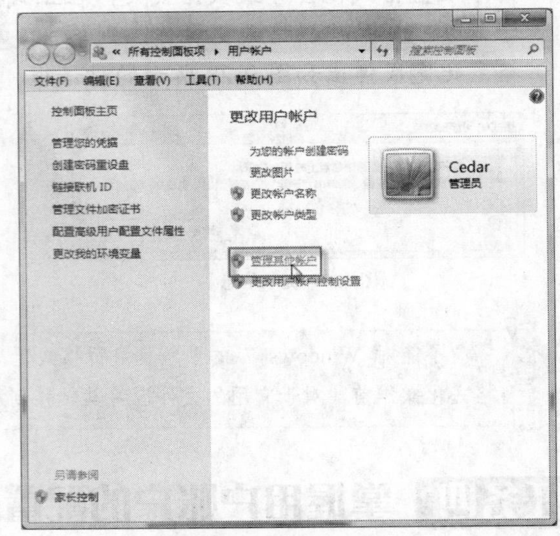

图9-30 启动个人账户设置

2. 在弹出的窗口中单击【创建一个新账户】选项，如图 9-31 所示。
3. 在打开的窗口中输入账户名称，选取账户类型，然后单击 创建帐户 按钮，如图 9-32 所示。

图9-31 创建新账户

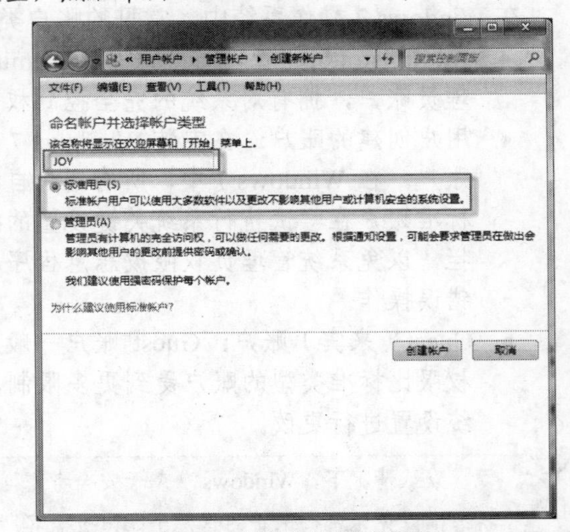

图9-32 设置账户名称和类型

（二） 更改账户类型

为了保障计算机系统的安全，用户可以更改计算机中用户账户的类型，赋予账户不同的操作权限。但是只有管理员权限的用户才能进行相关的账户操作。

【操作步骤】

1. 按照前述操作打开【管理账户】窗口，单击需要更改的用户账户，如图 9-33 所示。
2. 在弹出的窗口中单击【更改账户类型】选项，如图 9-34 所示。

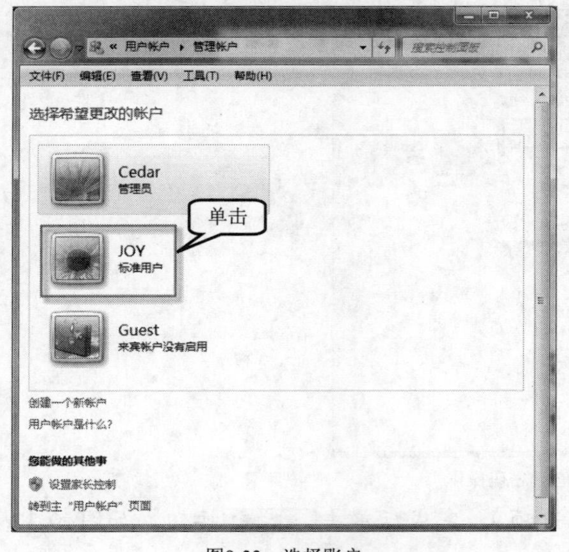

图9-33　选择账户

图9-34　启动更改账户类型操作

3. 在弹出的窗口中修改账户类型，然后单击【更改帐户类型】按钮，如图 9-35 所示。

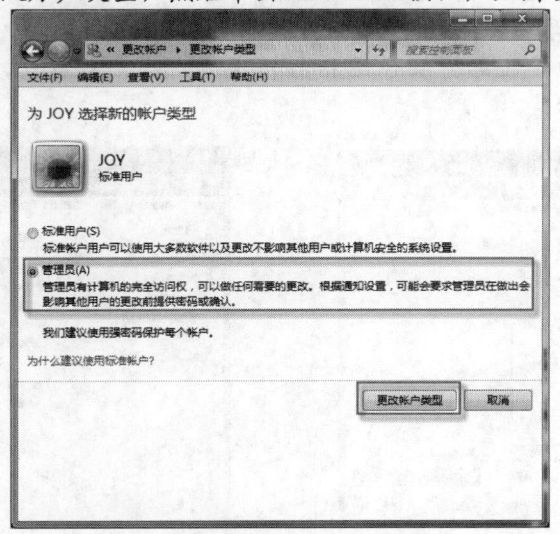

图9-35　更改账户类型

（三）　密码管理

使用密码登录计算机能防止未经授权的计算机登录，增强系统的安全性。

【操作步骤】

1. 创建密码。

通过【用户账户】窗口创建密码的操作步骤如下。

(1) 在【开始】菜单中单击账户头像图标打开【用户账户】窗口，单击【为您的账户创建密码】选项，如图 9-36 所示。

图9-36　启动创建密码操作

(2) 在弹出的窗口中输入密码和密码提示（可选项），完成后单击 创建密码 按钮，如图 9-37 所示。

2. 修改密码。

用户可以按照以下步骤修改设置的密码。

(1) 在【开始】菜单中单击账户头像图标打开【用户账户】窗口，单击【更改密码】选项，如图 9-38 所示。

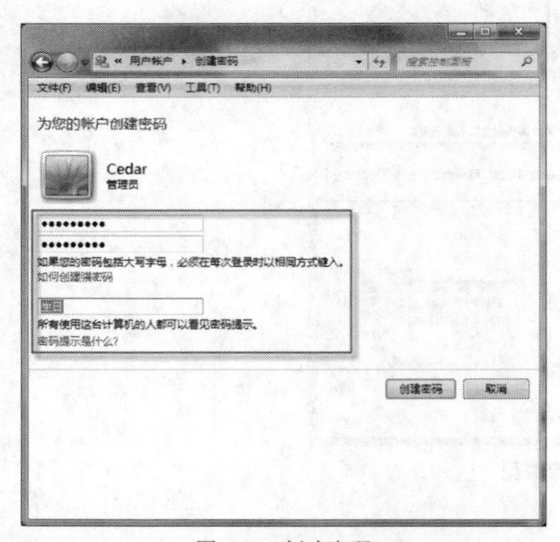

图9-37　创建密码

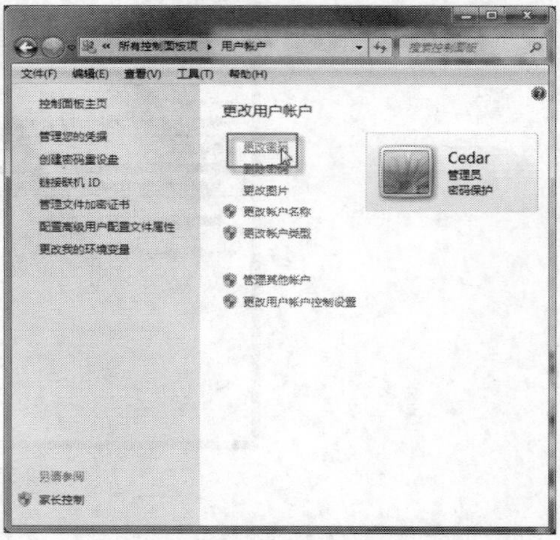

图9-38　启动更改密码操作

(2) 在弹出的窗口中先输入旧密码，然后输入新密码和密码提示（可选项），完成后单击 创建密码 按钮，如图 9-39 所示。

3. 删除密码。

对于当前用户计算机，用户可以按照以下步骤删除密码。

(1) 在【开始】菜单中单击账户头像图标打开【用户账户】窗口，单击【删除密码】选项。

(2) 在弹出的窗口中先输入用户密码后单击 删除密码 按钮，如图 9-40 所示。

图9-39　修改密码

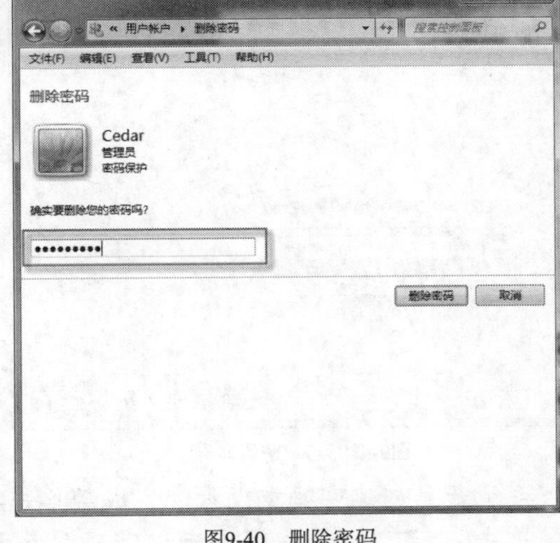

图9-40　删除密码

（四）　使用密码重置功能

为了防止用户遗忘密码而不能正确登录系统，可以在创建密码后再创建一个密码重设盘。

【操作步骤】

1. 将U盘插入计算机的USB接口。
2. 在【开始】菜单中单击账户头像图标打开【用户账户】窗口，单击【密码重设盘】选项，如图9-41所示。
3. 在弹出的【忘记密码向导】对话框中单击下一步(N) >按钮，如图9-42所示。

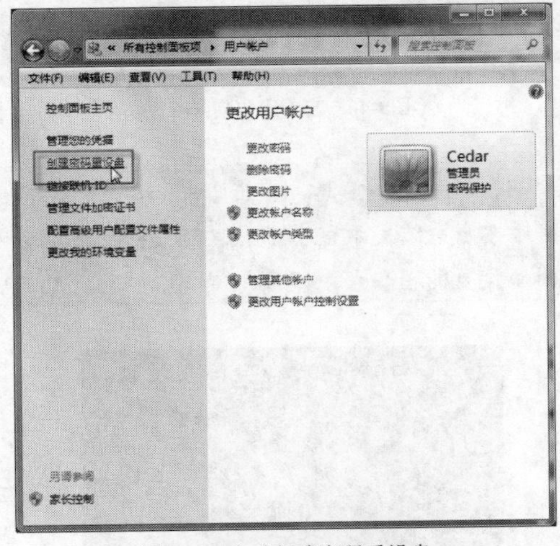

图9-41　启动创建密码重设盘

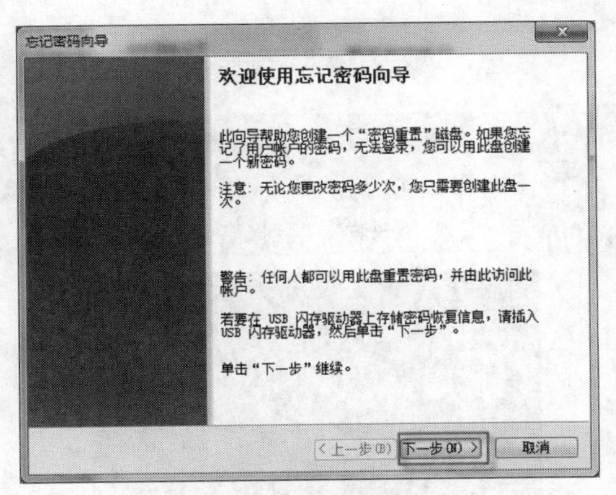

图9-42　忘记密码向导1

4. 选择存储密码的设备（选U盘），然后单击下一步(N) >按钮，如图9-43所示。
5. 输入当前账户的登录密码，然后单击下一步(N) >按钮，如图9-44所示。

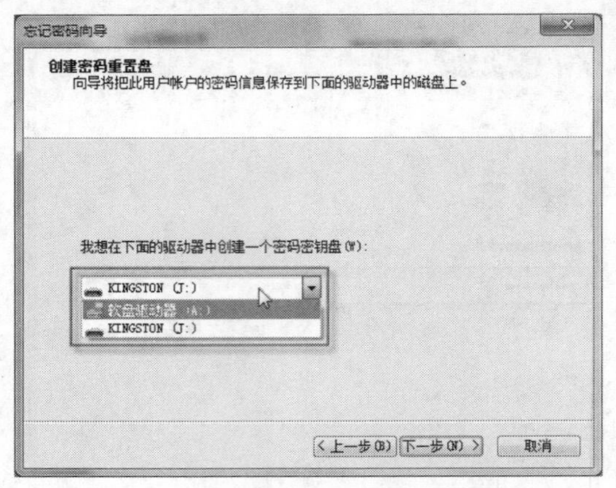

图9-43 忘记密码向导 2

图9-44 忘记密码向导 3

6. 系统开始创建密码重设盘，完成后单击下一步(N) >按钮，如图 9-45 所示。
7. 单击完成按钮关闭【忘记密码向导】对话框，完成重设密码盘的创建，如图 9-46 所示。

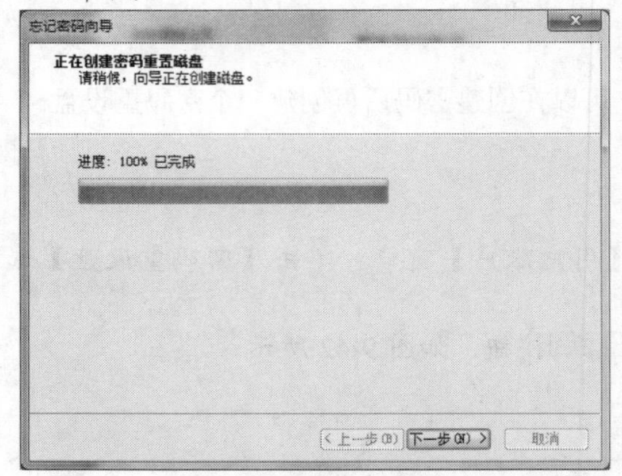

图9-45 忘记密码向导 4

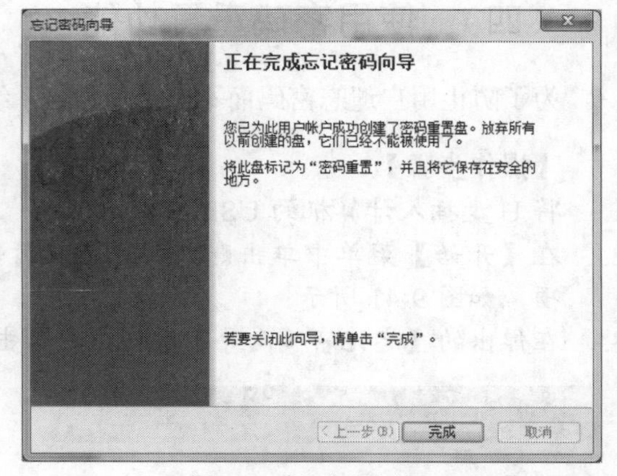

图9-46 忘记密码向导 5

说明：当用户登录系统输入密码错误时，将弹出如图 9-47 所示提示信息，单击确定按钮，打开如图 9-48 所示界面，单击【重设密码】选项，随后按照系统提示重设密码，其主要步骤与使用“忘记密码向导”创建密码重设盘类型。最后使用新设置的密码登录即可。

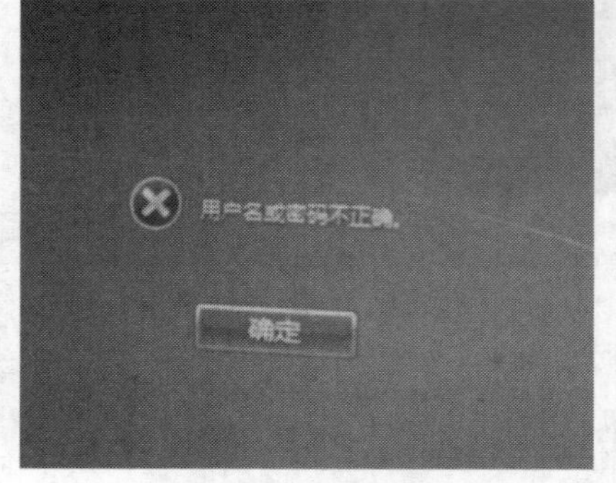

图9-47 登录界面 1

图9-48 登录界面 2

（五）　账户的个性化设置

在 Windows 7 中可以对账户进行个性化设置，包括定义账户名称和图片等。

【操作步骤】

1. 在【开始】菜单中单击账户头像图标打开【用户账户】窗口，单击【更改账户名称】选项，如图 9-49 所示。
2. 在弹出的窗口中输入新的账户名称，完成后单击 更改名称 按钮，如图 9-50 所示。

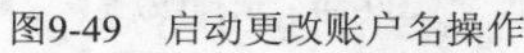

图9-49　启动更改账户名操作

图9-50　更改账户名

3. 继续在【用户账户】窗口中单击【更改图片】选项，如图 9-51 所示。
4. 在打开的窗口中选择新的图像，然后单击 更改图片 按钮，如图 9-52 所示。也可以单击【浏览更多图片】选项导入计算机中的图片。

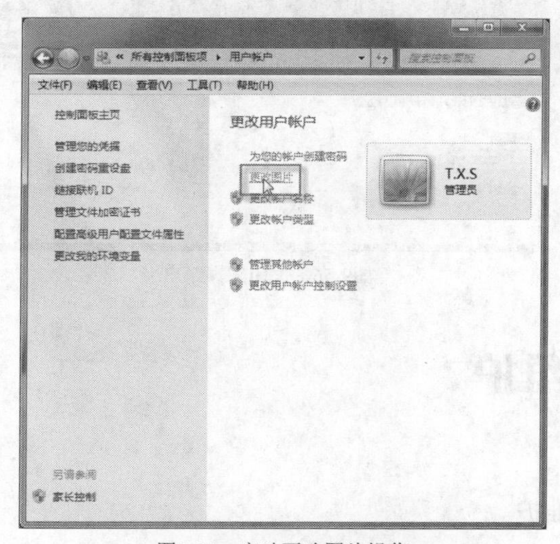

图9-51　启动更改图片操作

图9-52　更改图片

（六） 管理账户

由于 Windows 7 禁用了 Administrator 账户和 Guest 账户，用户可以手动启动或禁止这两个账户。

【操作步骤】

1. 在【开始】菜单中单击账户头像图标打开【用户账户】窗口，单击【管理其他账户】选项，如图 9-53 所示。
2. 在【选择希望更改的账户】栏中，单击【Guest】选项，如图 9-54 所示。

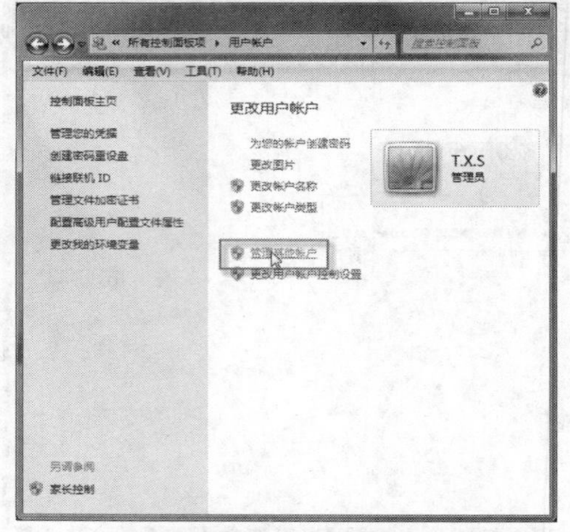

图9-53 启动账户管理操作

图9-54 选择账户

3. 系统显示更改提示，单击 启用 按钮，如图 9-55 所示。
4. 如果想要关闭来宾账户，只需要按照图 9-54 所示选择 Guest 账户，然后在图 9-56 中单击【关闭来宾账户】选项即可。

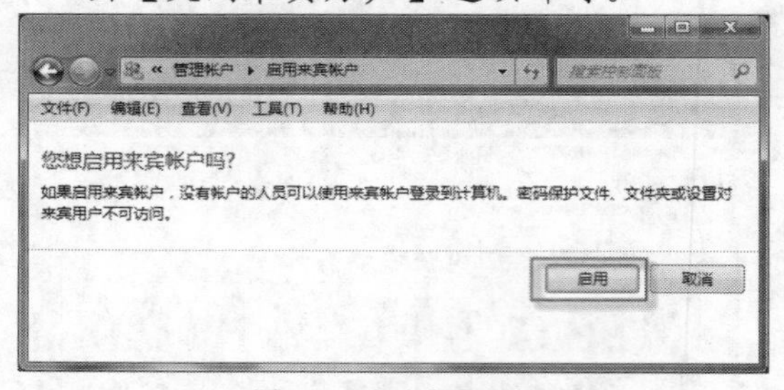

图9-55 启动来宾账户

图9-56 关闭来宾账户

项目实训 对磁盘进行清理和维护

【实训目的】

对所学知识加以应用，对磁盘进行清理和维护。

【操作步骤】

1. 清理磁盘上的垃圾文件。

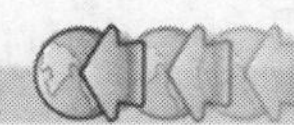

2. 整理磁盘碎片。
3. 检查磁盘上的错误。

项目小结

要让计算机能长时间高效稳定地运行，必须加强对各配件的日常维护工作。硬盘发生故障就意味着用户的数据安全受到了严重的威胁，应该尽量使硬盘正常工作，而且尽可能在优化的状态下工作（充足的存储空间、快速的数据读写速度）。通过账户管理可以限制外来用户的使用权限，从而防止外来入侵对计算机的破坏，应掌握 Windows 7 中新建账户以及对账户的基本管理方法。

思考与练习

1. 计算机工作环境的要求包括哪些方面？
2. 在开关计算机时应注意哪些事项？
3. 如何进行磁盘碎片整理？
4. 计算机日常维护所用的工具有哪些？它们的用途是什么？
5. 简述保养液晶显示器的方法。
6. 简述设置开机密码的方法。
7. 简述设置用户权限的方法。

项目十

计算机系统优化与安全防护

随着信息化的普及，计算机已经成为人们日常生活中必不可少的工具。但是计算机病毒种类的日益增加及黑客的攻击，使计算机系统的安全成为人们所关注的问题。在本项目中将介绍系统优化和安全防护的基本知识。

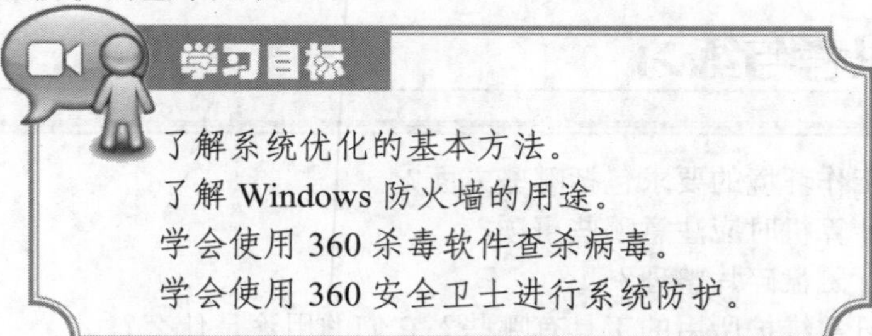

任务一 熟悉系统优化与安全防护的方法

通过对计算机的优化操作可以提升计算机的运行速度，提高计算机的工作效率。

（一） 优化开机启动项目

在计算机中安装应用程序或系统组件后，部分程序会在系统启动时自动运行，这将影响系统的开机速度，用户可以关闭不需要的启动项来提升运行速度。

【操作步骤】

1. 打开【控制面板】窗口，切换到【大图标】视图，单击【管理工具】选项，如图 10-1 所示。
2. 在打开的【管理工具】窗口中双击【系统配置】选项，如图 10-2 所示。
3. 在打开的【系统配置】对话框中切换到【启动】选项卡，在列表框中取消选中不需要启动计算机时运行的项目，如图 10-3 所示，然后单击 确定 按钮。

图10-1 启动管理工具

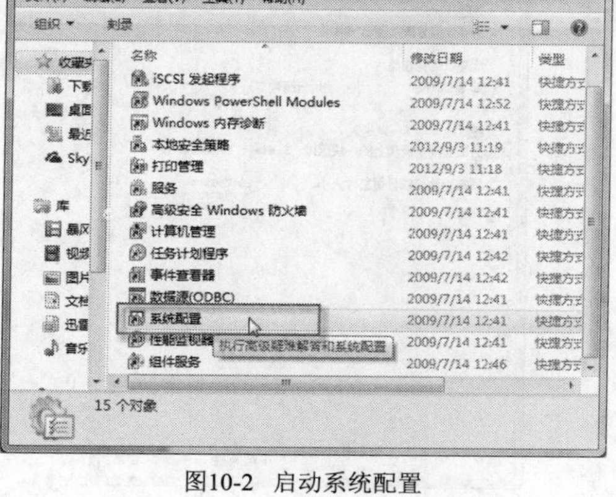

图10-2　启动系统配置

图10-3　选取开机启动项目

（二）设置虚拟内存

虚拟内存是系统在硬盘上开辟的一块存储空间，用于在 CPU 与内存之间快速交换数据。当用户运行大型程序时，可以通过设置虚拟内存来提高程序的运行效率。

【操作步骤】

1. 在桌面上的【计算机】图标上单击鼠标右键，在弹出的菜单中选取【属性】选项，如图 10-4 所示。
2. 在打开的【系统】窗口中单击【高级系统设置】选项，如图 10-5 所示。

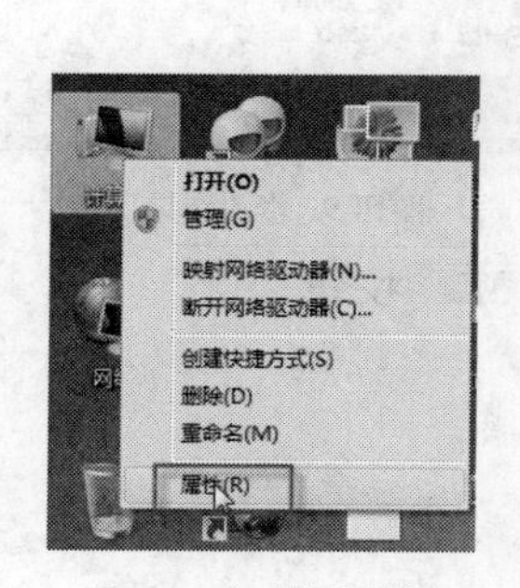

图10-4　启动属性设置

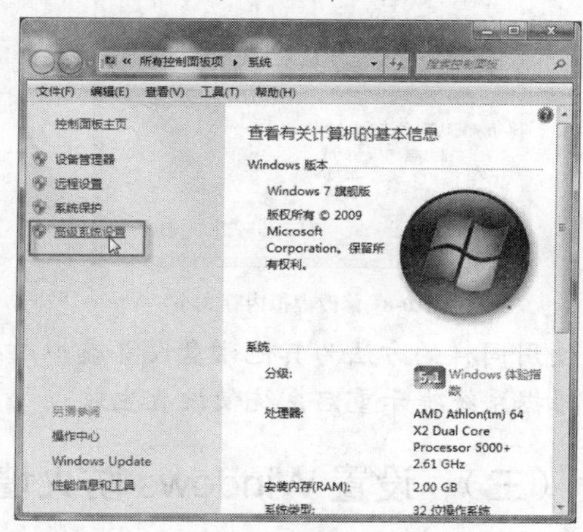

图10-5　【系统】窗口

3. 随后打开【高级属性】对话框，切换到【高级】选项卡，单击 设置(S)... 按钮，如图 10-6 所示。
4. 在【性能选项】对话框中选中【高级】选项卡，然后单击 更改(C)... 按钮，如图 10-7 所示。
5. 在【虚拟内存】对话框中取消选中【自动管理所有驱动器的分页文件大小】复选框，在【驱动器】列表中选择设置虚拟内存的磁盘分区。

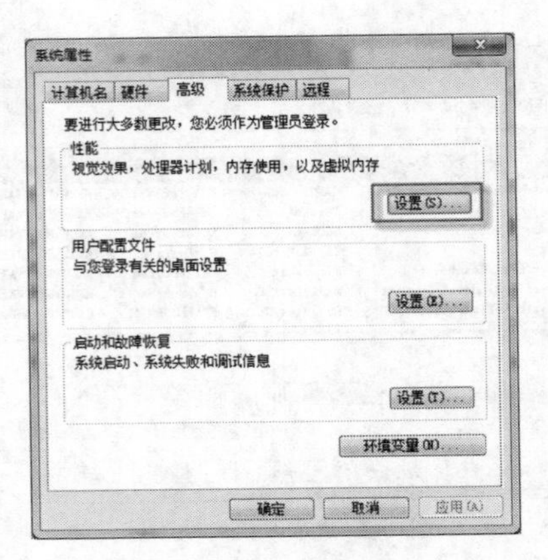

图10-6 【系统属性】窗口

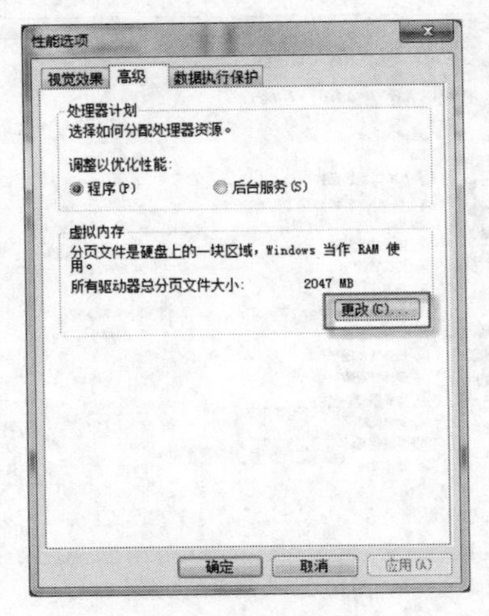

图10-7 更改虚拟内存

6. 选中【自定义大小】选项，按照如图 10-8 所示设置虚拟内存数值，最后单击 设置(S) 按钮，设置结果如图 10-9 所示。

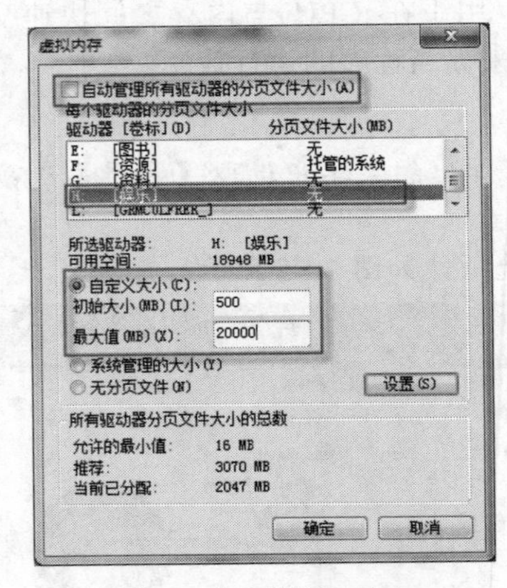

图10-8 修改虚拟内存大小

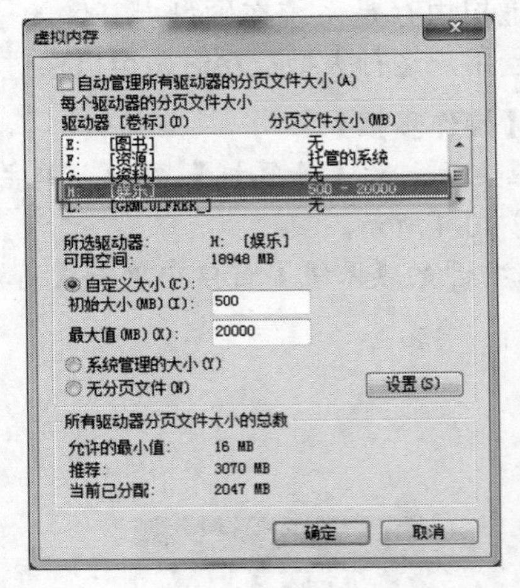

图10-9 修改结果

7. 使用同样的方法为其他磁盘设置虚拟内存，然后单击 确定 按钮。
8. 根据系统提示重启系统使设置生效。

（三） 设置 Windows 防火墙

Windows 防火墙是 Windows 操作系统自带的安全软件，可以防止电脑被外网恶意程序破坏，保护用户的电脑。Windows 7 操作系统默认打开了 Windows 防火墙。

【操作步骤】

1. 启动防火墙。

(1) 打开控制面板，在控制面板中选择【系统和安全】选项，如图 10-10 所示。

(2) 弹出系统和安全窗口，单击【Windows 防火墙】选项，如图 10-11 所示。

图10-10　启动系统和安全功能

图10-11　启动防火墙

(3)　弹出【Windows 防火墙】窗口，在左侧单击【打开或关闭 Windows 防火墙】选项，如图 10-12 所示。

(4)　弹出【打开关闭防火墙】窗口。在【家庭和工作网络】与【公共网络】选择【启动 Windows 防火墙】单选框按钮。如图 10-13 所示。

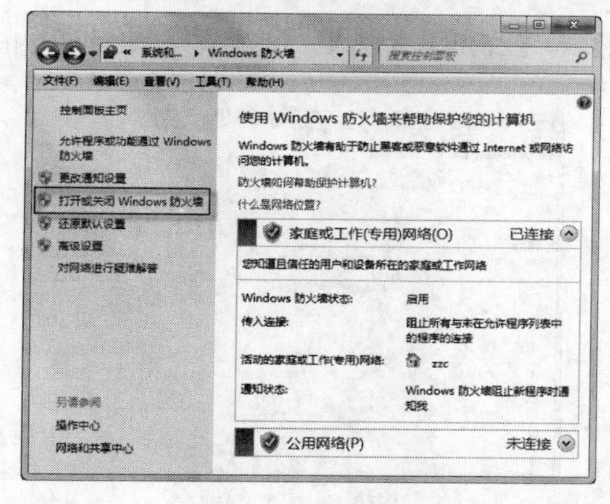

图10-12　启动防火墙

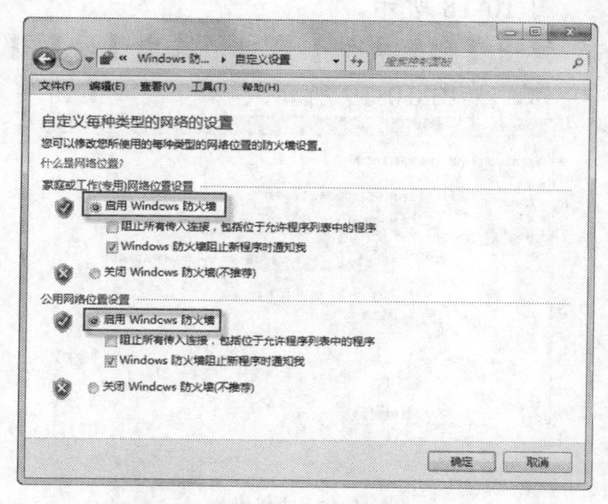

图10-13　启用 Windows 防火墙

2.　设置防火墙。

(1)　进入【Windows 防火墙】窗口，在左侧单击【高级设置】选项，如图 10-14 所示。

(2)　弹出高级安全窗口，首先在本地计算机列表框单击【入站规则】选项，然后在入站规则的列表框单击【新建规则】选项，如图 10-15 所示。

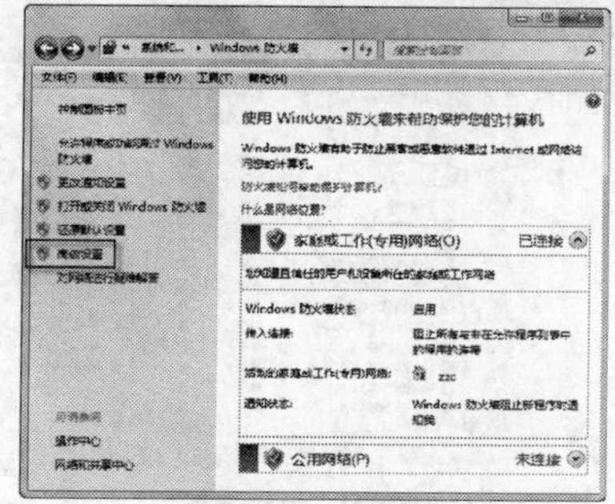

图10-14　防火墙属性

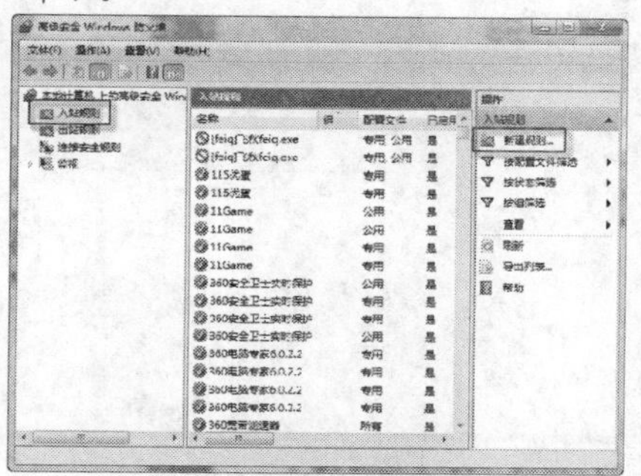

图10-15　新建入站规则

(3) 弹出【新建入站规则】窗口，在要创建的规则类型单选框选中【程序】选项，然后单击 下一步(N) > 按钮，如图 10-16 所示。

(4) 弹出【指定入站规则程序路径】窗口。选中【此程序路径】单选框，然后单击浏览按钮，选择添加入站规则的程序，然后单击 下一步(N) > 按钮，如图 10-17 所示。

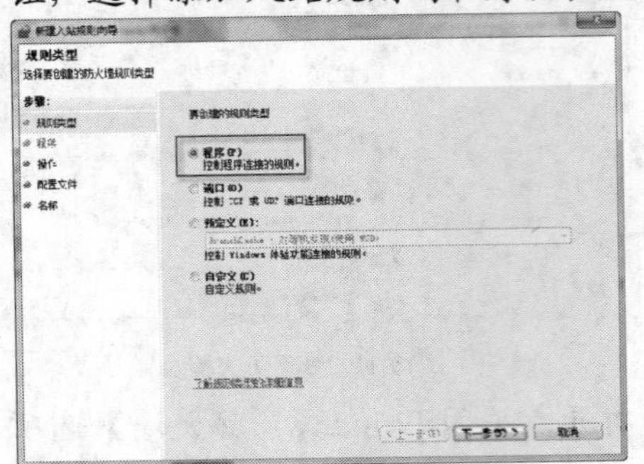

图10-16 选择规则类型

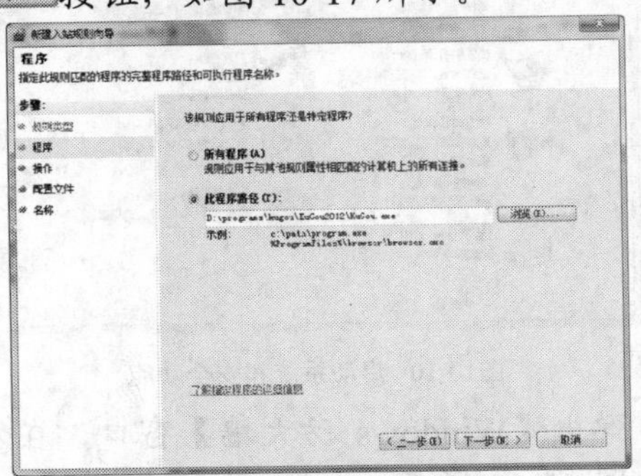

图10-17 程序路径

(5) 弹出【符合条件的操作】窗口，选中【允许连接】单选框，然后单击 下一步(N) > 按钮，如图 10-18 所示。

(6) 弹出【配置文件】窗口。选中【域】、【专用】和【公用】复选框。然后单击 下一步(N) > 按钮，如图 10-19 所示。

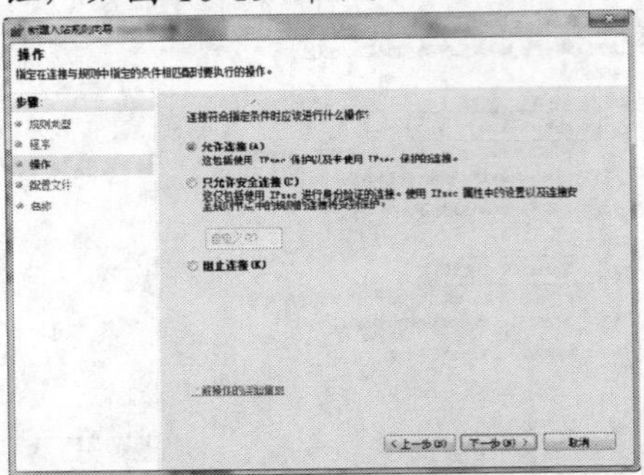

图10-18 选择操作

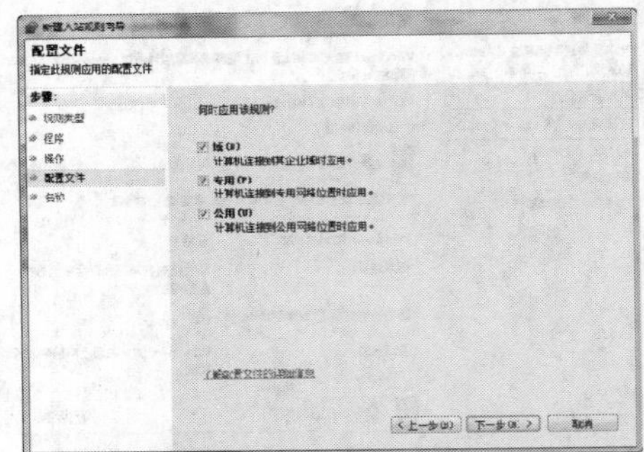

图10-19 配置文件

(7) 弹出【对此操作命名】窗口，在【名称】文本框输入入站规则的名称，然后单击 完成(F) 按钮，如图 10-20 所示。

(8) 退出新建入站规则向导，在入站规则下可以看到刚刚添加的例外程序，如图 10-21 所示。

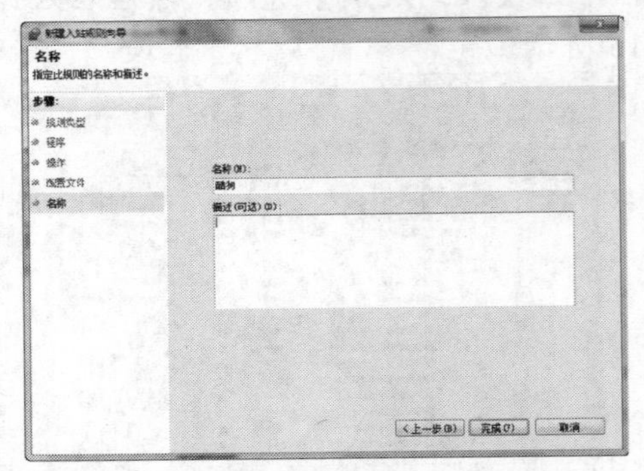

图10-20 设置名称

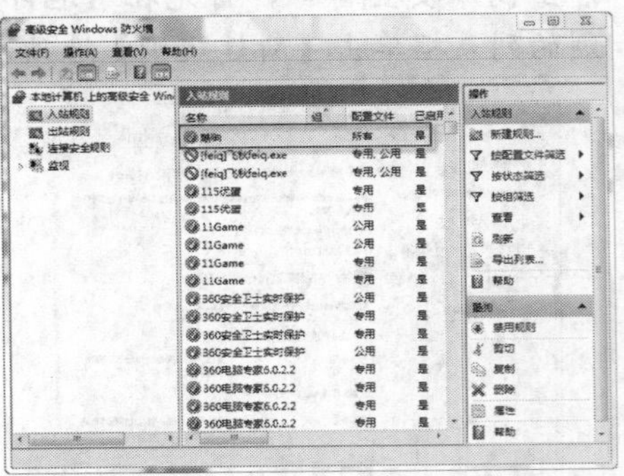

图10-21 完成添加

任务二　使用 360 杀毒工具查杀病毒

360 杀毒是 360 安全中心出品的一款免费的云安全杀毒软件，具有查杀率高、资源占用少、升级迅速等优点。同时，360 杀毒可以与其他杀毒软件共存。

说明　"云安全"通过网络中的大量客户端对网络中软件行为的异常监测，获取互联网中木马、恶意程序的最新信息，推送到服务端进行自动分析和处理，再把病毒和木马的解决方案分发到每一个客户端，从而使得整个互联网变成了一个超级大的杀毒软件。

（一）　下载和安装免费软件

下载和安装免费软件的步骤如下。

【操作步骤】

1. 在地址栏输入"www.baidu.com"，然后输入"360 杀毒"，如图 10-22 所示，然后按 Enter 键搜索软件。
2. 在搜索页面中单击第一条链接，如图 10-23 所示。

图10-22　搜索 360 杀毒软件

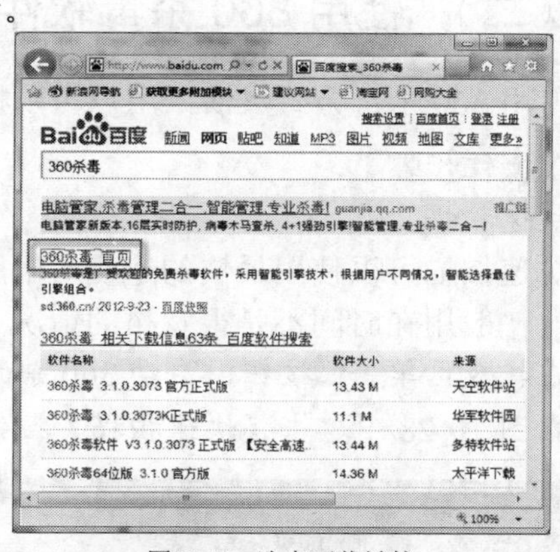

图10-23　选中下载链接

3. 在打开的页面中单击 免费下载 按钮，如图 10-24 所示。
4. 可以直接保存文件，也可以使用电脑上安装的下载工具下载文件。
5. 下载完成后，双击文件开始安装，如图 10-25 所示。

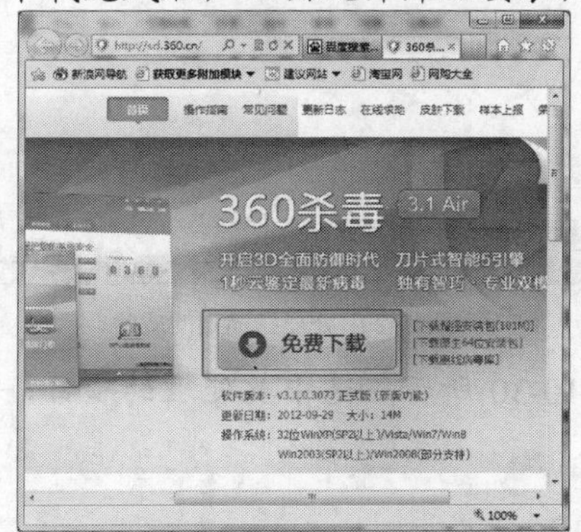

图10-24　下载软件

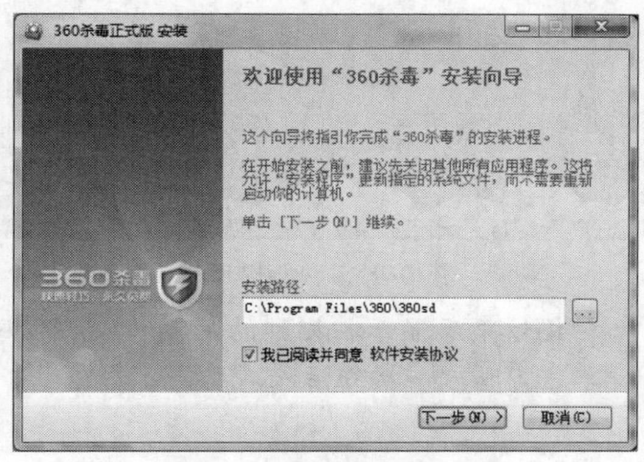

图10-25　安装软件

6. 在图 10-26 中选中【安装 360 安全卫士】复选框。
7. 在图 10-27 中根据个人需求设置是否安装 360 浏览器。

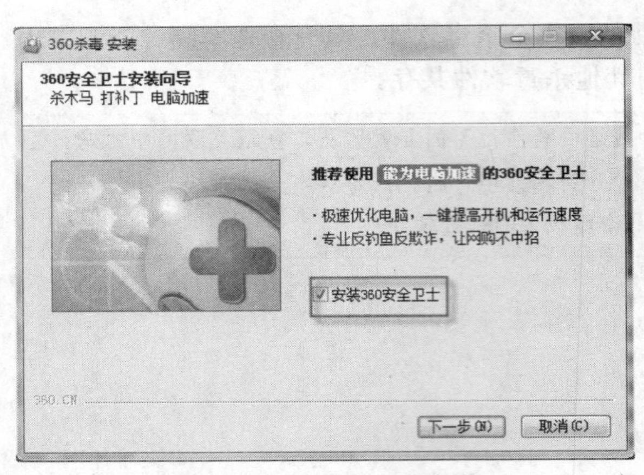

图10-26 确认安装 360 安全卫士

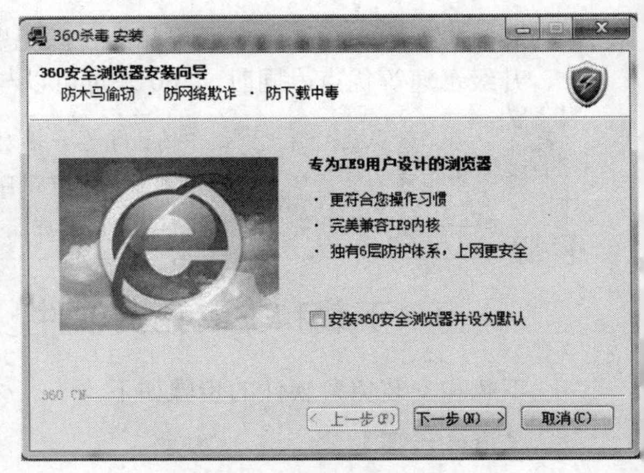

图10-27 根据需要安装 360 浏览器

（二） 使用 360 杀毒软件杀毒

使用 360 杀毒方式灵活，用户可以根据当前的工作环境自行选择。

【操作步骤】

1. 快速扫描。

快速扫描可以使用最快的速度对电脑进行扫描，以迅速查杀病毒和威胁文件，节约扫描时间，一般用在时间不是很宽裕的情况下扫描硬盘。

(1) 在托盘区单击按钮，启动 360 杀毒软件。

(2) 在图 10-28 中单击【快速扫描】按钮，开始快速扫描硬盘，如图 10-29 所示。

图10-28 启动快速扫描

图10-29 处理扫描到的威胁

(3) 扫描结束后显示扫描到的病毒和威胁程序，如图 10-30 所示。选中要处理的项目，然后单击 开始处理 按钮清除威胁。

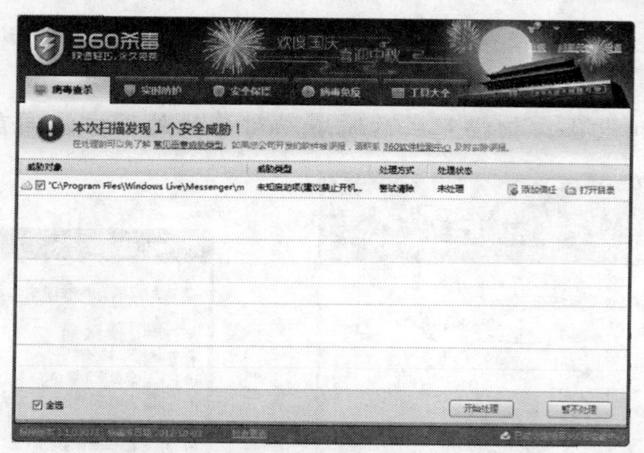

图10-30　扫描过程

扫描结果通常包含病毒、威胁和木马等恶意程序。

① 病毒：一种已经可以产生破坏性后果的恶意程序，必须严加防范。

② 威胁：不会立即产生破坏性影响，但这些程序会篡改电脑设置，使系统产生漏洞，从而危害网络安全。

③ 木马：一种利用计算机系统漏洞侵入电脑后窃取文件的恶意程序，木马程序伪装成应用程序安装在电脑上（这个过程称为木马种植）后，可以窃取电脑用户上的文件、重要的账户密码等信息。

说明

2.　全盘扫描。

快速扫描虽然快速，但是扫描并不彻底。全盘扫描比快速扫描更彻底，但是耗费的时间较长，占用系统资源较多。建议全盘扫描安排在工作间隙的时间来完成，例如休息时间或者夜间，这样可以避开系统资源的冲突。

(1)　在图 10-31 中单击【全盘扫描】按钮，开始全盘扫描硬盘。

(2)　扫描完成后，按照与快速扫描相同的方法处理威胁文件。

图10-31　全盘扫描

3.　指定位置扫描。

指定位置扫描是指扫描指定的硬盘分区或可移动存储设备。例如电脑上接入 U 盘或移动硬盘后，可以对其进行扫描，以防止将病毒传染给电脑。

(1)　在图 10-32 中单击【指定位置扫描】按钮，随后打开【选择扫描目录】对话框。

(2) 系统显示目前连接到本机的硬盘分区及移动存储设备，选中需要扫描的对象，如图 10-33 所示，然后单击 扫描 按钮。

(3) 系统开始扫描选定的设备，扫描完成后对威胁对象的处理方法同前。

图10-32 指定位置扫描

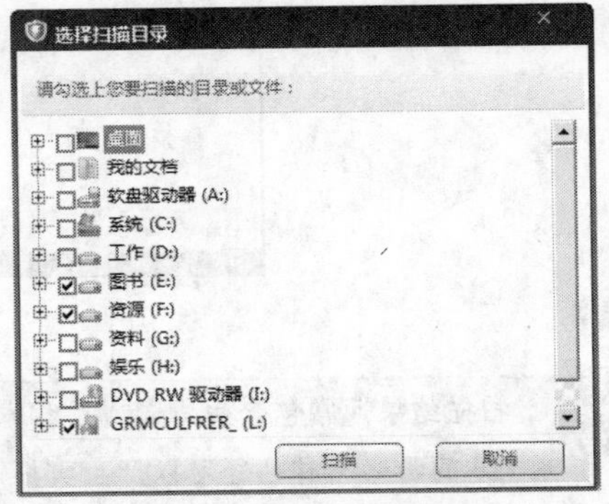

图10-33 选取扫描的磁盘

任务三 使用 360 安全卫士进行系统防护

360 安全卫士是一款完全免费的安全类上网辅助工具，可以查杀流行木马、清理系统插件、在线杀毒、系统实时保护及修复系统漏洞等，同时还具有系统全面诊断及清理使用痕迹等特定辅助功能，为每一位用户提供全方位系统安全保护。

（一） 常用功能

360 安全卫士拥有清理插件、修复漏洞、清理垃圾等诸多功能。

【操作步骤】

1. 启动 360 安全卫士。

在【开始】菜单中选择【所有程序】/【360 安全中心】/【360 安全卫士】/【360 安全卫士】命令，启动 360 安全卫士。

2. 电脑体检。

通过“电脑体检”可以快速给计算机进行“身体检查”，判断你的计算机是否健康，是否需要“求医问药”了。

(1) 启动后，360 安全卫士自动对电脑进行体检，结果如图 10-34 所示。

(2) 给出电脑的健康度评分，满分 100 分，如果在 60 分以下，说明你的电脑已经不健康了。选择【重新体检】选项，可以重新启动体检操作。

(3) 单击 一键修复 按钮，可以修复体检中发现的问题。

3. 查杀木马。

查杀木马的方法如下。

(1) 在主界面中单击【查杀木马】按钮，打开如图 10-35 所示的软件界面。

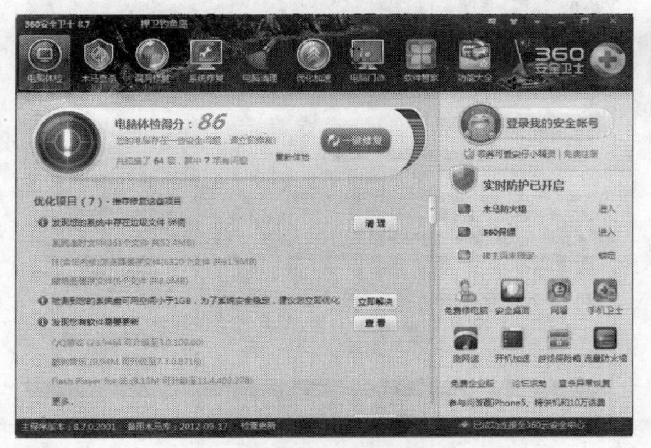

图10-34　电脑体检

图10-35　查杀木马

(2) 单击【快速扫描】按钮可以快速查杀木马，并显示查杀结果，如图 10-36 所示。选中要处理的项目，然后单击开始处理按钮清除威胁。

(3) 处理完安全隐患后，系统通常会弹出如图 10-37 所示的对话框，建议用户单击好的，立刻重启按钮重启计算机，以彻底清楚木马隐患。

(4) 与查杀病毒相似，还可以在图 10-35 中单击【全盘扫描】按钮和【自定义扫描】按钮来扫描磁盘上的木马。

说明

木马是有隐藏性的、自发性的，可被用来进行恶意行为的程序。木马虽然不会直接对电脑产生破坏性危害，但是木马通常作为一种工具被操纵者用来控制你的电脑，不但会篡改用户的电脑系统文件，还会导致重要信息泄露，因此必须严加防范。

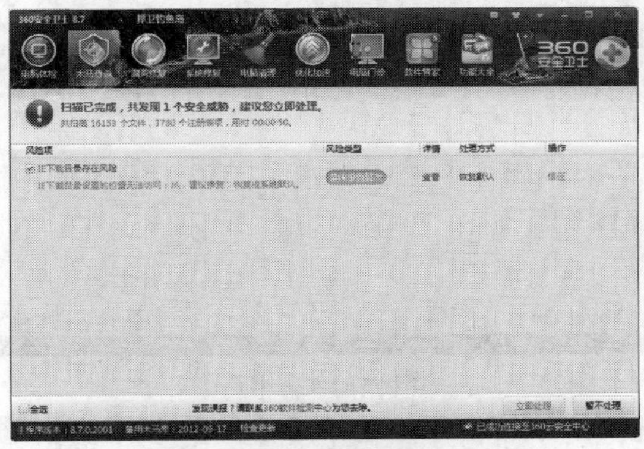

图10-36　处理查杀结果

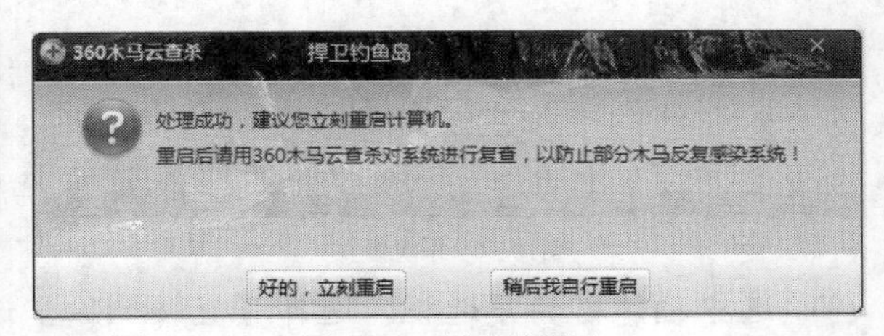

图10-37　重启电脑提示

4. 修复漏洞。

修复漏洞的方法如下。

(1) 在主界面中单击【漏洞修复】按钮，360 安全卫士自动扫描电脑上的漏洞，扫描结果包括需要修复的高危漏洞和需要更新的补丁，如图 10-38 所示。

(2) 如果扫描发现高危漏洞，应该立即修复。

(3) 选中需要安装的补丁，然后单击立即修复按钮进行修复操作，如图 10-39 所示。

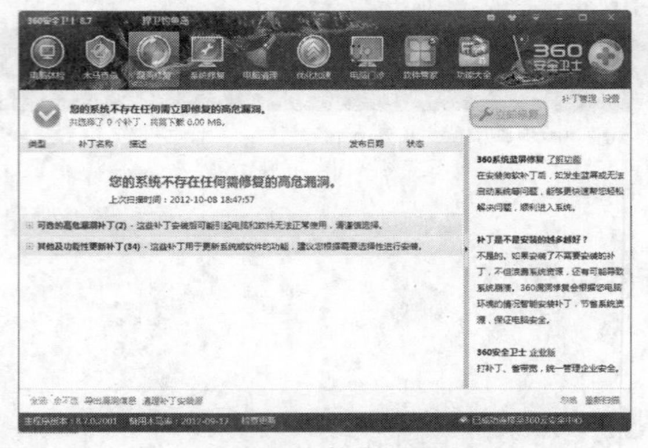

图10-38　扫描系统漏洞

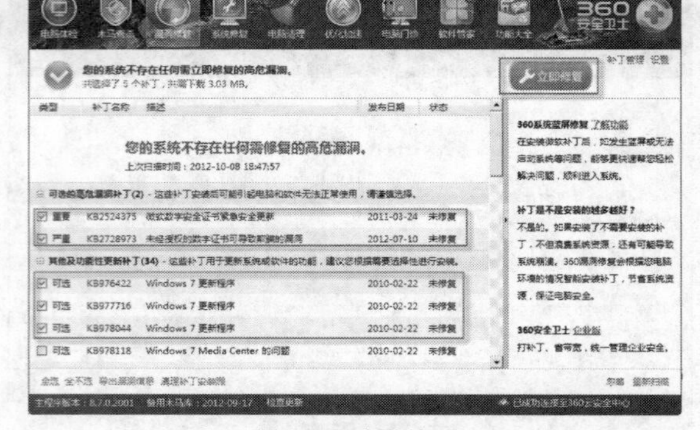

图10-39　安装补丁

说明：漏洞是指系统软件存在的缺陷，攻击者能够在未授权的情况下利用这些漏洞访问或破坏系统，系统漏洞是病毒木马传播最重要的通道。如果系统中存在漏洞，就要及时修补，其中一个最常用的方法就是及时安装修补程序，这种程序我们称之为系统补丁。

5.　系统修复。

修复系统的方法如下。

(1)　在主界面中单击【系统修复】按钮，在打开的窗口中单击【常规修复】按钮，如图 10-40 所示。

(2)　系统开始扫描 IE 浏览器上的插件，扫描结果如图 10-41 所示。

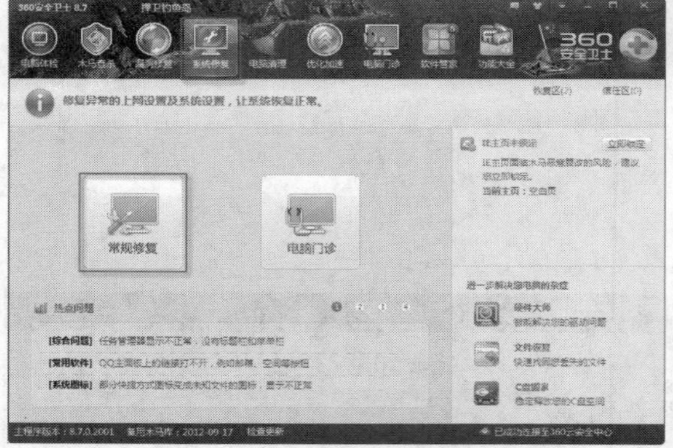

图10-40　系统修复

图10-41　处理 IE 插件

(3)　选中插件前的复选框，选择【直接删除】选项清除该插件，选择【信任】选项继续使用该插件。

说明：插件是一种小型程序，可以附加在其他软件上使用。在 IE 浏览器中安装相关的插件后，IE 浏览器能够直接调用这些插件程序来处理特定类型的文件，例如附着在 IE 浏览器上的【Googel 工具栏】等。插件太多时可能会导致 IE 故障，因此可以根据需要对插件进行清理。

(4)　删除插件时，系统弹出如图 10-42 所示的对话框提示锁定主页，建议选中【空白页】单选项，然后单击 安全锁定 按钮。

(5)　在窗口底部单击 立即修复 按钮，开始按照设置清除不必要的插件，完成显示清除结果，如图 10-43 所示。

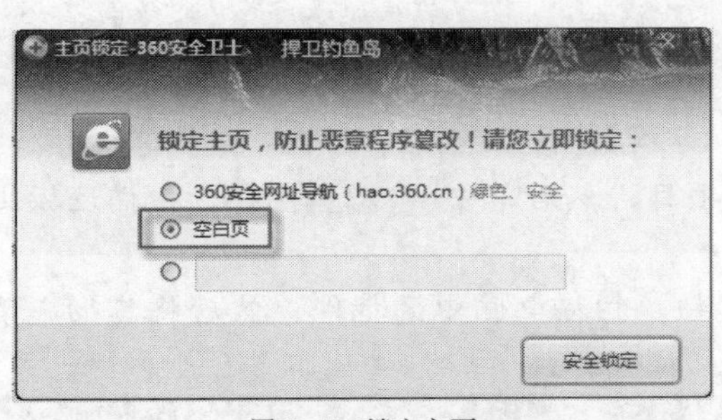

图10-42　锁定主页

图10-43　清除 IE 插件

6.　电脑清理。

清理电脑的方法如下。

(1)　在主界面中单击【电脑清理】按钮，在打开的窗口中将显示可以清理的内容，如图 10-44 所示。

(2)　可以选中相应选项前的复选框，也就可以展开选项，选取其下的部分项目，如图 10-45 所示。

图10-44　清理垃圾

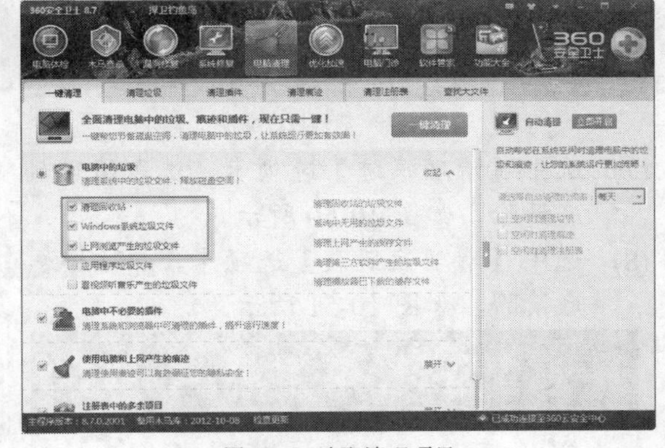

图10-45　选取清理项目

(3)　选取清理的详细项目后，单击 一键清理 按钮开始清理，如图 10-46 所示。

(4)　清理完成后，将显示清理结果，如图 10-47 所示。

图10-46　开始清理

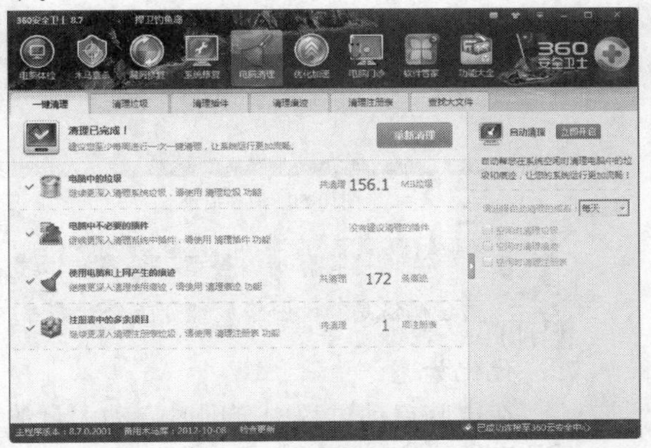

图10-47　清理结果

> 垃圾文件是指系统工作时产生的剩余数据文件，虽然每个垃圾文件所占系统资源并不多，少量垃圾文件对电脑的影响也较小，但如果长时间不清理，垃圾文件会越来愈多，过多的垃圾文件会影响系统的运行速度。因此建议用户定期清理垃圾文件，避免累积，目前除了手动人工清除垃圾文件，常用软件来辅助完成清理工作。
>
> 说明

(5) 选中【清理垃圾】选项卡，首先设置清理的项目，然后单击 开始扫描 按钮，扫描垃圾文件，之后将其彻底清除，如图 10-48 所示。

(6) 选中【清理插件】选项卡，单击 开始扫描 按钮，扫描电脑中的插件，然后将其彻底清除，如图 10-49 所示。

图10-48 清理垃圾文件

图10-49 清理插件

(7) 选中【清理痕迹】选项卡，选取清理的项目后单击 开始扫描 按钮扫描痕迹，然后将其彻底清除，如图 10-50 所示。

(8) 选中【清理注册表】选项卡，单击 开始扫描 按钮扫描注册表中的冗余项，然后将其彻底清除，如图 10-51 所示。

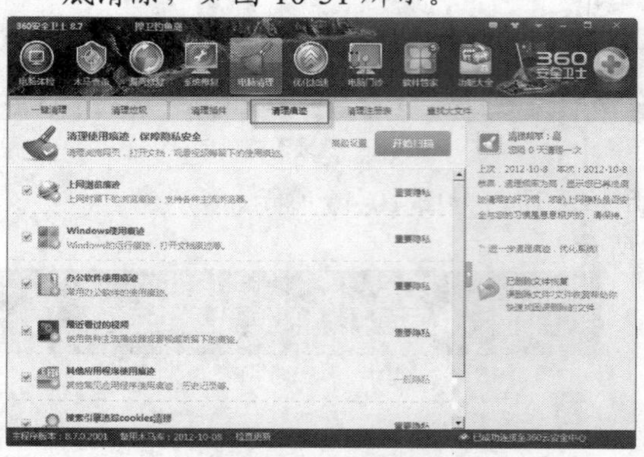

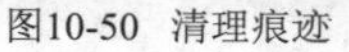

图10-50 清理痕迹

图10-51 清理注册表

> 在电脑操作时，会留下许多操作痕迹，例如访问过的历史网页、输入的搜索关键字、输入的密码信息等。网络痕迹可能会泄露用户的重要信息。
>
> 说明

7. 优化加速。

在电脑启动过程中会同时启动大量的应用程序（软件），如果启动的程序过多，会导致系统变慢，这时可以启动开机加速功能。

(1) 在主界面中单击【优化加速】按钮，开始扫描可以优化加速的项目，扫描结果如图 10-52 所示。

(2) 选中需要优化项目前的复选框，单击立即优化按钮开始优化加速，完成后显示优化结果，如图 10-53 所示。

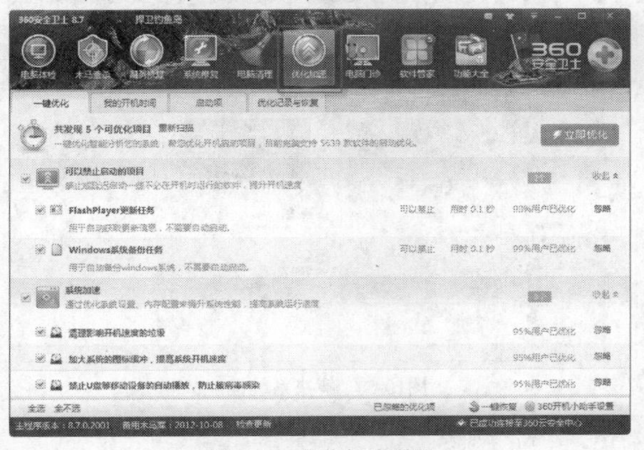

图10-52　优化加速项目

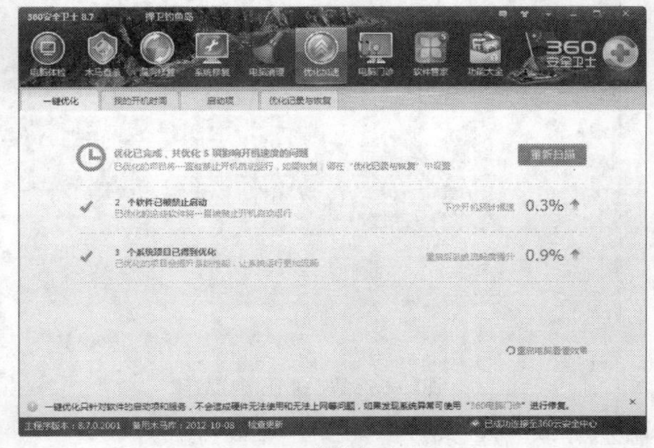

图10-53　优化加速结果

（二）　辅助功能

360 安全卫士还提供了电脑门诊、软件管家等辅助功能。

【操作步骤】

1.　电脑门诊。

通过电脑门诊可以为电脑中遇到的常见故障提供解决方案。

(1) 在主界面中单击【电脑门诊】按钮，打开【360 电脑门诊】窗口。

(2) 在左侧选中【常见问题】选项卡，单击页面中的项目可以为目前电脑用户在使用电脑时遇到的热点问题提供解决方案，如图 10-54 所示。

(3) 选中【上网异常】选项卡，单击页面中的项目可以为电脑上网时遇到的常见问题提供解决方案，如图 10-55 所示。单击底部的翻页按钮可以查看更多内容。

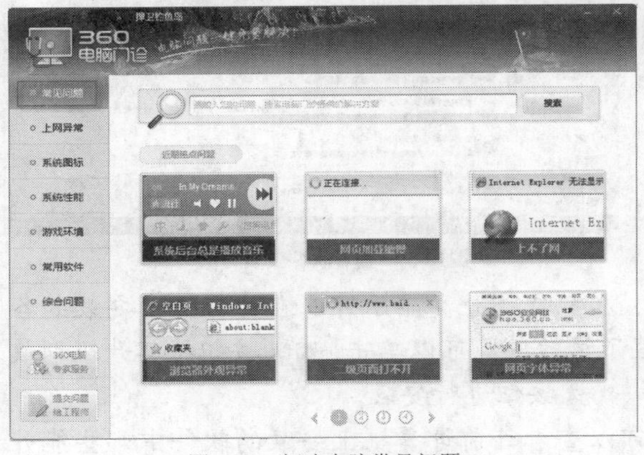

图10-54　解决电脑常见问题

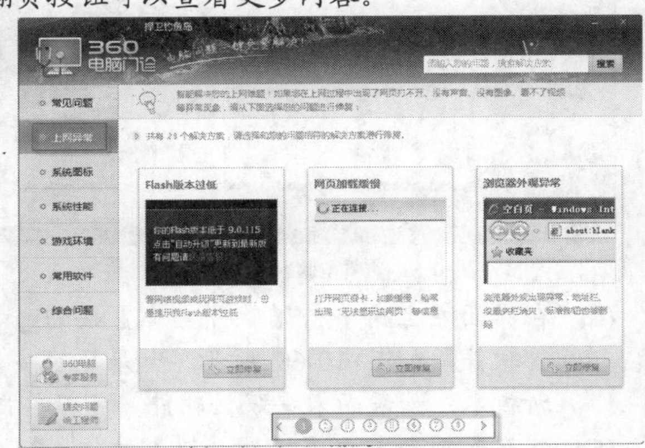

图10-55　解决上网异常问题

(4) 选中【系统图标】选项卡，单击页面中的项目可以为电脑图标故障提供解决方案，如图 10-56 所示。

(5) 选中【系统性能】选项卡，单击页面中的项目可以为与系统性能有关的问题提供解决方案，如图 10-57 所示。

图10-56 解决系统图标故障

图10-57 解决系统性能故障

2. 软件管家。

软件管家用于帮助管理电脑上安装的各种应用软件。

(1) 在主界面中单击【软件管家】按钮，打开【360 软件管家】窗口。

(2) 在左侧选中【我的软件】选项，可以查看目前计算机中已经安装软件的总数及分类情况，如图 10-58 所示。

(3) 选择【全部】选项，系统自动在窗口上部选中【软件卸载】按钮，可以查看软件的详细情况，单击 卸载 按钮可以卸载该软件，如图 10-59 所示。在左侧列表中还可以按照类别对软件进行筛选。

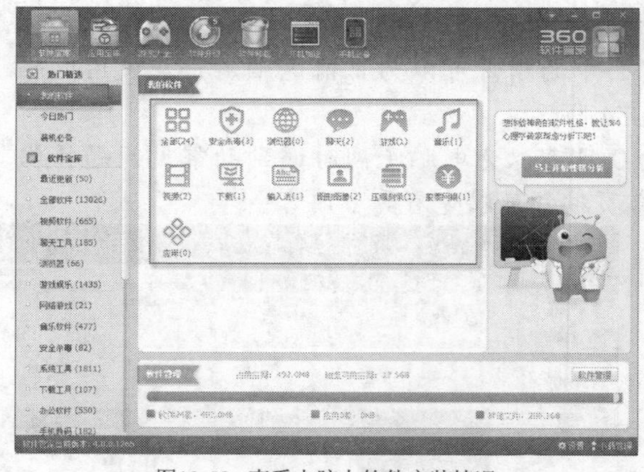

图10-58 查看电脑上软件安装情况

图10-59 查看软件安装详细列表

(4) 在界面左上角单击【软件宝库】按钮，在窗口将分类显示可以在计算机中安装的各种软件，如图 10-60 所示。如果已经安装了该软件，可以单击 一键升级 按钮将其升级到最新版本；如果尚未安装该软件，可以单击 一键安装 按钮进行安装。

(5) 在界面顶部单击【软件升级】按钮，可以查看目前计算机上安装的软件中哪些能升级到新版本，单击 一键升级 按钮即可升级该软件，如图 10-61 所示。

图10-60 安装和升级软件

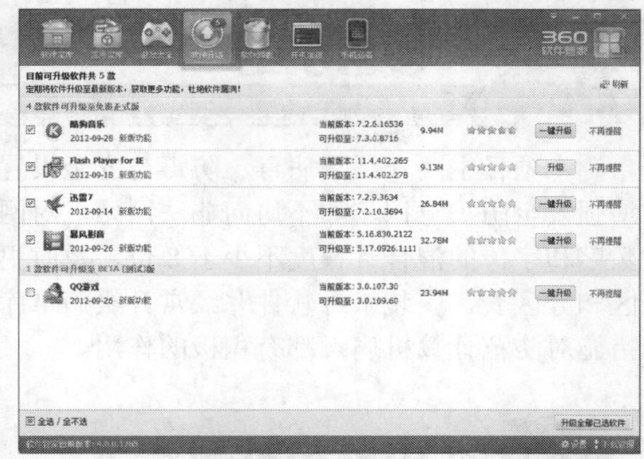

图10-61 软件升级

3. 在界面顶部单击【开机加速】按钮，可以单击相应项目后的按钮，优化开机加速，如图 10-62 所示。

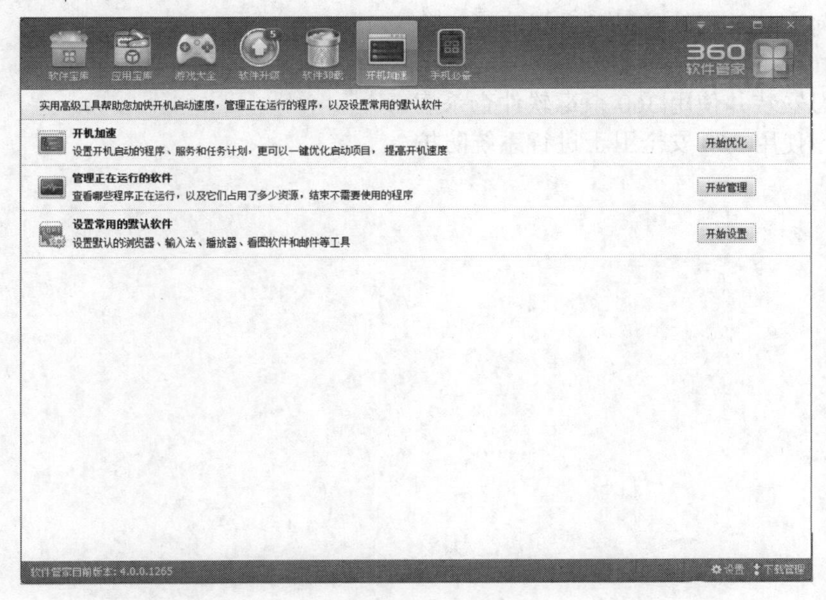

图10-62 开机加速设置

项目实训 使用其他杀毒软件和系统优化软件

【实训目的】

练习其他病毒防护以及系统优化软件的用法。

【操作步骤】

1. 从瑞星官方网站上下载瑞星杀毒软件，练习使用该软件查杀病毒。
2. 下载并安装 Windows 优化大师，练习使用该软件优化系统。
3. 下载并安装超级兔子，使用该软件进行系统防护和优化。

项目小结

本项目主要介绍了病毒、防毒与安全设置等方面的知识。在使用计算机的过程中，需要增强安全防护意识，如不访问非法网站，对网上传播的文件要多加注意，密码设置最好采用数字和字母的混合且长度不少于8位，及时更新操作系统的安全补丁，备份硬盘的主引导扇区和分区表，安装杀毒软件并经常升级病毒库，以及开启杀毒软件的实时监测功能等。这些措施对防范计算机病毒都有积极的作用。

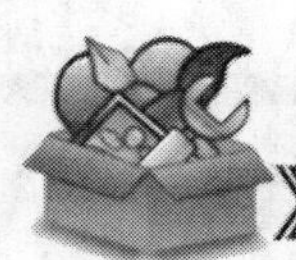

思考与练习

1. 什么是计算机病毒？计算机病毒有什么特点？
2. 如何安装杀毒软件以及升级病毒库？
3. 怎样设置 Windows 防火墙？
4. 练习安装并使用 360 杀毒软件查杀病毒。
5. 练习使用 360 安全卫士进行系统防护。